Sous la direction de
Xavier Fernandez & Farid Chemat

La chimie des huiles essentielles

Tradition et innovation

Avec la contribution de :

Maryline Abert-Vian, Carole André,
Sylvain Antoniotti, Sylvie Baudino,
Marie-Laure Bettenfeld, Chahrazed Boutekedjiret,
Katharina Breme, Jean-Claude Caissard,
Claude Chailan, Marie-Christine Grasse,
Anne-Sylvie Fabiano-Tixier, Jérôme Golébiowski,
Amina Hellal, Laurent Legendre, Hervé Michel,
Romain Monge, Claude Monin, Jean-Philippe Paris.

Vuibert

Extrait du catalogue Vuibert

Xavier FERNANDEZ, Farid CHEMAT & Thi Kieu Tiên DO
Les huiles essentielles. Vertus et applications, 2012, 160 pages

Gérard BORVON
Histoire de l'oxygène. De l'alchimie à la chimie, 2012, 224 pages

Pierre JUHEL
Histoire du pétrole, 2011, 208 pages

Paul MAZLIAK
Coédition ADAPT-SNES
Parmentier, Chaptal, Chevreul. Trois grands pionniers de la chimie alimentaire, 2011, 192 pages

Yvette DATTÉE, Marc FELLOUS, Agnès RICROCH
Biotechnologies végétales. Environnement, alimentation, santé, 2011, 272 pages

Jean BAUDET
La vie expliquée par la chimie. Comment la biologie est devenue moléculaire, 2006, 144 pages

et des dizaines d'autres livres de référence, d'étude ou de culture en mathématiques, informatique et autres spécialités scientifiques

www.vuibert.fr

En couverture : © CNRS Photothèque/LCMBA/Emmanuel Perrin

Maquette intérieure, composition et mise en page : Isabelle Paisant
Couverture : Linda Skoropad

ISBN 978-2-311-01028-2

Registre de l'éditeur : 620

Table des matières

Liste des auteurs

Maryline Abert-Vian
Docteur en Chimie, HDR, Maître de conférences
Université d'Avignon et des Pays de Vaucluse, INRA, UMR408, équipe GREEN (Groupe de Recherche en Éco-Extraction des produits Naturels), 84000 Avignon.
maryline.vian@univ-avignon.fr
green.univ-avignon.fr

Carole André
Parfumeur, spécialiste en cosmétique, Diplômée de l'ISIPCA
Iris Consulting, 137 bd De Lattre de Tassigny, 06700 St Laurent du Var.
http://www.irisconsulting.org/, carole@irisconsulting.org

Sylvain Antoniotti
Docteur en Chimie, HDR, Chargé de Recherche CNRS
Institut de Chimie de Nice (ICN), UMR 7272, Université de Nice Sophia Antipolis, CNRS, Parc Valrose, 06108 Nice cedex 2.
http://www.unice.fr/icn/, sylvain.antoniotti@unice.fr

Sylvie Baudino
Docteur en Biologie, HDR, Professeur des Universités
Laboratoire de Biotechnologies Végétales Appliquées aux Plantes Aromatiques et Médicinales (BVpam), UPRES EA 3061 Université Jean Monnet de l'Université de Lyon, Faculté des Sciences et Techniques, 23 rue du Docteur Paul Michelon, F-42023 Saint-Etienne Cédex 2, France.

Marie-Laure Bettenfeld
Docteur en Sciences des Aliments, Aromaticienne, Formatrice à l'ASFO Grasse
ASFO Grasse, 46 avenue Riou Blanquet, 06130 Grasse.
http://www.prodarom.com/francais/asfo/index_asfo.php, ml.bettenfeld@prodarom.fr

Chahrazed Boutekedjiret
Docteur d'État en Génie chimique, Professeur des Universités
Laboratoire des Sciences et Techniques de l'Environnement, École Nationale Polytechnique
BP 182 El Harrach, 16200 Alger, Algeria.
chahrazed.boutekedjiret@enp.edu.dz

Katharina Breme
Docteur en Chimie, Head of Flavour Analytics
Agroscope Liebefeld-Posieux research Station ALP, 3003 Berne, Suisse.
www.agroscope.ch, katharina.breme@alp.admin.ch

Jean-Claude Caissard
Docteur en Biologie, HDR, Maître de conférences
Laboratoire de Biotechnologies Végétales Appliquées aux Plantes Aromatiques et Médicinales (BVpam), UPRES EA 3061 Université Jean Monnet de l'Université de Lyon, Faculté des Sciences et Techniques, 23 rue du Docteur Paul Michelon, F-42023 Saint-Étienne Cédex 2, France.

Claude Chailan
Ingénieur Divisionnaire de l'Agriculture et de l'Environnement
FranceAgriMer, Délégation Nationale de Volx – BP 8, 04130 Volx.
www.franceagrimer.fr, claude.chailan@franceagrimer.fr

Farid Chemat
Docteur en Chimie, HDR, Professeur des Universités
Directeur du Master Agrosciences et de l'équipe GREEN (Groupe de Recherche en Éco-Extraction des produits Naturels) de l'UMR 408, Université d'Avignon et des Pays de Vaucluse, INRA, 84000 Avignon.
farid.chemat@univ-avignon.fr
green.univ-avignon.fr

Marie-Christine Grasse
Docteur en Histoire de l'Art, Conservateur en chef du patrimoine : Musée International de la Parfumerie (1990-2011), Directrice Générale du Musée National du Sport depuis 2012.
2 bd du Jeu de Ballon, 06130 Grasse.
marie.grasse@museedusport.fr.

Anne-Sylvie Fabiano-Tixier
Docteur en Chimie, HDR, Maître de conférences
Université d'Avignon et des Pays de Vaucluse, INRA, UMR408, équipe GREEN (Groupe de Recherche en Éco-Extraction des produits Naturels), 84000 Avignon.
anne-sylvie.fabiano@univ-avignon.fr
green.univ-avignon.fr

Xavier Fernandez
Docteur en Chimie, HDR, Professeur des Universités
Directeur du Master 2 FOQUAL (Formulation, Analyse, Qualité)
Institut de Chimie de Nice (ICN), UMR 7272, Université de Nice Sophia Antipolis, CNRS, Parc Valrose, 06108 Nice cedex 2.
http://www.unice.fr/icn/, http://www.masterpro-chimie-foqual.com/,
xavier.fernandez@unice.fr

Jérôme Golebiowski
Docteur en Chimie, HDR, Maître de conférences
Institut de Chimie de Nice (ICN), UMR 7272, Université de Nice Sophia Antipolis, CNRS, ParcValrose, 06108 Nice cedex 2.
http://www.unice.fr/icn/, jerome.golebiowski@unice.fr

Amina Hellal
Docteur en Biotechnologie, Professeur des Universités
Laboratoire des Sciences et Techniques de l'Environnement, École Nationale Polytechnique
BP 182 El Harrach, 16200 Alger, Algeria.
amina.hellal@enp.edu.dz

Laurent Legendre
Docteur en Physiologie et Biochimie végétale, HDR, Professeur des Universités,
Université de Lyon, F-69622, Lyon, France ; Université Lyon 1, Villeurbanne, France ; CNRS, UMR5557, Écologie Microbienne, Villeurbanne, France.

Hervé Michel
Docteur en Chimie, HDR, Maître de conférences
Institut de Chimie de Nice (ICN), UMR 7272, Université de Nice Sophia Antipolis, CNRS, ParcValrose, 06108 Nice cedex 2.
http://www.unice.fr/icn/, herve.michel@unice.fr

Romain Monge
Doctorant en Géographie à Aix-Marseille Université
Programme de recherche « Environnement, aménagement, développement durable, Europe méridionale et Méditerranée » à l'UMR 6570 TELEMME – 5 rue du Château de l'horloge, BP 647, F-13094 Aix-en-Provence, France.
rom1.monge@gmail.com, telemme.mmsh.univ-aix.fr

Claude Monin
Ingénieur chimiste, consultant en distillation et extraction
ACPHYTAROMA – 1051 avenue de la Plantade, 06530 Cabris.
www.acphytaroma.online.fr, claudemonin@online.fr

Jean-Philippe Paris
Ingénieur Chimiste, responsable de laboratoire
PAYAN-BERTRAND - 28 avenue Jean XXIII, 06130 Grasse.
http://www.payanbertrand.com/, jpparis@payanbertrand.com

REMERCIEMENTS

Nous adressons nos plus vifs remerciements aux auteurs des chapitres. Malgré de nombreux engagements, ils n'ont pas hésité à répondre favorablement à notre proposition et à apporter leur expertise.

Ce livre ne serait pas s'il n'avait pas reçu le soutien de nombreux acteurs du monde des plantes aromatiques et médicinales et de leurs huiles essentielles :

- *Le syndicat professionnel national de matières premières pour la parfumerie, les arômes alimentaires et les cosmétiques (PRODAROM, http://www.prodarom.com) et son organisme de formation l'ASFO Grasse,*
- *L'Université de Nice-Sophia Antipolis : Institut de Chimie de Nice (ICN, www.unice.fr/icn/) et le Master Professionnel Chimie Formulation, Analyse, Qualité (FOQUAL, http://www.unice.fr/masterpro-chimie-foqual),*
- *L'Université d'Avignon et des Pays de Vaucluse : UMR408, INRA-UAPV.*
- *La communauté d'agglomération pôle Azur Provence (CAPAP www.poleazur-provence.com), berceau de la parfumerie française, qui regroupe les communes de Grasse, Mouans-Sartoux, Pégomas, Auribeau-sur-Siagne.*
- *L'association Euro-Méditerranéenne « I2MAP » pour l'innovation dans le domaine des plantes aromatiques et médicinales,*
- *L'association « France Éco-Extraction » pour l'innovation dans le domaine des procédés d'extraction durables dans le domaine du végétal,*
- *FranceAgriMer (http://www.franceagrimer.fr/), établissement national de l'agriculture et de la mer.*

Nous tenons à les remercier très chaleureusement.

Merci à notre éditeur Vuibert, tout particulièrement Alain Luguet et Aurélie Farfarana, pour nous avoir donné l'occasion de travailler sur ce beau projet et pour nos échanges enrichissants.

Merci au Musée International de la Parfumerie (http://www.musees-degrasse.com/) de nous avoir permis d'utiliser certaines de leurs photographies et illustrations.

Chapitre 1.1

La production des huiles essentielles en France

Xavier Fernandez[1], Romain Monge[2], Claude Chailan[3]

Introduction

L'huile essentielle, ou essence végétale, se définit comme étant un liquide hydrophobe des composés odoriférants volatils sécrétés par une plante. Ce mélange complexe de diverses molécules (alcools, terpènes, cétones, etc.) est obtenu par distillation à la vapeur d'eau, expression ou distillation sèche. En France, ces productions originales sont partie prenante d'une filière dont l'aval est constitué par l'industrie du parfum, de la cosmétique et de l'aromathérapie/phytothérapie. Ce petit chapitre introductif propose une vision d'ensemble de la production française d'huiles essentielles.

Les volumes produits par espèce

La France concentre la majorité de la production d'huile essentielle de lavande (de population, clonale, et la déclinaison en appellation d'origine contrôlée – AOC) et de lavandin (grosso, abrial, sumian, super), laquelle représente 60 % de la production européenne[4] (Figure 1). Cependant, la production française doit faire face à la concurrence espagnole et à celle des pays de l'Est (Bulgarie, Ukraine, Moldavie), qui sont de sérieux concurrents. L'huile essentielle de lavande AOC est davantage une production de niche.

---

1. Institut de chimie de Nice (ICN), UMR 6001 Université de Nice-Sophia-Antipolis, CNRS, parc Valrose, 06108 Nice Cedex 2, France.

2. UMR 6570 TELEMME, Université de Provence, MMSH, 5 rue du Château de l'Horloge, 13094 Aix-en-Provence, France.

3. FranceAgriMer, Délégation nationale de Volx, 04130 Volx, France.

4. Recensement général agricole, 2000.

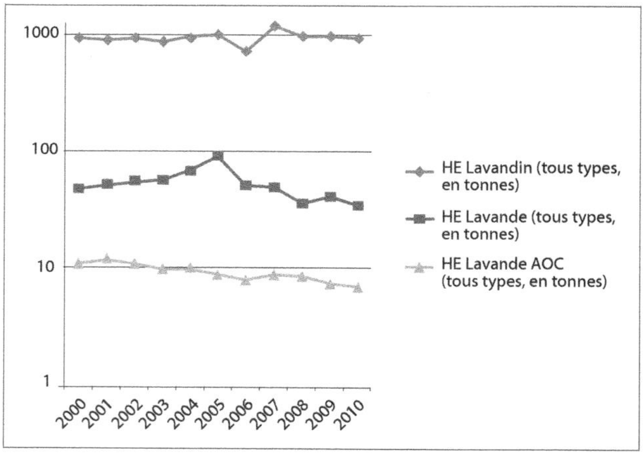

Figure 1. Production en tonnes d'huiles essentielles de lavandin et de lavande sur la période 2000-2010. (Source : FranceAgriMer, 2010.) © RM, 2012.

La France produit également d'autres huiles essentielles à partir de la sauge sclarée, du fenouil amer, du cyprès, du romarin, du thym et de l'hysope, tous originaires de Provence. La camomille romaine provient de la vallée de la Loire, la menthe et du fenouil de Normandie, tandis que le géranium et le vétiver bourbon proviennent de l'île de la Réunion. C'est à Mayotte qu'est élaborée l'huile essentielle d'ylang-ylang.

Tandis que les huiles essentielles françaises de lavande et de lavandin sont produites en volume important et destinées à l'exportation, des espèces grassoises telles que le jasmin ou la rose *centifolia* sont traitées par des solvants volatils et donnent les volumes les plus modestes, dont on extrait seulement les essences absolues (*i.e.* aucune huile essentielle n'en est tirée, bien qu'on parle souvent d'« huile essentielle de jasmin ou de rose », par abus de langage).

Pour ces dernières, les volumes traités diminuent au fil du temps, et une culture comme celle de la fleur d'oranger est difficile à maintenir, subissant depuis déjà plusieurs décennies la double concurrence de la disponibilité du foncier et des productions étrangères. Le tableau ci-dessous présente les principales productions françaises d'huiles essentielles (FranceAgriMer, 2010).

Tableau 1. Productions françaises d'huiles essentielles en 2010.

Nom français / latin	Estimation 2010 (kg)
Absinthe, *Artemisia absinthium thujonifera*	< 10
Achillé de Ligurie, *Achilea ligustica*	< 10
Aneth, *Anethum graveolens*	< 10
Angélique (racine), *Angelica archangelica*	< 200

Armoise, *Artemisia vulgaris*	< 10
Basilic, *Ocimum basilicum*	< 10
Bigarade (zeste), *Citrus arantium*	< 10
Cade (HE de bois), *Juniperus oxycedrus*	< 100
Cade (HE vraie), *Juniperus oxycedrus*	12 000
Camomille matricaire, *Matricaria recutita*	< 100
Camomille romaine	< 1 000
Carotte	< 100
Cataire (sommité fleurie), *Nepeta cataria*	< 100
Cèdre	< 100
Céleri (graines)	Non connue
Ciste ladanifère, *Cistus ladaniferus*	< 10
Citron (zeste), *Citrus limonum*	< 100
Clémentine (zeste), *Citrus clementii*	< 100
Coriandre (graines)	Non connue
Criste marine, *Crithmum maritimum*	< 100
Cyprès de Provence	15 000
Épicéa (aiguilles), *Picea abies*	< 10
Estragon	<1 000
Eucalyptus à cinéole, *Eucalyptus globulus*	< 100
Eucalyptus	< 10
Fenouil amer	15 000
Fenouil doux, *Foeniculum vulgare*	< 100
Genévrier	< 500
Hysope	< 1 000
Immortelle, *H Italicum ssp italicum*	< 1 000
Inule odorante, *Inula graveolans*	< 100
Laurier	< 100
Lavande	40 000
Lavande aspic	< 100
Lavandin	1 200 000
Lie de vin (huile essentielle de)	< 100
Lime (zeste), *Citrus aurantifolia*	< 10
Livèche, *Levisticum officinale*	< 200
Mandarine (zeste), *Citrus reticulata blanco*	< 100
Marjolaine	< 100
Mélèze, *Larix decidua*	< 10
Mélisse	< 200
Menthe douce, *Mentha spicata*	< 500
Menthe poivrée	5 000
Menthe sylvestre, *Mentha longifolia*	< 10
Millepertuis	< 10
Myrte, *Myrtus communis*	< 200
Nepeta, *Calamintha nepeta*	< 10
Orange douce (zeste), *Citrus sinensis*	< 100

Origan	< 500
Pamplemousse (zeste), *Citrus paradisii*	< 100
Persil (semence), *Petroselum sativum*	Non connue
Petit calament, *Calamenta nepeta*	< 10
Petit grain bigarade, *Citrus arantium*	< 10
Petit grain citronnier, *Citrus lemon*	< 10
Petit grain clémentinier, *Citrus clementina*	< 100
Petit grain d'oranger, *Citrus sinensis*	< 10
Petit grain lime, *Citrus aurantifolia*	< 10
Petit grain mandarine (zeste), *Citrus reticulata blanco*	< 100
Pin à crochet, *Pinus montana*	< 10
Pin laricio, *Pinus nigra ssp. laricio*	< 100
Pin maritime	30 000
Pin noir	< 100
Pin sylvestre	< 500
Pistachier lentisque, *Pistacia lentiscus*	< 100
Romarin	< 2 000
Romarin, *Rosmarinus officinalis ct. Verbenone*	< 500
Santoline	< 10
Sapin blanc (rameaux), *Abies alba*	< 10
Sapin de Douglas (rameaux), *Pseudtsuga menziesii*	< 10
Sarriette annuelle, *Satureja hortensis*	< 100
Sarriette des montagnes	< 1 000
Sauge officinale	< 1 000
Sauge sclarée	< 5 000
Serpolet, *Thymus serpyllum*	< 100
Tanaisie, *Tanacetum vulgare*	< 10
Thuya	< 100
Thym, *Thymus vulgaris*	< 2 000
Verveine, *Lippia citriodora*	< 10

La production agricole

Les plantes distillées sont issues soit de cultures soit de la cueillette, et la description de la production agricole ne porte que sur la première catégorie. Le recensement agricole de 2010 réalisé par le ministère de l'Agriculture donne des indications assez précises pour les cultures :

- les surfaces en France métropolitaine sont réparties sur 70 départements (304 cantons) ;
- elles couvrent un peu moins de 23 000 ha (22 767), en augmentation de 10 % au cours de la dernière décennie.

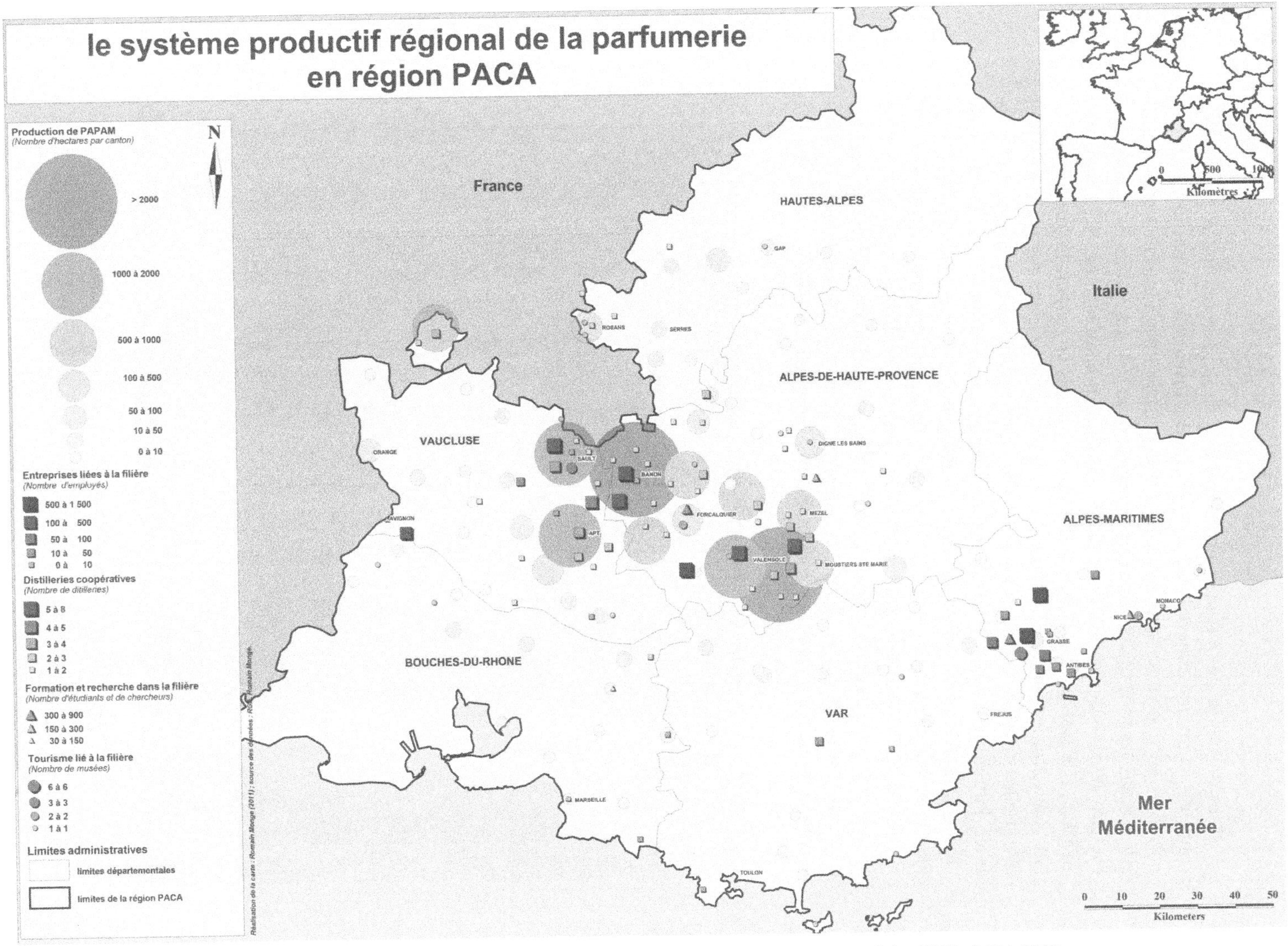

Figure 2. Système de production d'huiles essentielles et entreprises de parfumerie en région PACA. © RM, 2012.

Dans le sud-est de la France, et notamment dans la région PACA (Figure 2), se concentre la grande majorité des plantes à huiles essentielles et parmi les plus importantes en matière de superficie, les plantes à parfum traditionnelles : lavandin (15 000 ha), lavande (3 200 ha) et sauge sclarée (900 ha). À partir de ces plantes et de l'activité d'extraction est né un véritable système productif régional de la parfumerie en PACA. Ce système est composé d'un pôle grassois largement industriel, et d'un pôle haut-alpin, beaucoup plus rural. Les autres plantes cultivées pour leur huile essentielle, sur globalement environ 500 ha, sont la camomille romaine, le fenouil amer, l'immortelle corse et les principales herbes aromatiques telles que le thym, l'hysope, la mélisse, la sauge officinale, le romarin La plupart des cent trente distilleries en activité sont localisées près des sites de production (Figure 2 et Figure 3).

Tandis que la lavande et le lavandin sont cultivés sur plus de 1 600 exploitations agricoles (source : recensement agricole 2010) principalement réparties sur les départements du Vaucluse, de la Drôme, des Alpes-de-Haute-Provence et des Hautes-Alpes, les productions grassoises n'en mobilisent qu'une vingtaine pour environ dix-huit hectares[1].

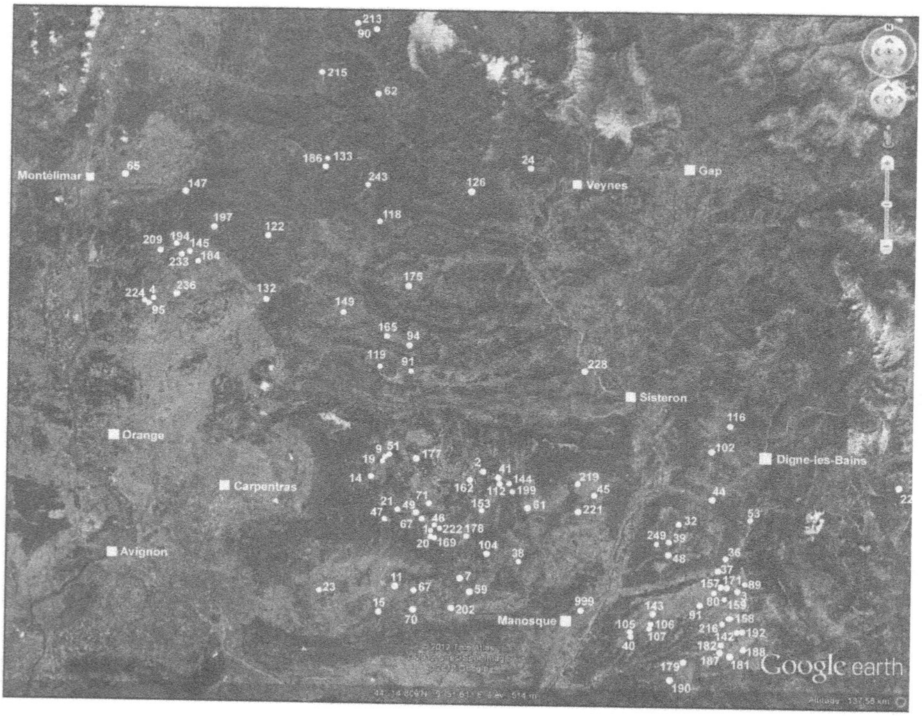

Figure 3. Les distilleries en activité en Provence. (Source : Crieppam.)

1. Enquêtes personnelles, 2008-2009.

La valorisation des huiles essentielles françaises en parfumerie

Les huiles essentielles françaises font l'objet de labels de qualité, en particulier celui de l'appellation d'origine contrôlée (AOC). C'est l'AOC « Huile essentielle de lavande de Provence » qui a été le premier dispositif à être mis en place. Promulguée le 14/12/1981 sur un territoire réparti sur les départements de la Drôme, des Alpes-de-Haute-Provence, des Hautes-Alpes et du Vaucluse, cette huile essentielle a représenté en 2011 près de 8,7 tonnes pour quarante-trois exploitations[1] (Figure 4). Il s'agit là d'un marché de niche, où la traçabilité est garantie et où la qualité liée au terroir peut être valorisée dans certains produits, notamment cosmétiques.

Figure 4. Champs de lavande AOC et Bio, à La Mûre-Argens et à Lagarde-d'Apt (Alpes-de-Haute-Provence et Vaucluse). (© RM, 2009)

L'immortelle corse a été redécouverte par L'Occitane en Provence pour ses propriétés anti-âge. Une mise en culture de cette espèce a été initiée par l'entreprise pour respecter le repos végétatif de la plante et éviter la cueillette sauvage. D'autres circuits plus artisanaux proposent des cosmétiques traditionnels qui se flanquent également de labels de qualité.

Enfin, les productions grassoises, même si aucune huile essentielle n'en est extraite, à l'exception de la fleur d'oranger de Vallauris (gérée par la coopérative « Nérolium »), sont au cœur d'un projet de labellisation IGP (Identification Géographique Protégée) « Fleurs d'exception du pays de Grasse » depuis 2008.

1. FranceAgriMer, 2012.

Conclusion

La France est un pays producteur important de plantes à parfum mais aussi d'huiles essentielles, et notamment de lavandes et de lavandins. Mais aussi, les labels de qualité constituent une réelle démarche innovante qui permet à ces productions d'avoir une plus-value liée au territoire sur le marché mondial.

Bibliographie

1. S. Daviet, R. Monge (2010), « "Evolutionary Turn" to "Territorial Resources" : The new trajectories of innovation in Provence, France », dans *Geography Compass* 4/10, London, Blackwell Publishing, **2010**, 1497-1512.
2. R. Monge, *Labels référés à l'origine et plantes à parfum : la filière provençale et calabraise,* Manosque, CRIEPPAM, **2011**, 1-13.
3. ONIPPAM, *Enjeux territoriaux et développement durable des plantes à parfum et aromatiques provençales,* Volx, **2007**, 144 p.
4. ONIPPAM, *Les Plantes à parfum, aromatiques et médicinales et leurs filières dans le sud de la France,* Volx, **2004**, 84 p.

Chapitre 1.2

Chimie des substances odorantes

Jérôme Golebiowski, Xavier Fernandez[1]

"A rose by any other name would smell as sweet"
(« Une rose, même sous un autre nom, sentirait toujours aussi bon »)
W. Shakespeare, *Roméo et Juliette* (1600)

Introduction

Les huiles essentielles sont des mélanges complexes de composés organiques. Mis à part le cas particulier de celles obtenues par expression (agrumes), elles sont constituées de composés volatils. Ce chapitre a pour objectif de passer en revue les principales caractéristiques des molécules odorantes présentes dans les huiles essentielles. Ensuite, les mécanismes qui nous permettent de percevoir une odeur seront décrits en détail. Ces phénomènes, bien que faisant partie de notre quotidien, ne sont rationalisés que depuis peu et soulèvent encore des questions.

Structures des composés odorants

Pour qu'un composé soit odorant, il faut qu'il possède un poids moléculaire modéré, une polarité faible, une certaine solubilité dans l'eau, une pression de vapeur et un caractère lipophile élevé [1,2]. Néanmoins, il n'est pas nécessaire qu'il possède des groupes fonctionnels particuliers ou qu'il soit réactif chimiquement.

Les constituants des huiles essentielles possèdent un squelette hydrocarboné qui peut être linéaire, cyclique ou encore aromatique. Ils peuvent posséder toutes les grandes fonctions de la chimie organique [3] : alcools, composés carbonylés (principalement aldéhydes et cétones), esters, phénols et, dans une moindre mesure, dérivés azotés et soufrés (Tableau 1).

Néanmoins, les terpènes (hydrocarbures en C_{10} ou C_{15}) et terpénoïdes (terpènes fonctionnalisés) sont de loin les plus abondants.

---

1. Institut de chimie de Nice, UMR 7272, Université de Nice-Sophia-Antipolis, parc Valrose, 06108 Nice Cedex 2, France.

Tableau 1. Principales familles de constituants des huiles essentielles et exemples de composition.

	Type de chaîne		
	Linéaire	**Cyclique**	**Aromatique**
Hydrocarbure	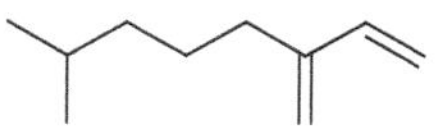	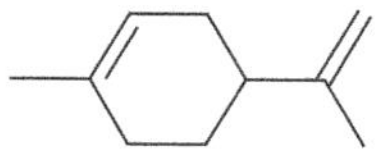	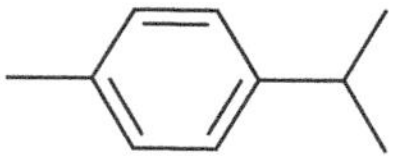
	myrcène mastic, céleri	limonène citrus	*p*-cymène origan, thym
Alcool		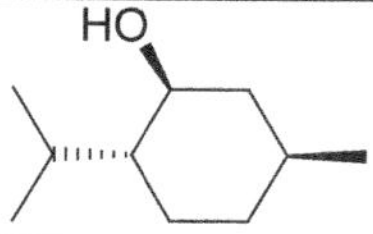	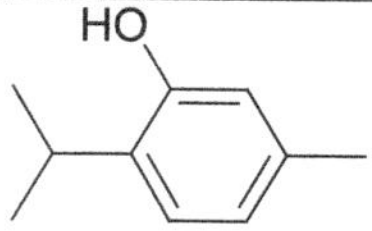
	(Z)-hexèn-3-ol moutarde, ylang-ylang	menthol menthe	thymol thym, origan
Carbonyle	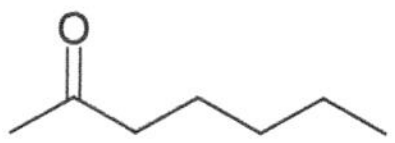	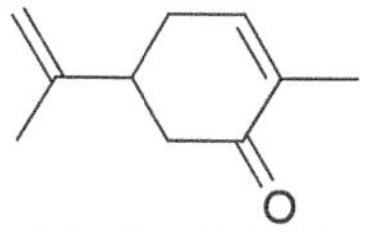	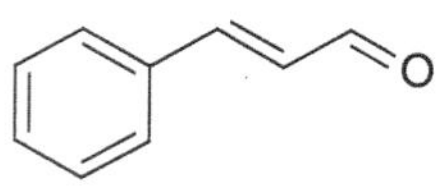
	heptan-2-one gingembre	carvone graine de carvi, menthe	cinnamaldéhyde cannelle
Ester / lactone	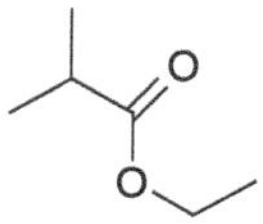	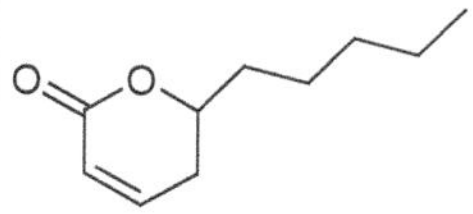	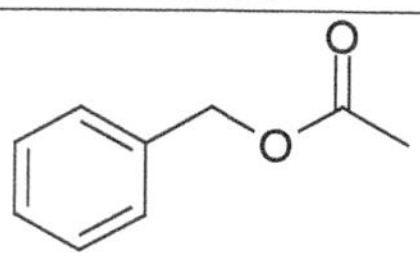
	isobutyrate d'éthyle myrte	massoïa lactone bois de massoïa	acétate de benzyle ylang-ylang
Éther	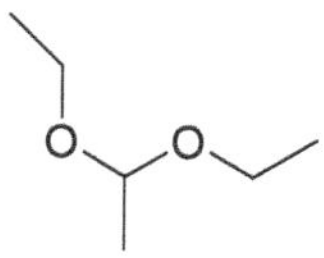	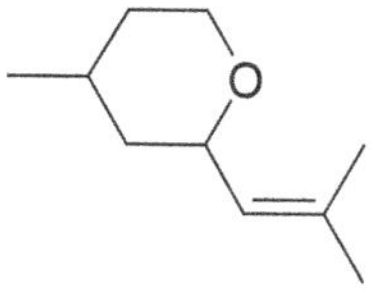	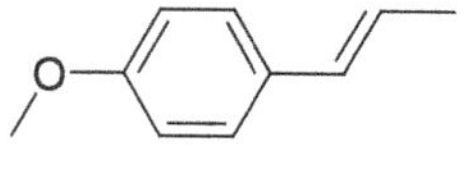
	1,1-diéthoxyéthane rose	oxyde de rose rose	anéthol badiane
Soufré	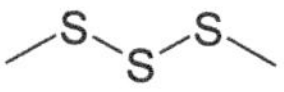	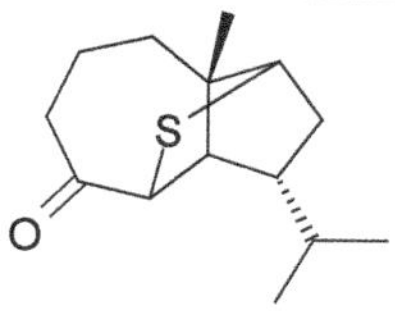	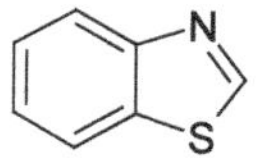
	trisulfure de diméthyle ail, oignon, moutarde	mint sulfide rose, menthe, sauge	benzothiazole gingembre, rose chinoise
Azoté	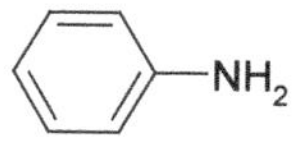		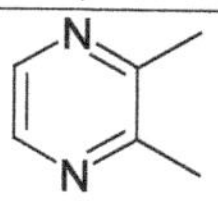
	aniline fenugrec		2,4-diméthyl pyrazine iris

Les mécanismes de l'olfaction

La perception sensorielle induite par les odorants est la résultante d'un processus d'une formidable complexité. Assez tôt, il est apparu qu'il était extrêmement difficile d'obtenir une méthode universelle de prédiction de l'odeur d'une molécule (et, à plus forte raison, d'un mélange) sur la base des structures moléculaires ou d'une ou plusieurs propriétés chimiques intrinsèques des odorants [4,5]. Avant même d'évoquer l'aspect purement chimique de ces phénomènes, il convient de souligner un aspect important du problème. La réponse physiologique liée à la perception d'une molécule odorante n'est pas une propriété physique ou une activité biologique mesurable, mais une sensation qui ne peut être que décrite qualitativement par un sujet. Ces approches sont donc asservies à la richesse de notre vocabulaire, à notre vécu ainsi qu'à notre entraînement à reconnaître les odeurs.

Néanmoins, et à défaut d'approches alternatives, des études basées sur de telles relations structure-propriété ont pu être couronnées de succès, plus particulièrement si elles se sont focalisées sur des familles chimiques bien identifiées. Toutefois, les contre-performances rencontrées dans la mise en œuvre d'approches se voulant plus universelles suggèrent que d'autres protagonistes sont à considérer pour obtenir un modèle pertinent. À titre d'exemple, le Tableau 2 illustre l'idée que des structures chimiques très différentes peuvent conduire à des perceptions quasi identiques, alors que des structures très similaires déclenchent des sensations olfactives très éloignées. La création de structures chimiques nouvelles, à l'origine d'odeurs présentant un certain intérêt, est souvent une question de sérendipité (découverte par chance).

Tableau 2. Structures chimiques et leur odeur perçue.

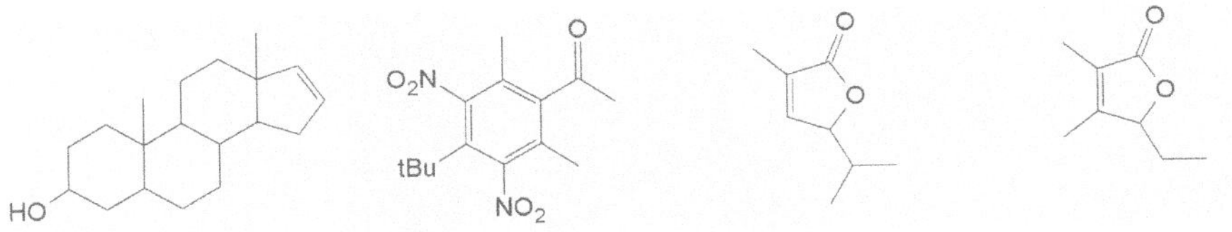

Adrostenol (musc)	Musk ketone (musc)	Isopropyl-methylfuranone (herbacée)	Ethyl-dimethylfuranone (épicée)

L'explication d'un tel comportement a été identifiée en 1991, avec la parution d'un article qui a fait date dans bien des domaines, dont celui de la recherche sur les substances odorantes. Linda Buck et Richard Axel ont identifié la pierre angulaire de notre perception olfactive [6]. Cette formidable découverte a été récompensée par le prix Nobel de médecine et de physiologie en 2004 [7]. Les chercheurs ont montré que la perception d'une odeur est, en premier lieu, la résultante de l'activation sélective d'environ 350 types de récepteurs localisés dans nos neurones olfactifs.

Le processus de la perception d'une odeur peut être mis en parallèle avec la perception d'un accord musical joué sur un orgue de près de 350 touches ! La multitude d'interactions entre les divers protagonistes de la perception d'une odeur conduit à la production d'un signal de nature combinatoire [8], capable de discriminer plusieurs dizaines de milliers d'odorants. Dans la suite, nous passerons en revue la transformation d'un signal chimique en un signal électrique cheminant le long des neurones situés dans notre bulbe olfactif.

Le bulbe olfactif, l'organe de la perception des odeurs

C'est dans le bulbe olfactif qu'est regroupé l'ensemble des acteurs moléculaires de la perception olfactive. Notre bulbe olfactif se situe dans la partie supérieure de notre cavité nasale. Il se trouve à la croisée de deux voies qui permettent aux molécules odorantes de l'atteindre (Figure 1). La voie directe (ou orthonasale) est celle que l'on connaît le mieux. Cette voie rejoint directement le bulbe olfactif à travers nos fosses nasales. Nous utilisons cette voie directe à chaque fois que nous humons l'air que nous respirons par le nez, comme lors de l'évaluation sensorielle d'un parfum par exemple.

La voie rétronasale permet, quant à elle, d'atteindre le bulbe olfactif depuis le fond de notre palais. Elle permet la perception de molécules odorantes libérées lors de la mastication. Ce que nous appelons le goût (en fait la flaveur) est en réalité la combinaison de la perception de molécules sapides, qui sont finalement assez pauvres en termes de sensorialité, et de molécules odorantes, qui confèrent aux aliments une grande partie de leur richesse gustative. On ne distingue, en effet, que cinq grands types de molécules sapides, associées à des saveurs prototypiques : sucré,

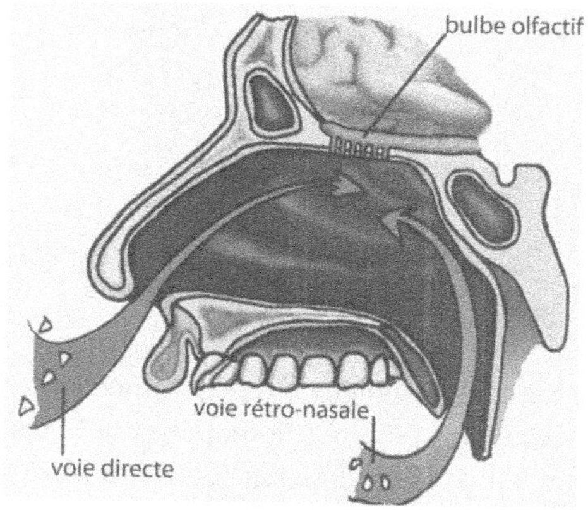

Figure 1. Coupe sagittale d'un crâne humain.
Les parfums que nous respirons par le nez empruntent la voie dite directe (ou orthonasale) afin d'atteindre le bulbe olfactif qui contient les neurones olfactifs. Lors de la mastication, les molécules odorantes libérées dans la bouche rejoignent ce même bulbe olfactif à travers la voie rétronasale (image tirée de [2]).

salé, amer, acide et *umami*. Le reste de la perception du goût est donc lié à la perception rétronasale des molécules odorantes contenues dans nos aliments (ainsi qu'à la perception de la texture de l'aliment, mais qui se rapproche plutôt du sens du toucher, *via* l'activation des nerfs trijumeaux).

Le bulbe olfactif est un élément à part entière de notre cerveau. C'est d'ailleurs le seul endroit où notre cerveau est en contact quasi immédiat avec l'environnement extérieur. En effet, les neurones olfactifs situés dans le bulbe traversent la paroi osseuse de notre crâne (la lame criblée) pour atteindre la muqueuse olfactive, qui n'est rien d'autre que l'extrémité du bulbe olfactif. La figure 2 représente un schéma de principe du bulbe olfactif. Dans la partie intra-crânienne, on distingue les glomérules, qui sont des centres intégrateurs de l'information envoyée par les neurones olfactifs. Ces glomérules, dans lesquels convergent les neurones olfactifs, vont moduler la réponse de certains de ces neurones. Ils permettent de réguler la formidable masse d'informations qui sera ensuite envoyée, *via* d'autres cellules (les cellules mitrales), dans le reste du cortex cérébral.

La connexion entre la partie intra et extra-crânienne a lieu à travers la lame criblée. Les neurones olfactifs prolongent leurs axones à travers cet os pour atteindre le mucus olfactif.

Les extrémités des neurones olfactifs forment des cils qui baignent dans le mucus olfactif, un fluide physiologique qui évite le dessèchement de la muqueuse olfactive, elle-même constituée de différents types de cellules. C'est dans ce mucus qu'a lieu l'ensemble des phénomènes moléculaires qui vont initier la transformation d'un signal chimique (portée par la molécule odorante) en un signal neuronal qui sera transformé en une perception sensorielle au sein de notre cerveau.

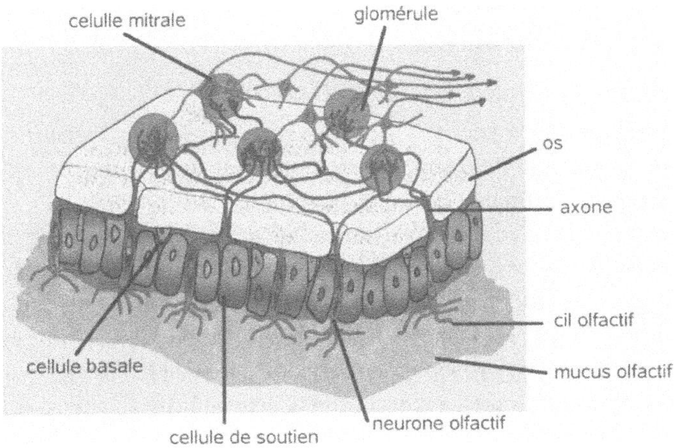

Figure 2. Le bulbe olfactif et le mucus nasal.

La perception des odeurs d'un point de vue moléculaire

Lors de l'inhalation, les molécules odorantes présentes dans l'air entrent en contact avec le mucus, comme schématisé dans la figure 3. Ce dernier contient un grand nombre de protéines, dont des protéines de liaison aux odorants, ainsi que des protéines de dégradation. Ces deux types de protéines sont à l'origine de ce que l'on appelle les phénomènes périrécepteurs, c'est-à-dire qui interviennent avant l'activation des récepteurs olfactifs par les odorants [9].

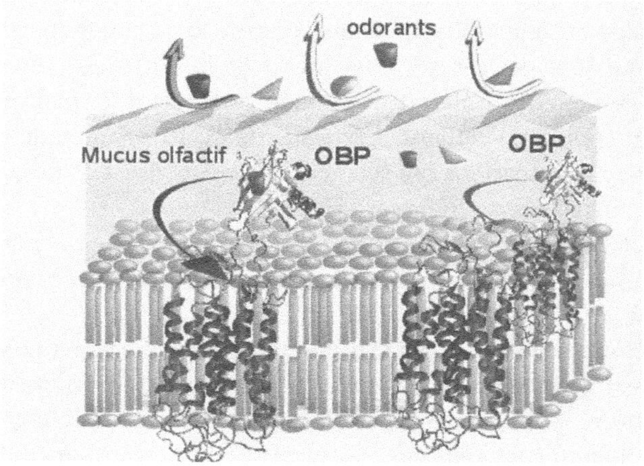

Figure 3. Schéma de la membrane d'un neurone olfactif.
Les molécules odorantes présentes dans l'air inhalé sont solubilisées dans le mucus par les protéines de liaison aux odorants (OBP). Ces OBP transporteraient les odorants jusqu'à la surface de la membrane du neurone, dans laquelle sont enchâssés les Récepteurs Olfactifs (RO).

Les phénomènes périrécepteurs

Les protéines de liaison aux odorants : OBP

Les protéines de liaison aux odorants (*Odorant Binding Proteins*, ou OBP) sont de petites protéines solubles sécrétées en abondance dans le mucus nasal d'une grande variété d'espèces animales, dont l'être humain.

Les récepteurs olfactifs sont séparés de l'air par une couche de mucus nasal. Les odorants hydrophobes présents dans l'atmosphère doivent franchir cette barrière aqueuse pour atteindre les récepteurs olfactifs neuronaux. L'hypothèse généralement admise est que les OBP pourraient jouer un rôle de transporteur des odorants. Ces protéines seraient probablement apparues lors de l'adaptation à la vie terrestre. Ce rôle de transporteur est en accord avec leur affinité relativement faible pour les odorants et leur présence à forte concentration dans le mucus olfactif.

Les OBP sont en effet sécrétées par l'épithélium olfactif dans le mucus nasal à forte concentration (~ 10 mM). Différents sous-types d'OBP ont été mis en évidence chez une même espèce animale. Par exemple, deux OBP ont été décrites chez le porc, quatre chez la souris ou trois chez le lapin.

L'expression d'une seule OBP est toutefois observée chez l'homme. Son expression est limitée à la plus haute région de la fosse nasale, où les molécules odorantes sont détectées par les neurones porteurs des récepteurs olfactifs.

Ces protéines appartiennent à la famille des *lipocalines*, une famille de protéines ayant pour fonction principale le transport de molécules hydrophobes. Elles sont constituées d'un tonneau β formé de huit feuillets β antiparallèles connectés par sept boucles et terminés par une hélice α (Figure 4). Le tonneau β forme alors une cavité hydrophobe, appelée « calice » et dont le rôle serait de lier les molécules lipophiles (d'où leur nom de lipocalines). Cette structure est donc particulièrement bien adaptée aux molécules odorantes, qui doivent traverser le mucus pour rejoindre les neurones olfactifs, porteurs des récepteurs du même nom.

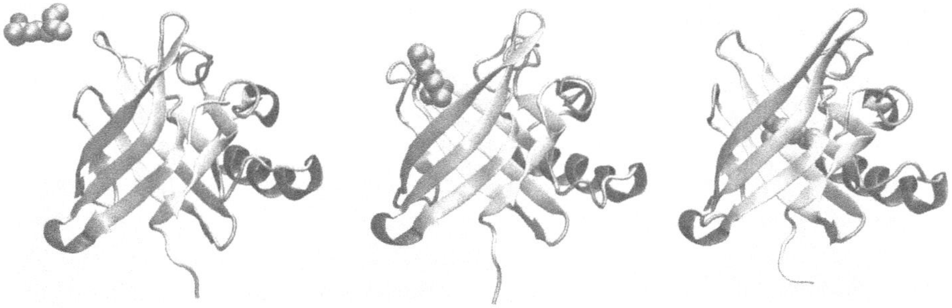

Figure 4. Simulation d'un odorant pénétrant dans la cavité hydrophobe d'une OBP [10].

Les OBP ont la propriété de pouvoir lier des odorants variés en termes de taille et de fonctionnalités. Toutefois, l'OBP humaine semble beaucoup plus restrictive que l'OBP porcine ou les OBP-1 et -3 de rat. Bien que restant généraliste en termes de liaison des odorants, elle montre une affinité plus marquée pour les aldéhydes, qu'ils soient aliphatiques ou aromatiques.

En plus du transport des molécules odorantes, d'autres hypothèses ont été émises pour le rôle des OBP [11]. Celles-ci pourraient soit (1) servir de filtre ou de tampon pour les odorants dans le mucus, et ainsi réduire la gamme des intensités odorantes, soit (2) éliminer les substances odorantes après activation des récepteurs olfactifs, ou (3) interagir directement avec les récepteurs olfactifs [12]. Le rôle essentiel des OBP dans le déclenchement de comportements et du codage de l'odeur a été démontré chez les insectes, mais il reste encore à mettre en évidence chez les vertébrés et les humains en particulier. Ces protéines font l'objet de nombreuses recherches dans cette optique.

Les enzymes de métabolisation de xénobiotiques : EMX

Un xénobiotique est une molécule d'origine exogène. Ces xénobiotiques, de manière générale, sont métabolisés par un réseau d'enzymes qui favorisent leur élimination par diverses voies d'excrétion. Lorsque ce métabolisme a lieu dans le foie (l'organe métabolique majeur), la voie d'excrétion est l'urine ou la bile.

Les odorants que nous respirons sont donc des xénobiotiques. Dans le mucus nasal, différentes enzymes joueraient un rôle de métabolisation de ces odorants, afin d'éviter la saturation des récepteurs olfactifs. Elles nous permettent de percevoir un gradient de molécules par flairages successifs. Sans elles, le mucus nasal se retrouverait très rapidement saturé en molécules odorantes, nous empêchant ainsi de percevoir de nouvelles odeurs dans des échelles de temps très rapides.

Ces enzymes ont, de manière générale, pour fonction de rendre les odorants hydrophiles, en leur greffant des groupements polaires, les rendant par là même inodores. On rencontre ainsi dans le mucus nasal humain une alcool-déshydrogénase ainsi qu'une aldéhyde-déshydrogénase et au moins deux Uridine-di-Phosphate-GlucuronoSylTransférases (UGT) [13].

Par exemple, la glucurono-conjugaison de molécules odorantes, catalysée par les UGT, rend les molécules odorantes inactives d'un point de vue olfactif. Cette réaction interviendrait ainsi dans l'arrêt du signal olfactif [14].

Différentes observations confortent l'hypothèse selon laquelle la biotransformation des molécules odorantes aurait un impact notable sur la sensibilité du système olfactif. La perception olfactive résulterait de la détection à la fois des molécules odorantes et des métabolites formés au niveau du mucus et/ou de la muqueuse olfactive.

Au-delà des phénomènes périrécepteurs, les odorants vont jouer leur rôle fondamental : déclencher la cascade de détection du signal olfactif. Dans le fond du mucus nasal, se trouvent les cils des neurones olfactifs. Dans la membrane de ces cils, sont enchâssés les récepteurs olfactifs, ces protéines qui sont à l'origine de la cascade d'événements qui déclencheront la perception olfactive.

La détection du signal : les récepteurs olfactifs

Les RO sont exprimés à la surface des cils des neurones olfactifs. On a longtemps cru qu'ils n'étaient exprimés que dans les neurones olfactifs. On a découvert depuis des récepteurs du même type dans divers organes (le foie notamment) et dans les cellules spermatiques. Dans ce dernier cas, les RO joueraient le rôle de sonde [15] pour guider les spermatozoïdes vers l'ovule, en leur faisant suivre le gradient de signal chimique émis par ce dernier. On parle alors de chimiotaxie.

Ce même rôle est aussi envisagé dans les neurones olfactifs. Nos neurones olfactifs se régénèrent avec la même efficacité tout au long de notre existence (nous sommes immortels à travers nos neurones olfactifs !). Une particularité de notre épithélium olfactif consiste en sa capacité à régénérer totalement ses neurones, même après leur destruction totale. Cela est possible grâce à la présence de cellules souches (les cellules basales de la figure 2) dans la muqueuse olfactive. Cette régénération des neurones est extraordinairement efficace, et les nouveaux neurones en cours de régénération trouvent leur chemin dans les méandres du cortex, jusqu'à rejoindre exactement le glomérule vers lequel ils doivent converger. Ce guidage se ferait grâce aux neurones olfactifs présents dans la membrane de ces neurones. Ces RO joueraient donc un rôle majeur avant même d'être impliqués dans la perception sensorielle.

Toutefois, les RO sont avant tout les protéines qui nous permettent de percevoir les odeurs. Il existe un très grand nombre de types de récepteurs olfactifs. Chez l'homme, environ 1 000 gènes codent pour des récepteurs olfactifs [16]. Toutefois, l'absence de pression de sélection a fortement diminué le nombre de récepteurs fonctionnels. En effet, le sens de l'odorat n'est pas considéré comme un sens vital pour l'homme. La surdité ou la cécité sont perçues comme bien plus handicapantes que l'anosmie (perte du sens de l'odorat) ou l'agueusie (perte du sens du goût). En conséquence, parmi les 1 000 gènes présents chez l'homme, environ 350 codent pour des récepteurs olfactifs fonctionnels. Les autres sont devenus des pseudo-gènes qui n'expriment plus de récepteur. À titre de comparaison, le rat, un animal pour la survie duquel l'odorat est crucial, dispose d'environ 1 000 types de récepteurs différents, ce qui lui permet de percevoir les odeurs avec beaucoup plus d'acuité.

Les neurones olfactifs n'expriment qu'un seul type de récepteur olfactif. Par conséquent, l'activation d'un type de récepteur par un odorant va alors entraîner l'activation des neurones qui expriment ce récepteur. Observer l'activation d'un neurone équivaut alors à observer l'activation d'un RO au niveau moléculaire.

Les RO appartiennent à une famille de protéines connues pour être, de manière générale, responsables de la signalisation cellulaire. Cette famille – les Récepteurs Couplés à une Protéine G (RCPG) – englobe aussi les protéines qui nous permettent de percevoir le goût (certains récepteurs gustatifs) et celles qui nous permettent de percevoir la lumière (les opsines). Il s'agit de protéines transmembranaires, constituées de sept domaines enchâssés dans la membrane d'une cellule (chez nous, le neurone olfactif), comme le montre la figure 5.

Ces protéines permettent de transformer un signal chimique (l'odorant) en un signal électrique. L'activation du RO va déclencher une voie de signalisation faisant intervenir des protéines intracellulaires. Cette voie est à l'origine de la modification du gradient de concentration d'ions entre le cytoplasme (l'intérieur de la cellule) et le périplasme (l'extérieur de la cellule, ici le mucus olfactif). Ce changement de concentration va induire une dépolarisation de la membrane du neurone. Ce signal électrique va se propager le long de l'axone du neurone, jusqu'à atteindre le glomérule.

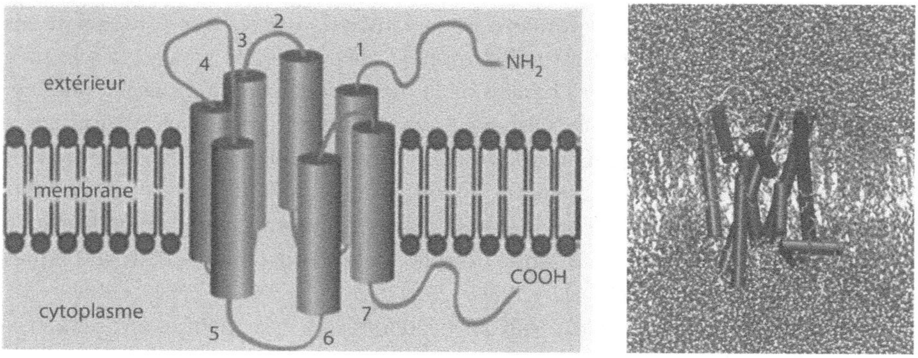

Figure 5. Schéma d'un récepteur olfactif et modèle tridimensionnel obtenu par modélisation moléculaire. [17]

Le comportement des RO vis-à-vis des odorants est tout à fait exceptionnel. Il est apparu qu'un RO peut être activé par des familles chimiques d'odorants très variées et qu'en retour un odorant est capable d'activer divers RO de séquences d'acides aminés différentes. Cette apparente anarchie se révèle en fait être une force. Le code combinatoire qu'elle génère permet au système olfactif de discriminer un nombre de molécules odorantes bien plus élevé que le nombre de récepteurs qu'il contient. Si le paradigme classique des interactions ligand – protéine, appelé « modèle clé – serrure », était utilisé, dans lequel le récepteur est une serrure qui ne peut être activée que par un type de clé bien identifié, le système olfactif ne pourrait discriminer au mieux que quelques milliers de molécules. Toutefois, ce système combinatoire nous permet de faire la différence entre un nombre bien plus important de molécules, même si celles-ci ne diffèrent que par quelques subtilités structurales ou chimiques.

La reconnaissance d'une odeur peut être assimilée à une reconnaissance de forme, dans laquelle l'activation des neurones olfactifs va créer une sorte d'image qui sera associée à une odeur par un individu. Le fonctionnement de la perception d'une molécule peut être schématisé comme dans la figure 6.

Très peu d'études ont été réalisées jusqu'à présent sur les interactions entre récepteurs olfactifs et molécules odorantes. Ceci est en partie dû à la grande difficulté pour obtenir des structures expérimentales des RCPG. Ces récepteurs ne doivent leur intégrité structurale qu'à la présence de la membrane dans laquelle ils sont insérés. Toutefois, les approches cristallographiques nécessitent d'extraire les récepteurs de leur membrane afin d'identifier leur structure. À ce jour, aucune structure de récepteur olfactif n'est connue expérimentalement. Seules des approches bioinformatiques permettent d'estimer leur structure, sur la base de structures de RCPG homologues d'un point de vue de la séquence d'acides aminés.

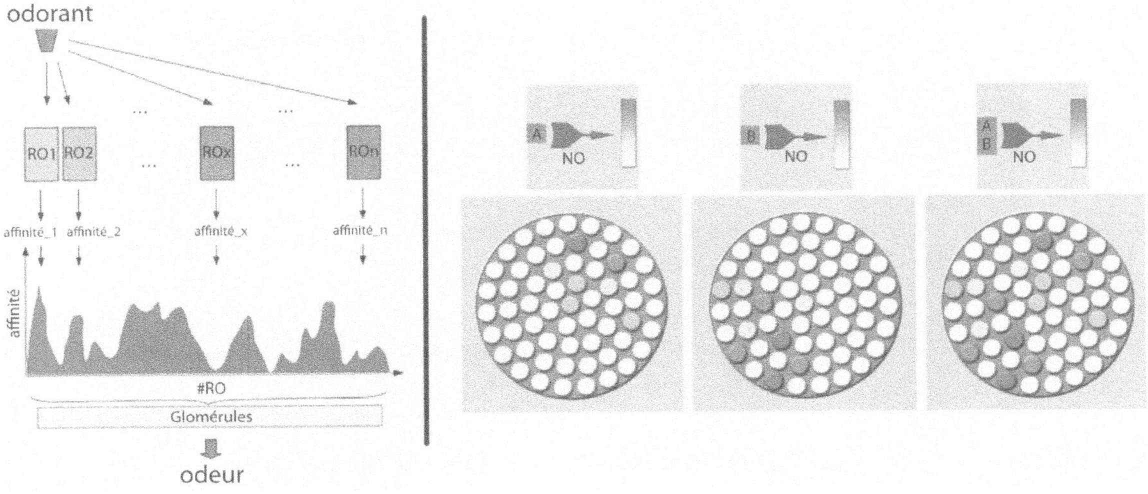

Figure 6.

a. Le code combinatoire. L'interaction d'une molécule odorante avec l'ensemble des récepteurs olfactifs portés par des neurones indépendants va créer une image olfactive qui dépendra de l'affinité de cet odorant avec les RO. Chaque odorant va générer une forme caractéristique, en fait associée aux glomérules qui sont activés *via* les neurones olfactifs. Cette forme, *a priori* unique pour chaque odorant, sera interprétée comme une odeur par le sujet.

b. Les images olfactives. Un odorant A va activer des glomérules plus ou moins fortement. Un odorant B va activer, quant à lui, d'autres glomérules. Le mélange des deux odorants A+B peut éventuellement être la somme des deux premiers signaux, bien que cela ne soit pas systématique.

Malgré tout, quelques mécanismes assez généraux dans cette famille de récepteurs sont connus. Les RO interagissent avec un odorant, *via* une cavité qui se situe au sein de sa structure transmembranaire. Ce site de liaison se situe à environ 10 Å de la surface du neurone. Elle fait preuve d'un comportement assez plastique, dans la mesure où elle est capable de s'adapter à des structures d'odorants très différentes. La figure 7 regroupe les structures d'odorants ayant été identifiées comme de bons agonistes du récepteur humain OR1G1 [18].

Les progrès de la biologie moléculaire permettent donc désormais de tenter d'identifier les odorants qui ont le plus d'affinités pour un récepteur dont on ne connaît pas les agonistes. On parle de récepteurs orphelins. Ces approches, dites de « déorphanisation », sont néanmoins extrêmement coûteuses. Par ailleurs, contrairement au domaine pharmacologique, dans lequel les récepteurs répondent à une famille bien identifiée d'agonistes, les études de récepteurs olfactifs sont plus délicates. Elles ne peuvent pas prétendre à l'exhaustivité des agonistes, dans la mesure où ceux-ci n'appartiennent pas forcément à la même famille chimique.

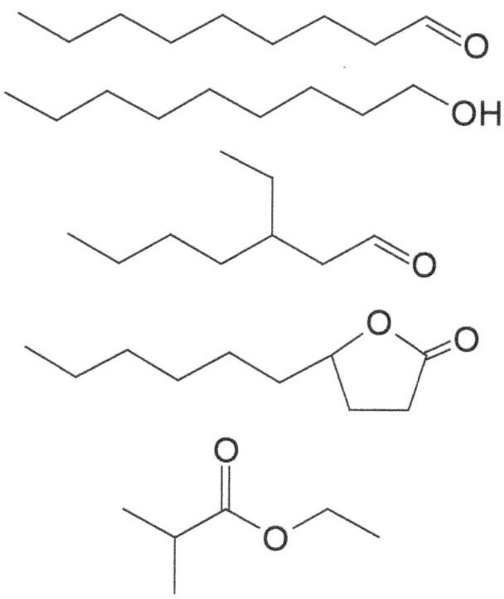

nonanal	cireux, aldéhydique, rose, frais
1-nonanol	frais, propre, gras, floral, rose
2-éthyl-1-hexanol	citron, frais, fleuri, huileux
γ-décalactone	frais, huileux, cireux, pêche, noix de coco
éthylisobutyrate	sucré, éthéré, fruité, alcoolique

Figure 7. Des structures différentes peuvent activer un récepteur olfactif.
Ici, des odorants agonistes du récepteur humain OR1G1 avec leur caractérisation olfactive.

Conclusion

Les sens chimiques que sont le goût et l'odorat fascinent depuis toujours. Leur étude fait appel à des champs disciplinaires extrêmement variés, qui couvrent des domaines allant des sciences humaines et sociales aux sciences les plus fondamentales. Depuis peu, la description des étapes moléculaires conduisant à la perception olfactive a connu un regain d'intérêt suite à la découverte des protagonistes biologiques à l'origine de l'activation neuronale. La nature combinatoire de la perception olfactive rend ce sens d'autant plus fascinant et constitue plus que jamais un formidable défi à relever pour les acteurs qui cherchent à mieux comprendre ce domaine. La perception d'un effluve parfumé est asservie à l'interaction des molécules qui la constituent avec les récepteurs de nos neurones olfactifs. Cette interaction est par ailleurs modulée par les phénomènes péri-récepteurs impliquant des protéines présentes dans notre mucus nasal. Le code combinatoire de ces interactions est alors traité par les glomérules qui réagissent en fonction de notre vécu et de certaines de nos prédispositions génétiques, qui nous rendent plus ou moins sensibles à certains composés.

Néanmoins, gardons espoir que dans un proche avenir, les approches tentant d'établir une relation entre une molécule odorante et la perception qu'elle induit, tout en prenant en compte l'ensemble des phénomènes, se développeront et ainsi nous fourniront davantage d'informations sur ces phénomènes ultracomplexes.

Références bibliographiques

1. G. Ohloff, *Scent and fragrances. The fascination of odors and their chemical perspectives*, Berlin, Springer Verlag, **1994**.
2. U.J. Meierhenrich, J. Golebiowski, X. Fernandez, D. Cabrol-Bass, « De la molécule à l'odeur », *L'Actualité chimique*, **2005**, *289*, 29-40.
3. X. Fernandez, S. Kerverdo, E. Dunach, L. Lizzani-Cuvenier, « Les hétérocycles dans la chimie des arômes », *L'Actualité Chimique*, **2002**, 4-14.
4. C. Sell, « Odor cannot be predicted by molecular shape », *Chem. Senses*, **2009**, *34*, 181.
5. C. Sell, « On the unpredictability of odor », *Angew Chem. Int. Ed. Engl.*, **2006**, *45*, 6254.
6. L. Buck, R. Axel, « A novel multigene family may encode odorant receptors : a molecular basis for odor recognition », *Cell*, **1991**, *65*, 175.
7. U.J. Meierhenrich, J. Golebiowski, X. Fernandez, D. Cabrol-Bass, « The molecular basis of olfactory chemoreception », *Angew. Chem. Int. Ed. Engl.*, **2004**, *43*, 6410.
8. B. Malnic, J. Hirono, T. Sato, L.B. Buck, « Combinatorial receptor codes for odors », *Cell*, **1999**, *96*, 713.
9. M. Maïbèche, J. Heydel, A. Le Bon, J. Golebiowski, L. Briand, « Périréception et protéines porteuses », dans *Odorat et Goût*, Paris, Quae Éd., **2012**.
10. J. Golebiowski, S. Antonczak, S. Fiorucci, D. Cabrol-Bass, « Mechanistic events underlying odorant binding protein chemoreception », *Proteins*, **2007**, *67*, 448.
11. P. Pelosi, « The role of perireceptor events in vertebrate olfaction », *Cellular and Molecular Life Sciences*, **2001**, *58*, 503.
12. J. Vidic, J. Grosclaude, R. Monnerie, M.A. Persuy, K. Badonnel, C. Baly, M. Caillol, L. Briand, R. Salesse, E. Pajot-Augy, « On a chip demonstration of a functional role for Odorant Binding Protein in the preservation of olfactory receptor activity at high odorant concentration », *Lab Chip*, **2008**, *8*, 678.
13. H. Debat, C. Éloit, F. Blon, B. Sarazin, C. Henry, J.-C. Huet, D. Trotier, J.-C. Pernollet, « Identification of human olfactory cleft mucus proteins using proteomic analysis », *J. Proteome Res.*, **2007**, *6*, 1985.
14. D. Lazard, K. Zupko, Y. Poria, P. Nef, J. Lazarovits, S. Horn, M. Khen, D. Lancet, « Odorant signal termination by olfactory UDP glucuronosyl transferase », *Nature*, **1991**, *349*, 790.
15. M. Spehr, G. Gisselmann, A. Poplawski, J.A. Riffell, C.H. Wetzel, R. K. Zimmer, H. Hatt, « Identification of a testicular odorant receptor mediating human sperm chemotaxis », *Science*, **2003**, *299*, 2054.
16. B. Malnic, P.A. Godfrey, L.B. Buck, « The human olfactory receptor gene family », *Proc. Natl. Acad. Sci. USA*, **2004**, *101*, 2584.
17. L. Charlier, *Étude des interactions moléculaires entre molécules odorantes et protéines impliquées dans les premières étapes de la perception olfactive*, Thèse de doctorat (sous la direction de J. Golebiowski), Université de Nice-Sophia-Antipolis, **2009**.
18. G. Sanz, C. Schlegel, J.-C. Pernollet, L. Briand, « Comparison of odorant specificity of two human olfactory receptors from different phylogenetic classes and evidence for antagonism », *Chem. Senses*, **2005**, *30*, 69.

Chapitre 1.3

Sécrétion et stockage des huiles essentielles par les végétaux

Jean-Claude Caissard et Sylvie Baudino[1]

Introduction

Toutes les plantes émettent des composés volatils, qu'il s'agisse d'oxygène, de gaz carbonique, de méthanol, d'isoprène ou de composés plus complexes issus du métabolisme carboné. Ces molécules interagissent avec leur environnement et peuvent, par exemple, attirer des pollinisateurs, ou encore repousser ou intoxiquer des ravageurs : plus cette interaction est efficace et plus la plante a un avantage par rapport à sa voisine. Cette sélection naturelle, véritable « course à l'armement », a conduit à une énorme diversification des composés volatils et des structures cellulaires dans lesquelles se déroule la biosynthèse de ces composés.

Alors que les composés du métabolisme primaire, comme l'oxygène et le gaz carbonique de la respiration et de la photosynthèse, se trouvent chez toutes les plantes, les composés du métabolisme secondaire sont d'une variété qui semble illimitée. On connaît, par exemple, plus de 30 000 terpènes dans le monde et l'on est probablement loin de ce qui existe dans la nature. Cette diversification va de pair avec celle des structures spécialisées : glandes, poches, canaux et autres organes accumulent les composés organiques volatils (COV) pour mieux les relâcher sur un ravageur ou pour mieux guider un pollinisateur.

La plupart de ces COV sont lipophiles et souvent mélangés à d'autres composés lipophiles, voire lipidiques, mais moins volatils. Ce mélange donne les huiles essentielles que l'homme a depuis longtemps appris à récupérer par extraction. Il existe donc une liste réduite de plantes à parfums, aromatiques et médicinales cultivées ou récoltées dans la nature. Il s'agit des plantes les plus utiles pour la pharmacopée, les cosmétiques ou la chimie fine [1]. Néanmoins, toutes les plantes synthétisent et

1. Laboratoire de biotechnologies végétales appliquées aux plantes aromatiques et médicinales (BVpam), UPRES EA 3061, Université Jean Monnet, Faculté des sciences et techniques, 23 rue du Docteur Paul Michelon, 42023 Saint-Étienne Cedex 2, France.

émettent des COV, au moins en petites quantités, mais, aussi surprenant que cela puisse paraître, les mécanismes cellulaires qui conduisent les COV hors des cellules végétales sont presque inconnus [2].

De leur biosynthèse à leur accumulation dans les structures spécialisées, les COV rencontrent un grand nombre d'obstacles biologiques (Figure 1). Ils doivent d'abord être transportés d'un compartiment à l'autre ou vers la membrane plasmique dans le cytosol (Figure 1A). Le cytosol étant un milieu aqueux, le mécanisme de transport des COV doit donc être spécifique. Ils doivent ensuite traverser la membrane plasmique constituée de deux feuillets phospholipidiques (Figure 1B). Les feuillets sont orientés de telle façon qu'ils présentent chacun leur face la plus lipophobe vers le milieu aqueux : le cytosol pour le feuillet interne et la paroi cellulaire pour le feuillet externe. Les COV doivent alors franchir la paroi pecto-cellulosique et la cuticule cireuse entourant la cellule (Figure 1C). Leur parcours est donc complexe et les obstacles cellulaires constituent probablement un ensemble de facteurs limitant la production des huiles essentielles.

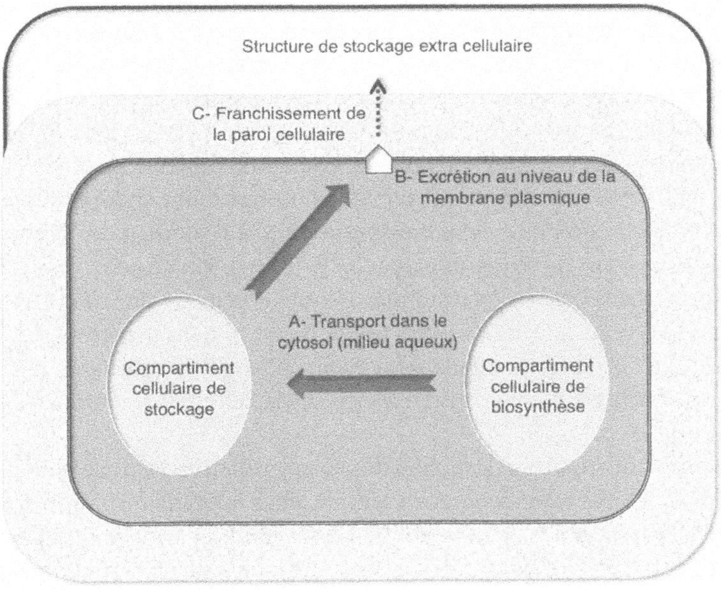

Figure 1. Schéma des contraintes liées au transport des COV en milieu intracellulaire.

La cellule est constituée d'une membrane plasmique contenant du cytoplasme, lui-même constitué d'une solution aqueuse (cytosol) et de compartiments cellulaires (organites). Chez ces derniers, on trouve, par exemple, des plastes (dans la plupart des cellules, il s'agit des chloroplastes assurant la photosynthèse et contenant de l'amidon et des gouttelettes lipidiques de caroténoïdes nommées plastoglobules), des peroxysomes (organites assurant la détoxification des cellules), des oléosomes (organites de stockage de nombreux lipides), des mitochondries (organites assurant la respiration cellulaire), du réticulum endoplasmique (organite assurant la maturation et le transfert de certaines protéines et macromolécules), du noyau (organite contenant l'ADN).

Compartiments cellulaires de biosynthèse des COV

Potentiellement, tous les compartiments cellulaires participent à la biosynthèse des COV, la plupart du temps avec une coopération fonctionnelle très complexe. L'exemple le plus étudié est celui des monoterpènes et, en particulier, du menthol, pour lequel toutes les enzymes de la voie de biosynthèse ont été localisées au niveau intracellulaire [3]. Chez la menthe (*Mentha* x *piperita*), la biosynthèse du menthol commence par celle de l'isopentenyldiphosphate dans les plastes. Chez la plupart des plantes étudiées, il existe deux voies différentes de biosynthèse de ce précurseur des terpènes : une voie cytoplasmique passant par le mévalonate (en réalité, très certainement au contact de la face externe du réticulum endoplasmique [4]) et une voie plastidiale passant par le 2-*C*-méthyl-D-érythritol-4-phosphate. La voie cytoplasmique conduit aux sesquiterpènes et la voie plastidiale aux monoterpènes et aux diterpènes. Il est possible qu'il existe quelques exceptions comme, par exemple, chez la fraise cultivée qui semble avoir une synthèse de linalol (un monoterpène) dans le cytoplasme [5]. Chez une plante ancestrale, *Marchantia polymorpha*, des voies presque complètes de biosynthèse de terpènes ont même été localisées dans les gouttelettes lipidiques intracellulaires [6]. Chez les plantes supérieures, l'isopenténydiphosphate donne du farnésyldiphosphate dans le cytoplasme, mais du géranyldiphosphate et du géranylgéranyldiphosphate dans les plastes. Chez la menthe, la biosynthèse continue par la formation du limonène, toujours dans les plastes. Le limonène est alors transporté jusqu'au contact du réticulum endoplasmique, transformé en isopipériténol, lui-même transporté jusqu'à l'intérieur des mitochondries et transformé au cours de plusieurs étapes en pulégone. Finalement, une partie de la pulégone est transformée en menthofurane sur le réticulum alors que l'autre partie est transformée en un mélange d'isomères du menthol dans le cytosol. On imagine la complexité d'un tel trafic cellulaire, d'autant plus qu'une partie de ces intermédiaires réactionnels est dérivée vers l'extérieur de la cellule et se retrouve donc dans l'huile essentielle.

Cette compartimentation des étapes de la biosynthèse est capitale pour la composition finale de l'huile essentielle. Par exemple, chez le muflier (*Antirrhinum majus*), il existe deux enzymes très proches au niveau réactionnel (AmNES/LIS-1 et 2), mais l'une synthétise du nérolidol (un sesquiterpène), parce qu'elle est compartimentée dans le cytoplasme, et l'autre synthétise du linalol, parce qu'elle est compartimentée dans les plastes [7]. La première ne dispose, en effet, que de farnésyldiphosphate comme substrat alors que la deuxième ne dispose que du géranyldiphosphate : il n'y a donc pas de différence enzymatique, mais une simple différence de compartimentation, donc de substrats disponibles. Chez l'arabette (*Arabidopsis thaliana*), l'expression par génie génétique d'une linalol/nérolidolsynthase (FaNES1) dans les mitochondries donne du nérolidol et du 4,8-diméthyl-1,3,7-nonatriène alors qu'une expression dans les plastes ou dans le cytoplasme ne donne que peu de nérolidol et pas de 4,8-diméthyl-1,3,7-nonatriène [8]. L'effet sur les insectes (*Tetranychus urticae*) est radical, car les plantes obtenues les attirent en permanence alors que les témoins ne les attirent jamais.

Les huiles essentielles renferment aussi des benzénoïdes, des phénylpropanoïdes et des oxylipides. Ces composés sont issus de voies de biosynthèse totalement différentes de celles des terpènes. Les phénylpropanoïdes et les benzénoïdes sont synthétisés à partir de la phénylalanine et une grande partie de la biosynthèse se passe dans le cytosol. Néanmoins, la partie de la voie qui conduit aux benzénoïdes, du type benzoate de benzyle par exemple, nécessite d'enlever la partie propylée de la chaîne latérale. Cette réaction peut se faire grâce à une voie non oxydative située dans le cytosol ou grâce à une voie oxydative située dans les peroxysomes [9]. Les oxylipides proviennent d'une oxydation des acides gras constitutifs des phospholipides membranaires des plastes et des acides gras libres contenus dans les plastoglobules et les oléosomes. Les plastoglobules accumulent des acides gras libres, des triglycérides, des quinones, de l'α-tocophérol et des caroténoïdes [10]. Ces composés servent à de nombreuses biosynthèses comme celle de la vitamine E et celle de quelques COV. Ainsi, par exemple, la β-ionone est issue du β-carotène grâce à l'action d'une dioxygénase plastidiale [11], probablement située à proximité des plastoglobules puisqu'ils contiennent le substrat. La compartimentation de la biosynthèse des oxylipides est, quant à elle, certainement la voie la plus complexe. En effet :

- il existe de nombreuses enzymes dans une même famille, comme par exemple la famille des lipoxygénases [12], et chacune a un rôle légèrement différent. Il existe même des étapes non catalysées par des enzymes ;
- les oxylipides sont produits dans différents organes comme les fleurs et les graines, mais aussi lors de la blessure d'un organe et il est alors possible que les mécanismes soient différents ;
- et il existe une énorme diversité des substrats possibles avec potentiellement de nombreux acides gras, triglycérides et phospholipides, chaque substrat donnant des COV différents.

Il est ainsi admis que la voie conduisant au jasmonate passe par les chloroplastes et les peroxysomes [13], alors que les voies conduisant aux oxoacides, aux aldéhydes, aux esters et aux alcools d'oxylipides sont très discutées quant à leur localisation [14]. Il a, par exemple, été montré que des lipoxygénases étaient localisées dans le cytosol, dans les mitochondries, dans les vacuoles, dans les oléosomes et/ou sur les membranes cellulaires [15, 16, 17].

Comme on le voit, la plupart des organites cellulaires participent à la biosynthèse des huiles essentielles avec une régulation certainement très fine au niveau du trafic cellulaire et des stades de développement.

Mécanismes de transport des COV au niveau intracellulaire

Les mécanismes de transports intracellulaires concernent les mouvements des COV d'un organite cellulaire à un autre ou vers la membrane plasmique. Ces mécanismes ont longtemps été considérés comme ceux d'une diffusion passive, en particulier sous l'effet de la chaleur. Celle-ci, en augmentant, accroîtrait la solubilité, voire même la volatilité, des COV qui franchiraient alors passivement le cytosol et la membrane plasmique. Ce type d'hypothèse n'explique cependant pas pourquoi certaines espèces émettent la plupart de leurs COV la nuit, c'est-à-dire au moment le plus froid. Ainsi, par exemple, il a été montré chez différentes espèces de tabacs (*Nicotiana sp.*) que la majorité des COV est émise la nuit en phase avec les pollinisateurs [18]. Il est difficile, dans ce cas, d'imaginer une simple diffusion passive, sauf si les étapes de la biosynthèse sont régulées de façon différente. Malheureusement, un seul cas de régulation est connu à ce jour. Il s'agit de la régulation de la voie de biosynthèse des benzénoïdes et phénylpropanoïdes par un facteur de transcription (PhODO1) chez le pétunia (*Petunia* x *hybrida*) [19]. Ce facteur active la transcription de quelques-uns des gènes codant pour des enzymes de biosynthèse. Cette activation se fait la nuit et l'émission des COV est immédiate. Dans ce cas, l'hypothèse d'une diffusion passive est parfaitement cohérente. À l'opposé, les fleurs de stephanotis (*Stephanotis floribunda*), de cédratier (*Citrus medica*) et d'odontoglossum (*Odontoglossum constrictum*) présentent des rythmes de synthèse et d'émission incompatibles avec une hypothèse de diffusion liée à la volatilité [20]. Il est intéressant de constater que plusieurs de ces fleurs produisent du benzoate de méthyle et que, si l'on admet la théorie de la diffusion passive dans un cas (émission de cette molécule au moment de sa biosynthèse), il faut forcément imaginer une barrière cellulaire à cette diffusion dans l'autre cas, puisqu'on constate un décalage entre sa biosynthèse et son émission alors qu'il n'y a aucune structure de réserve dans ce type de pétale. Si une telle barrière cellulaire existe, elle est donc franchie chaque jour, lors du pic d'émission. Dans ce cas, il est donc possible qu'un mécanisme actif existe.

Il est donc possible d'imaginer que ce trafic intracellulaire est beaucoup plus complexe et plus régulé qu'une simple diffusion passive, même lorsque le rythme d'émission suit le rythme de biosynthèse. Nous avons déjà vu le cas du limonène, par exemple : une partie est transformée en (*E*)-isopipériténol et une autre dérivée vers l'extérieur de la cellule. C'est aussi le cas de la plupart des intermédiaires réactionnels. Dans une même plante, les COV se retrouvent dans les huiles essentielles dans des proportions comparables quelle que soit leur volatilité et quelle que soit la température de culture, même si la quantité totale varie. On pourrait pourtant s'attendre à voir disparaître les produits les plus volatils sous de fortes températures, et les moins volatils sous de faibles températures.

Une dernière hypothèse concernerait un transport par l'intermédiaire des oléosomes. Ces organites seraient alors à la fois des organites de stockage, mais aussi un moyen de transport des COV. Les arguments pour ce double rôle sont peu nombreux, mais semblent cohérents.

Compartiments cellulaires de stockage des COV

Les oléosomes, ou corps lipidiques, sont des organites particuliers présents dans les cellules animales et végétales. Ils sont formés d'une matrice lipidique renfermant majoritairement des acides gras libres et d'une membrane périphérique formée d'une seule couche phospholipidique stabilisée par des protéines particulières : les oléosines chez les végétaux et les protéines PAT chez les animaux [21]. Ces oléosomes peuvent atteindre plusieurs dizaines de micromètres de diamètre dans des graines stockant des lipides. Ils se forment à partir d'un décollement des deux feuillets phospholipidiques de la membrane du réticulum endoplasmique. Les plastoglobules sont assimilés à ce type de corps lipidiques même s'ils sont intraplastidiaux et s'ils n'ont pas la même origine ni la même structure.

La nature lipophile des COV est totalement compatible avec une hypothèse de stockage dans les oléosomes. Nous avons vu qu'au moins les ionones et certains oxylipides étaient synthétisés à partir de précurseurs stockés dans les oléosomes. Rien ne permet de dire qu'après leur synthèse, ces produits lipophiles s'éloignent de la matrice lipidique des oléosomes ou des plastoglobules. D'ailleurs, dans les cotylédons du concombre (*Cucumis sativus*), les oxylipides sont retrouvés dans un extrait d'oléosomes purifiés [22]. Il se pourrait aussi que les autres COV, tout aussi lipophiles, soient dirigés vers les oléosomes par le simple fait qu'ils y sont miscibles. Il est, par exemple, possible d'observer des vésicules de terpènes de tailles comparables à celles des oléosomes dans de nombreuses cellules sécrétrices [2, 23, 24, 25]. Ainsi, dans le spadice d'un arum (*Sauromatum guttatum*), des vésicules ressemblant à des oléosomes sont observées en microscopie électronique lors de l'accumulation des terpènes. Ces vésicules se collent à la membrane plasmique et se vident au moment de l'émission des terpènes [26]. Dans les fleurs d'œillet (*Dianthus caryophyllus*), le fractionnement cellulaire permettant de séparer les membranes cellulaires d'un côté et une fraction cytosolique contenant les oléosomes donne un résultat plus complexe : la plupart des lipides et quelques benzénoïdes se retrouvent dans la fraction d'oléosomes alors que quelques oxylipides, un terpène et la plupart des benzénoïdes se retrouvent dans la fraction membranaire [27].

Par ailleurs, chez les animaux, les connaissances sur les corps lipidiques sont beaucoup plus avancées, et de nombreux rôles intracellulaires ont été découverts. En particulier, ils permettent de délivrer des protéines et des lipides à différents organites [28]. Le stockage et le transport des COV végétaux par des oléosomes constituent donc une hypothèse plausible, même si celle d'un transport par des protéines particulières l'est tout autant.

Excrétion des COV au travers de la membrane plasmique et de la paroi cellulaire

Une fois au contact de la membrane plasmique, les COV franchissent le double feuillet phospholipidique, la paroi cellulaire pecto-cellulosique et la cuticule cireuse (Figure 1). Les mécanismes de cette excrétion sont largement inconnus.

Les mécanismes de franchissement de la membrane plasmique par les COV sont peu connus. La contrainte physique liée au franchissement de la membrane plasmique est très proche de celle des enveloppes des organites : une membrane à un feuillet phospholipidique pour les oléosomes, une membrane à deux feuillets phospholipidiques pour les peroxysomes et le réticulum, deux membranes à deux feuillets phospholipidiques chacune pour les plastes et les mitochondries. Toutes ces membranes ont des perméabilités, des sélectivités et des compositions différentes vis-à-vis des composés du métabolisme primaire. Il est donc probable que ce soit aussi le cas pour les COV.

L'exocytose (c'est-à-dire l'excrétion de molécules par le biais de vésicules traversant la membrane plasmique ou formées directement par cette dernière) a souvent été évoquée, mais peu de preuves autres que des clichés de microscopie électronique ont été apportées. Par exemple, des expériences de marquage radioactif ou de suivi des vésicules par fluorescence au cours du temps sont absentes de la bibliographie. À l'opposé, un gène codant pour un ABC-transporteur (*ATP-binding cassette transporter*) capable de sortir le sclaréol des cellules de tabac (*Nicotiana plumbaginifolia*) a été cloné [29]. Cette piste d'un transport transmembranaire actif grâce à de l'ATP est extrêmement intéressante. Effectivement, même si le sclaréol n'est pas volatil, il s'agit tout de même d'un diterpène que l'on rencontre dans certaines huiles essentielles. De plus, ce type de transporteur participe à des mouvements transmembranaires de métabolites secondaires comme les flavonoïdes ou la cutine, par exemple [30]. Il faut noter que cette hypothèse n'est pas incompatible avec celle d'un stockage dans les oléosomes puisque, chez les animaux, le cholestérol, un triterpène, est stocké dans les corps lipidiques et excrété au travers de la membrane plasmique grâce à des ABC-transporteurs. Le cholestérol est, en effet, un modèle très étudié de trafic intracellulaire, et plusieurs voies complexes de transport et de régulation d'excrétion ont été décrites [31]. Ce modèle montre que le stockage et/ou l'excrétion d'une petite quantité de molécules hydrophobes ne posent pas le même problème biologique que le trafic d'une grande quantité. Transposé sur la problématique des huiles essentielles, il est possible que plusieurs mécanismes soient en jeu : de la diffusion passive dans certains organes à une régulation du stockage et de l'excrétion dans des structures spécialisées dans d'autres organes.

La paroi pecto-cellulosique, presque accolée à la membrane plasmique, constitue un milieu aqueux. Le franchissement des COV au travers de cette paroi n'a jamais été étudié. Des hypothèses de vésicules issues de la membrane plasmique ou d'action de transporteurs du type LTP (*Lipid Transfer Proteins*) ont parfois été décrites [4]. Les LTP sont des petits peptides capables de se lier à des acides gras, des phospholipides et d'autres lipides. Leurs mécanismes d'action à l'échelle cellulaire sont très discutés, d'autant plus que beaucoup d'entre eux sont localisés dans la paroi. Quelques-uns ont été impliqués dans la mise en place de la cutine, mais beaucoup d'autres, en particulier dans des tissus floraux et des tissus sécréteurs, ont encore un rôle inconnu [32].

La cuticule est la dernière barrière à l'émission des COV [4]. Elle est constituée de cutine et de cires, et organisée en feuillets superposés. Deux modes de franchissement de la cuticule sont connus : un mode polaire qui concerne les grosses molécules hydrophiles et un mode non polaire qui concerne l'eau et les molécules lipophiles. Dans ce dernier mode, les molécules circulent dans les zones amorphes de feuillet à feuillet, alors que les zones cristallines forment une barrière à la diffusion. L'épaisseur des cires n'est donc pas limitante pour la diffusion, alors que la longueur des chaînes aliphatiques et leur capacité à cristalliser est certainement une barrière. Ainsi, dans certains cas, la cuticule peut se montrer totalement imperméable aux COV. Sous la pression de l'huile essentielle excrétée, elle se décolle de la paroi cellulaire et se gonfle comme une poche. On observe alors une glande en surface de l'organe, comme chez les Lamiacées (menthe, *Mentha sp.*, sauge, *Salvia sp.*, basilic, *Ocimum sp.*, thym, *Thymus sp...*) par exemple (Figures 1, 2A et B). Ce type de structure correspond anatomiquement à un poil glandulaire, encore nommé trichome glandulaire [33]. L'huile essentielle est alors sous pression, et la moindre action sur la cuticule la rompt en répandant l'huile sur le ravageur ou le parasite. Là encore, il semble peu probable qu'une diffusion passive permette d'accumuler l'huile essentielle sous pression.

Tous les trichomes glandulaires n'accumulent pas les huiles essentielles. Certaines passent, en effet, plus ou moins rapidement au travers de la cuticule pour s'évaporer ou pour couler le long du trichome. La substance visqueuse est souvent une colle pour les ravageurs et les parasites, comme chez le tabac (*Nicotiana sylvestris*) par exemple (Figure 2C). C'est aussi le cas de bien d'autres structures sécrétrices spécialisées et internes aux organes.

Structures biologiques de stockage des COV

Beaucoup de cellules spécialisées excrètent des COV. C'est le cas des cellules épidermiques de la plupart des pétales. Ces cellules épidermiques, souvent coniques, libèrent directement les COV dans l'air (Figure 2D). C'est aussi le cas des cellules tapissant l'intérieur des canaux comme dans les feuilles et tiges des Apiacées (céleri, *Apium graveolens*, anis, *Pimpinella anisum*, fenouil, *Foeniculum vulgare*, carotte, *Daucus carota...*) et des conifères (Figure 2E). Le même type de cellules tapisse l'intérieur des glandes et des poches sécrétrices, comme dans la peau des agrumes (Figure 2F) ou

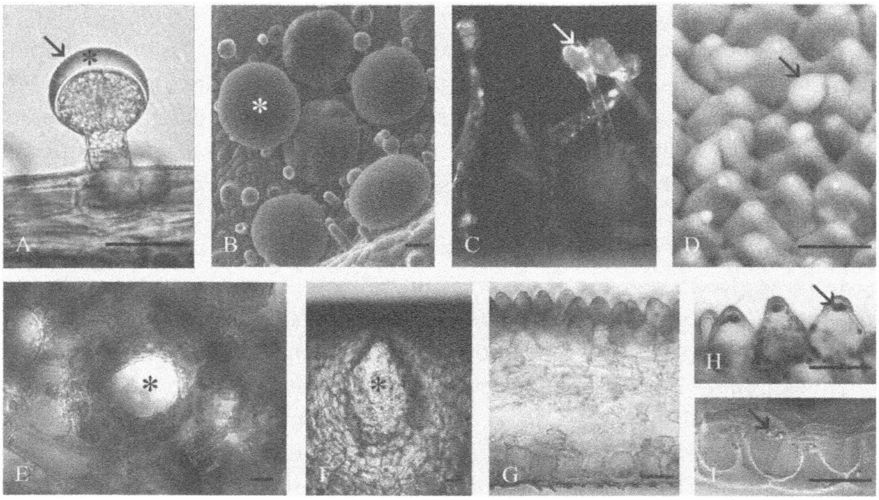

Figure 2. Exemples de structures spécialisées dans la sécrétion et/ou le stockage des huiles essentielles.

A. Micrographie photonique d'une glande capitée de *Lamium maculatum* (le décollement de la cuticule permet un stockage extra-cellulaire de l'huile essentielle) ; **B**. Micrographie électronique environnementale de la surface d'une feuille de *Mentha spicata* (les glandes les plus grosses correspondent à des glandes peltées et les plus petites à des glandes capitées) ; **C**. Micrographie photonique à fluorescence de trichomes glandulaires de *Nicotiana sylvestris* (les zones blanches correspondent à des composés lipophiles colorés par le Nile Red, colorant spécifique des lipides neutres et coulant de la tête du trichome) ; **D**. Micrographie électronique environnementale de la surface d'un pétale de *Rosa* x *hybrida* (les gouttelettes correspondent à l'huile essentielle sécrétée par les cellules coniques) ; **E**. Micrographie photonique d'une coupe de jeune pousse de *Pseudotsuga menziesii* (la cavité correspond à la lumière d'un canal sécréteur vidé de sa résine) ; **F**. Micrographie photonique d'une coupe de péricarpe du fruit de *Citrus sp.* (la cavité correspond à une poche sécrétrice vidée de son huile essentielle) ; **G**. Micrographie photonique d'une coupe de pétale de *Rosa* x *hybrida* (l'épiderme supérieur présente des cellules coniques alors que l'épiderme inférieur présente des cellules plates) ; **H**. Micrographie photonique d'une coupe d'épiderme supérieur de pétale de *Rosa* x *hybrida* (les gouttelettes noires intracellulaires correspondent à des terpènes colorés par la réaction de NaDi) ; **I**. Micrographie photonique par contraste interférentiel d'une coupe d'épiderme inférieur de pétale de *Rosa* x *hybrida* (les gouttelettes réfringentes correspondent à des corps lipidiques intracellulaires). Légendes : étoile, zone de stockage extra-cellulaire de l'huile essentielle ; flèche, gouttelettes lipophiles et/ou d'huiles essentielles ; barres d'échelle 20 µm.

les feuilles de millepertuis (*Hypericum perforatum*) par exemple. L'huile essentielle est alors bien extra-cellulaire, mais accumulée dans la lumière de ces structures. Dans certains cas, lors d'une rupture due par exemple à la mastication d'un herbivore, elles libèrent une huile essentielle dont les molécules les plus volatiles, souvent des monoterpènes et sesquiterpènes, s'évaporent rapidement alors que les moins volatiles, comme les diterpènes ou des esters glycosylés, se solidifient en résine [34] ou en substance visqueuse. On retrouve ainsi des insectes piégés dans l'ambre jaune issue du séchage de la résine de conifères sur des milliers, voire des millions d'années. Dans d'autres cas, l'huile essentielle peut être émise sous pression et asperger l'insecte prédateur, comme par exemple les feuilles de *Bursera schlechtendalii* qui émettent un jet de terpène de 150 cm durant 3 à 4 s lors d'une coupure [35].

Si de nombreuses espèces ont développé des structures anatomiques particulières en lien avec leurs mécanismes de défense ou d'attraction, il semble que la capacité d'excréter des COV ne soit pas restreinte à ce type de cellules. Il se peut même que toutes les cellules soient potentiellement capables d'émettre des COV. Ainsi par exemple, chez les roses (*Rosa* x *hybrida*), l'épiderme inférieur à cellules plates émet autant de COV que l'épiderme supérieur à cellules coniques (Figures 2G à I) [24]. Chez le muflier (*Antirrhinum majus*), un mutant, nommé *mixta*, présente des secteurs de pétales avec un épiderme sans cellules coniques. Des études comparatives entre un type sauvage et ce mutant ont montré qu'il n'y a aucune différence sur la quantité et la composition des COV, et sur le comportement des pollinisateurs [36]. Chez le palmier nain (*Chamaerops humilis),* les feuilles émettent des composés volatils qui attirent les pollinisateurs alors qu'aucune structure sécrétrice spécialisée n'est observée [23]. Enfin, de très nombreuses racines émettent des métabolites secondaires et des COV, alors qu'aucune structure sécrétrice n'a jamais été décrite dans cet organe. C'est le cas, par exemple, des racines de vigne (*Vitis sp.*) qui émettent des terpènes (limonène, caryophyllène...), des phénylpropanoïdes (benzaldéhyde, eugénol, phényléthanol...) et des oxylipides [37]. Ces observations montrent qu'il n'y a pas toujours un lien entre l'architecture cellulaire et la capacité à émettre des COV même si, dans certains cas, les deux ont été sélectionnés simultanément durant l'évolution.

Conclusion

Si les structures anatomiques spécialisées sont bien décrites dans la bibliographie, les mécanismes généraux d'excrétion des COV sont encore inconnus. Il s'agit très certainement de mécanismes communs à toutes les cellules végétales et pas seulement aux cellules spécialisées. De nombreuses questions fondamentales se posent encore sur les mécanismes de transport des COV dans le cytosol aqueux et sur les mécanismes de passage de ces COV au travers des membranes biologiques. Si cette discipline avance peu, c'est très certainement à cause de la difficulté à repérer ou à marquer des molécules volatiles. Les progrès pourront certainement venir avec la miniaturisation de techniques d'observation non destructives, comme par exemple la microscopie à effet Raman ou la microscopie confocale à génération de seconde harmonique. Quelques travaux novateurs avec ces techniques montrent qu'il est possible de repérer des lipides et des huiles essentielles au niveau intracellulaire [38, 39, 40]. La compréhension de ces mécanismes biologiques pourrait fournir des pistes pour répondre aux problématiques de rendement et de variation des rendements lors de l'extraction ou de l'hydrodistillation des huiles essentielles.

Références bibliographiques

1. M.E. Maffei, J. Gertsch, G. Appendino, « Plant volatiles : production, function and pharmacology », *Natural Product Reports*, **2011**, *28*, 1359-1380.
2. J.-C. Caissard, C. Joly, V. Bergougnoux, P. Hugueney, M. Mauriat, S. Baudino, « Secretion mechanisms of volatile organic compounds in specialized cells of aromatic plants », *Recent Research Developments in Cell Biology*, **2004**, *2*, 1-15.
3. G.W. Turner, R. Croteau, « Organization of monoterpenes biosynthesis in *Mentha*. Immunocytochemical localizations of geranyldiphosphate synthase, limonene-6-hydroxylase, isopiperitenol dehydrogenase, and pulegonereductase », *Plant Physiology*, **2004**, *136*, 4215-4227.
4. R. Jetter, « Examination of the processes involved in the emission of scent volatiles from flowers », in N. Dudareva, E. Pichersky (dir.), *Biology of floral scent*, TFG-CRC Press (Boca Raton), **2006**, p. 125-144.
5. A. Aharoni, A.P. Giri, F.W.A. Verstappen, C.M. Bertea, R. Sevenier, Z. Sun, M.A. Jongsma, W. Schwab, H. Bouwmeester, « Gain and loss of fruit flavor compounds produced by wild and cultivated strawberry species », *The Plant Cell*, **2004**, *16*, 3110-3131.
6. C. Suire, F. Bouvier, R.A. Backhaus, D. Bégu, M. Bonneu, B. Camara, « Cellular localization of isoprenoid biosynthetic enzymes in *Marchantia polymorpha*. Uncovering a new role of oil bodies », *Plant Physiology*, **2000**, *124*, 971-978.
7. D.A. Nagegowda, M. Gutensohn, C.G. Wilkerson, N. Dudareva, « Two nearlys identical terpène synthases catalyse the formation of nerolidol and linalool on snapdragon flowers », *The Plant Journal*, **2008**, *55*, 224-239.
8. I.F. Kappers, A. Aharoni A., T.W.J.M. Van Herpen, L.L.P. Luckerhoff, M. Dicke, H.J. Bouwmeester, « Genetic engineering of terpenoid metabolism attracts bodyguards to *Arabidopsis* », *Science*, **2005**, *309*, 2070-2072.
9. A. Van Moerkercke, I. Schauvinhold, E. Pichersky, M.A. Haring, R.C. Schuurink, « A plant thiolase involved in benzoic acid biosynthesis and volatile benzenoid production », *The Plant Journal*, **2009**, *60*, 292-302.
10. A.J. Ytterberg, J.-B. Peltier, K.J. Van Wijk, « Protein profiling of plastoglobules in chloroplasts and chromoplasts. A surprising site for differential accumulation of metabolic enzymes », *Plant Physiology*, **2006**, 984-997.
11. F.-C. Huang, P. Molnar, W. Schwab, « Cloning and functional characterization of carotenoid cleavage dioxygenase 4 genes », *Journal of Experimental Botany*, **2009**, *60*, 3011-3022.
12. I. Feussner, C. Wasternack, « The lipoxygenase pathway », *Annual Review of Plant Biology*, **2002**, *53*, 275-297.
13. H. Weber, « Fatty acid-derived signals in plants », *Trends in Plant Science*, **2002**, *7*, 217-224.
14. S. De Domenico, N. Tsesmetzis, G.P. Di Sansebastiano, R.K. Hugues, R. Casey, A. Santino, « Subcellular localisation of *Medicago truncatula* 9/13-hydroperoxide lyase reveals a new localisation pattern and activation mechanism for CYP74C enzymes », *BMC Plant Biology*, **2007**, *7*, 58-70.
15. H. Porta, M. Rocha-Sosa, « Plant lipoxygenases. Physiological and molecular features », *Plant Physiology*, **2002**, *130*, 15-21.

16. T. Farmaki, M. Sanmartin, P. Jiménez, M. Paneque, C. Sanz, G. Vancanneyt, J. Leon, J. Sanchez-Serrano, « Differential distribution of the lipoxygenase pathway enzymes within potato chloroplasts », *Journal of Experimental Botany*, **2007**, *58*, 555-568.

17. M.K. Yadav, S.C. Bhatla, « Localization of lipoxygenase activity on the oil bodies and in protoplasts using a novel fluorescence imaging method », *Plant Physiology and Biochemistry*, **2011**, *49*, 230-234.

18. R.A. Raguso, R.A. Levin, S.E. Foose, M.W. Holmberg, L.A. Mc Dade, « Fragrance chemistry, nocturnal rythms and pollination "syndromes" in *Nicotiana* », *Phytochemistry*, **2003**, *63*, 265-284.

19. J.C. Verdonk, M.A. Haring, A.J. Van Tunen, R.C. Schuurink, « *ODORANT1* regulates fragrance biosynthesis in petunia flowers », *The Plant Cell*, **2005**, *17*, 1612-1624.

20. R. Altenburger, P. Matile, « Further observations on rythmic emission of fragrance in flowers », *Planta*, **1990**, *180*, 194-197.

21. D.J. Murphy, « The biogenesis and functions of lipid bodies in animals, plants and microorganisms », *Progress in Lipid Research*, **2001**, *40*, 325-438.

22. H. Weichert, A. Kolbe, A. Kraus, C. Wasternack, I. Feussner, « Metabolic profiling of oxylipins in germinating cucumber seedlings – lipoxygenase-dependent degradation of triacylglycerols and biosynthesis of volatile aldehydes », *Planta*, **2002**, *215*, 612-619.

23. J.-C. Caissard, A. Meekkijjiroenroj, S. Baudino, M.-C. Anstett, « Production and emission of pollinator attractant on leaves of *Chamaerops humilis* (*Arecaceae*) », *American Journal of Botany*, **2004**, *91*, 1190-1199.

24. V. Bergougnoux, J.-C. Caissard, F. Jullien, J.-L. Magnard, G. Scalliet, J.M. Cock, P. Hugueney, S. Baudino, « Both the adaxial and abaxial epidermal layers of the rose petal emit volatile scent compounds », *Planta*, **2007**, *226*, 853-866.

25. S. Ibanez, S. Dötterl, M.-C. Anstett, S. Baudino, J.-C. Caissard, C. Gallet, L. Desprės, « The role of volatile organic compounds, morphology, and pigments of globeflowers in the attraction of their specific pollinating flies », *New Phytologist*, **2010**, *188*, 451-463.

26. H. Skubatz, D.D. Kunkel, J.M. Patt, W.N. Howald, T.G. Hartman, B.J.D. Meeuse, « Pathway of terpene excretion by the appendix of *Sauromatum guttatum* », *Proceedings of the National Academy of Sciences USA*, **1995**, *92*, 10084-10088.

27. K.A. Hudak, J.E. Thompson, « Subcellular localization of secondary lipid metabolites including fragrance volatiles in carnation petals », *Plant Physiology*, **1997**, *114*, 705-713.

28. M.A. Welte, « Fat on the move : intracellular motion of lipid droplets », *Biochemical Society Transactions*, **2009**, *37*, 991-996.

29. M. Jasinski, Y. Stukkens, H. Degand, B. Purnelle, J. Marchand-Brynaert, M. Boutry, « A plant plasma membrane ATP binding cassette-type transporter is involved in antifungal terpenoid secretion », *The Plant Cell*, **2001**, *13*, 1095-1107.

30. T. Kretzschmar, B. Burla, Y. Lee, E. Martinoia, R. Nagy, « Functions of ABC transporters in plants », *Essays in Biochemistry*, **2011**, *5*, 145-160.

31. W.L. Miller, H.S. Bose, « Early steps in steroidogenesis : intracellular cholesterol trafficking », *Journal of Lipid Research*, **2011**.

32. A.O. Carvalho, V.M. Gomes, « Role of plant lipid transfer proteins in plant cell physiology. A concise review », *Peptides*, **2007**, *28*, 1144-1153.

33. A. Werker, « Trichome diversity and development », in D.L. Hallahan, J.C. Gray, J.A. Callow (dir.), *Advances in Botanical Research, vol. 31 : Plant Trichomes*, Londres, Academic Press, **2000**, p. 1-35.
34. C.I. Keeling, J. Bohlmann, « Genes, enzymes and chemicals of terpenoid diversity in the constitutive and induced defence of conifers against insects and pathogens », *New Phytologist*, **2006**, *170*, 657-675.
35. J.X. Becerra, « Squirt-gun defense in *Bursera* and the chrysomelid counter ploy », *Ecology*, **1994**, *75*, 1991-1996.
36. H.M. Whitney, L. Chittka, T.J.A. Bruce, B.J. Glover, « Conical epidermal cells allow bees to grip flowers and increase foraging efficiency », *Current Biology*, **2009**, *19*, 948-953.
37. N.C. Lawo, G.J.F. Weingart, R. Schuhmacher, A. Forneck, « The volatile metabolome of grapevine roots : first insights into the metabolic response upon phylloxera attack », *Plant Physiology and Biochemistry*, **2011**, *49*, 1059-1063.
38. M.A. Strehle, P. Rösch, M. Baranska, H. Schulz, J. Popp, « On the way to a quality control of the essential oil of fennel by means of Raman spectroscopy », *Biopolymers*, **2005**, *77*, 44-52.
39. D. Débarre, W. Supatto, A.-M. Pena, A. Fabre, T. Tordjmann, L. Combettes, M.-C. Schanne-Klein, E. Beaurepaire, « Imaging lipid bodies in cells and tissues using third-harmonic generation microscopy », *Nature Methods*, **2006**, *3*, 47-53.
40. P.J. Horn, N.R. Ledbetter, C.N. James, W.D. Hoffman, C.R. Case, G.F. Verbeck, K.D. Chapman, « Visualization of lipid droplet composition by direct organelle mass spectrometry », *The Journal of Biochemical Chemistry*, **2011**, *286*, 3298-3306.

Chapitre 1.4

Voies de biosynthèse des huiles essentielles

Laurent Legendre[1]

Introduction

Depuis des temps reculés, l'homme entretient des relations privilégiées avec certains végétaux dont il a reconnu les propriétés bénéfiques pour sa santé, son bien-être ou, tout simplement, son plaisir. Ainsi, un des plus anciens manuscrits de l'Égypte ancienne (datant de 1580 avant J.-C.) traite de préparations végétales à utiliser contre toutes sortes d'affections [1]. Aux antipodes, et à peu près à la même époque, les ancêtres des peuples insulaires du Pacifique Sud (archipel de l'actuel Vanuatu) domestiquaient et sélectionnaient des chimiotypes nouveaux d'un arbuste local, *Piper methysticum*, pour la préparation d'une boisson psychoactive : le kava [2].

Parmi les substances naturelles bioactives, les composés organiques volatils (COV) constituent une classe importante. Les végétaux sont les organismes terrestres qui en fabriquent le plus, aussi bien en termes de quantité que de diversité. Ils sont aussi les seuls à pouvoir être à l'origine d'un commerce international durable de substances naturelles. En 1993, les trois plus importantes ventes d'huiles essentielles (HE) étaient celles d'orange, de menthe des champs (*Mentha arvensis*) et d'eucalyptus à cinéole (principalement *Eucalyptus globulus*) avec des tonnages respectifs estimés à 26 000 t, 4 300 t et 3 728 t [3].

Les COV sont, chez les plantes, des molécules de communication et de défense. Ils leur permettent de tolérer des stress biotiques (ravageurs) ou abiotiques (chaleur, radiations solaires), et de communiquer des informations vitales à des insectes bénéfiques (pollinisateurs, parasites de ravageurs) ou à des plantes environnantes (indication de la présence d'un ravageur) [4]. Ils contribuent aussi à la communication chimique entre tissus d'une même plante. Les COV pallient ainsi la nature sessile des végétaux et la lenteur du transport de leur sève. Tous les végétaux terrestres produisent des COV. Certains sont émis par tous les végétaux (salicylate de méthyle,

1. Université Lyon 1, F-69622 Villeurbanne ; CNRS, UMR 5557, Écologie microbienne, Villeurbanne.

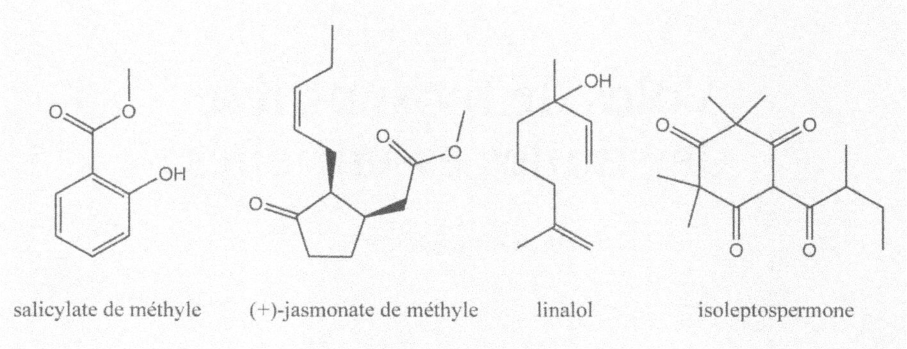

Figure 1. Exemples de composés organiques volatils (COV) émis par les végétaux.

jasmonate de méthyle), d'autres par un grand nombre d'entre eux (linalol) et d'autres encore sont spécifiques de quelques taxons (isoleptospermone d'*Eucalyptus grandis*) (Figure 1).

Ce qui fait qu'un végétal est dit « à huile essentielle (HE) », c'est sa capacité à développer des structures anatomiques de stockage de COV (poches d'HE au sommet de trichomes de la menthe, canaux résinifères des aiguilles de pin, poches d'HE dans le flavedo – peau externe pigmentée – des agrumes). Ainsi, ils contiennent plus de COV et offrent de meilleurs rendements à l'extraction. Ces végétaux ne constituent pas une classe botanique, mais sont éparpillés dans de nombreuses familles végétales.

Du fait de leur mode d'obtention, les constituants des HE ont en commun une faible solubilité dans l'eau et un haut point de pression de vapeur. Des COV végétaux pourtant courants comme les dérivés de l'isoprène (voie de synthèse des terpènes) ou le méthanol (produit de dégradation des parois cellulaires par les enzymes pectinolytiques) sont généralement absents des HE car trop volatils. Inversement, de nombreux métabolites secondaires végétaux sont plus présents que leur point de fusion ne le suggère, car ils sont solubilisés, et donc co-entraînés, par d'autres substances plus volatiles lors du processus de distillation. Même si leur extraction sera plus efficace avec des solvants organiques, leur présence dans les HE contribue significativement à la qualité de celles-ci.

Les avancées spectaculaires réalisées ces dernières décennies dans le domaine de la chimie analytique ont permis de montrer que chaque HE était constituée de dizaines, voire de centaines, de composés aux structures chimiques très diversifiées. Tout aussi impressionnants ont été les progrès récents permettant d'expliquer comment des enzymes végétales sont capables de transformer des substances carbonées nutritives non volatiles en une myriade de COV. Les principales connaissances acquises dans ce domaine sont maintenant résumées.

Organisation générale des voies de biosynthèse des HE

Les constituants des HE sont issus de multiples voies de biosynthèse qui opèrent dans des compartiments cellulaires différents (Figure 2). Toutes ces voies prennent ancrage sur des intermédiaires métaboliques des principaux constituants cellulaires que sont les sucres, les lipides et les acides aminés [3]. Les teneurs en HE de certains végétaux étant importantes (jusqu'à quelques pour cent du poids sec et certainement plus si on ne considère que les cellules productrices), leur production requiert la consommation d'une quantité importante de photosynthétats (substances carbonées issues du processus de la photosynthèse) pour ne pas aveulir (affaiblir par manque d'énergie) les cellules productrices. Ceux-ci proviennent de la sève élaborée (sous forme de saccharose), car les cellules productrices d'HE sont souvent achlorophylliennes (cellules de tête des trichomes sécréteurs chez les lamiacées, cellules entourant les canaux résinifères chez les conifères).

Une observation synthétique des voies de synthèse des COV révèle qu'un grand nombre fonctionne dans le chloroplaste (Figure 2). Ce sont aussi celles qui sont responsables de la synthèse de la majeure partie des constituants de la plupart des HE. Certaines de ces voies (voie des terpènes et voie de dégradation des acides gras)

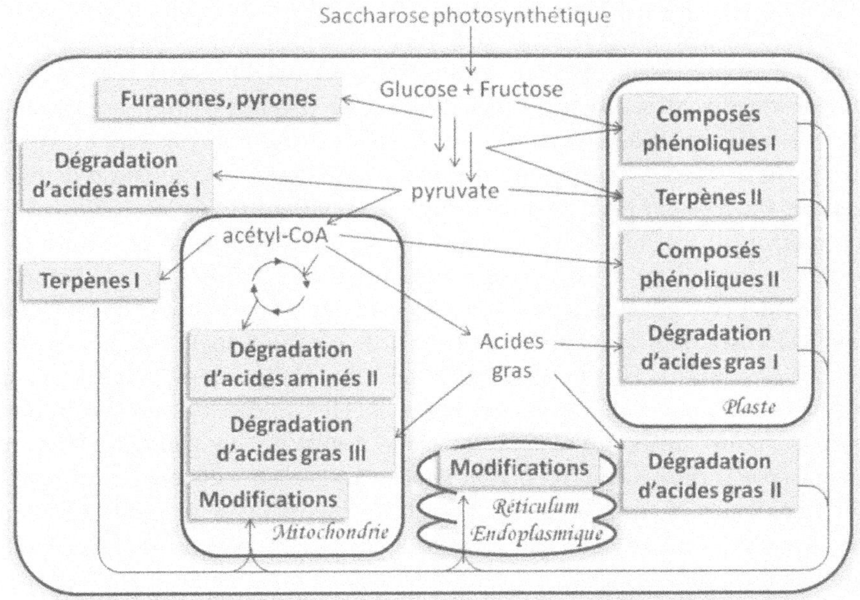

Figure 2. Localisation cellulaire des principales voies de synthèse des COV chez les végétaux.
Les voies nommées « dégradation d'acides aminés » ne concernent pas les acides aminés aromatiques qui sont présents dans les voies des composés phénoliques.

fonctionnent différemment dans plusieurs compartiments cellulaires, où elles produisent des COV différents. Une fois une structure carbonée de base fabriquée dans un compartiment cellulaire, il est fréquent que le COV ainsi produit soit oxydé/réduit, méthylé ou acétylé dans son compartiment d'origine et/ou dans un autre compartiment cellulaire (mitochondrie, réticulum endoplasmique, cytoplasme). Ceci augmente le nombre de COV et modifie leur volatilité et perception sensorielle. La nature des, pourtant nombreux, transports intracellulaires est cependant peu connue. Si la plupart des voies de synthèse émettent des COV comme produits terminaux, certaines produisent des composés hydrosolubles (souvent dus à la présence d'un groupement glycosidique) qui sont stockés dans les cellules et non dans des poches d'HE. L'accès à ces formes de stockage requiert la macération du végétal préalablement à sa distillation pour permettre au processus d'hydrolyse enzymatique (et de libération/formation du COV) de s'effectuer.

Voies de synthèse des composés terpéniques volatils

Les composés terpéniques volatils sont les constituants les plus courants, les plus abondants et les plus diversifiés des HE. Ils appartiennent à une famille de molécules plus large (terpènes) présente chez tous les organismes vivants et particulièrement différenciée chez les végétaux, où elle est notamment responsable de la formation de nombreuses hormones et vitamines. Malgré leurs différences, tous les terpènes dérivent d'un précurseur commun unique, l'isopentényl diphosphate (IPP), généré par deux voies de biosynthèse distinctes [5] (Figure 3). Sur la base de connaissances obtenues sur des modèles animaux, il a rapidement été reconnu que l'IPP est synthétisé à partir de l'acétyl-CoenzymeA (acétyl-CoA). Même si la localisation de toutes les enzymes n'a pas été établie avec certitude, il semble que cette voie de biosynthèse soit entièrement localisée dans le cytoplasme (acétyl-CoA exporté de la mitochondrie par le cycle citrate-pyruvate). Bien des années plus tard, l'équipe de Rohmer a mis en évidence l'existence d'une voie indépendante de biosynthèse de l'IPP entièrement localisée dans le plaste et nourrie par le glycéraldéhyde-3-phosphate et le pyruvate (produits de la voie de la glycolyse). Des études de suivi d'intermédiaires radioactifs et d'ajout d'inhibiteurs spécifiques de chacune des deux voies ont révélé l'existence d'un transport de l'IPP à travers la membrane du chloroplaste qui n'a, toutefois, pas la capacité de compenser totalement l'absence de fonctionnement de l'une ou de l'autre des deux voies. La nature du transporteur est inconnue. Le cofonctionnement des deux voies (et leur compartimentation intracellulaire) est nécessaire pour répondre différentiellement aux différents besoins métaboliques cellulaires (activités physiologiques fondamentales, réponse aux stimuli développementaux et stress externes). Les quelques études conduites sur la régulation de la production d'IPP ont montré qu'elle dépendait, pour chaque voie, du contrôle transcriptionnel

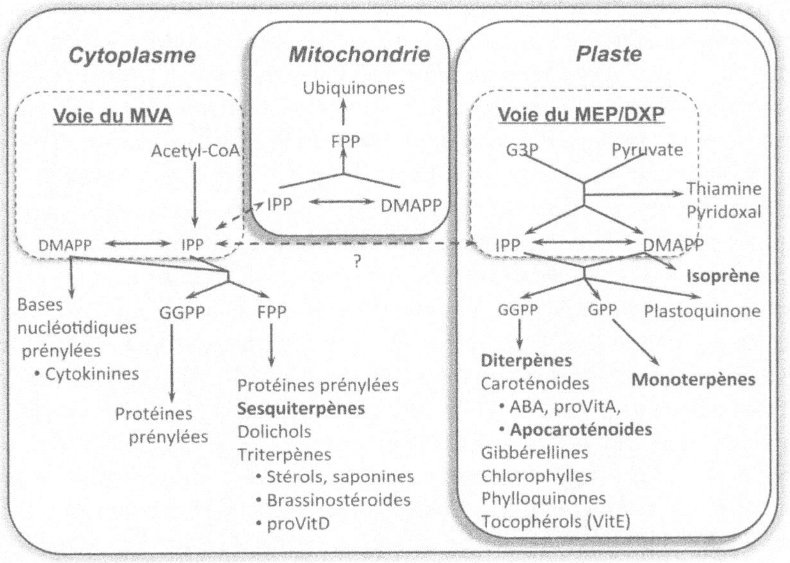

Figure 3. Localisation subcellulaire des voies de synthèse des terpènes chez les végétaux.

Les cinq familles de composés terpéniques volatils sont indiquées en gras. ABA : acide abscissique ; DMAPP : diméthylallyl diphosphate ; DXP : désoxyxylulose phosphate ; FPP : farnésyl diphosphate ; G3P : glycéraldéhyde-3-phosphate ; GPP : géranyl diphosphate ; GGPP : géranylgéranyl diphosphate ; IPP : isopentényl diphosphate ; MEP : méthylérythritol phosphate ; MVA : acide mévalonique ; Vit : vitamine.

d'une seule enzyme clé (Hydroxyméthylglutaryl-CoA Réductase pour la voie cytoplasmique et Désoxyxylulose Phosphate Synthase ou Désoxyxylulose Phosphate Réductoisomérase pour la voie chloroplastique). L'analyse d'un plus grand nombre de systèmes biologiques est maintenant nécessaire pour parfaire la connaissance de ce domaine. Incapable de synthétiser l'IPP, la mitochondrie l'importe du cytoplasme. Elle ne produit cependant aucun composé terpénique volatil.

Des études réalisées sur la plante modèle *Arabidopsis thaliana* ont montré que le cytoplasme, le plaste et la mitochondrie sont tous les trois équipés d'une activité IPP Isomérase réalisant l'inter-conversion ente l'IPP et son isomère, le diméthylallyl diphosphate (DMAPP), par un mécanisme de protonation-déprotonation (Figure 4).

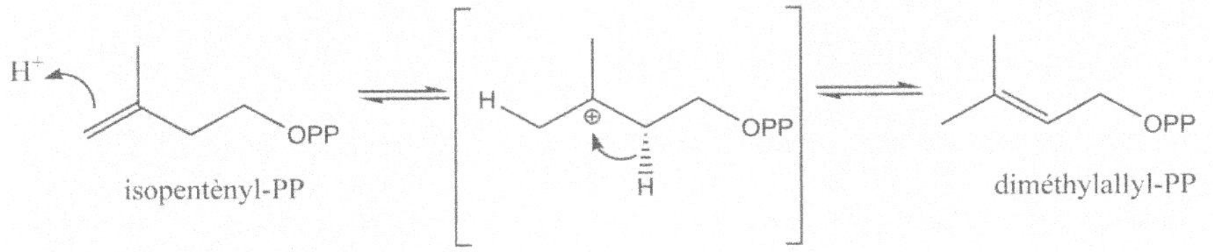

Figure 4. Mécanisme de protonation-déprotonation de l'Isopentényl Pyrophosphate Isomérase.

La première étape de diversification des terpènes est assurée par une famille d'enzymes : les *trans*-Prényl Transférases. Celles-ci condensent des quantités différentielles d'IPP sur un DMAPP par un mécanisme d'ionisation d'un allyl pyrophosphate-déprotonation (Figure 5). La condensation est appelée simplement « tête-queue », car le carbone fixant le groupement pyrophosphate à un bout de la chaîne d'un des deux substrats se lie au carbone se situant à l'autre bout de la chaîne carbonée de l'autre substrat. L'addition d'un, de deux ou de trois IPP génère respectivement le géranyl diphosphate (GPP), le farnésyl diphosphate (FPP) et le géranylgéranyl diphosphate (GGPP) à l'origine de trois classes de terpènes volatils : les mono- (C_{10}), sesqui- (C_{15}) et diterpènes (C_{20}) respectivement. Les nouvelles doubles liaisons ainsi formées sont « *trans* » (configuration *E*) et le processus est rendu thermodynamiquement possible par l'hydrolyse des groupements pyrophosphates. Les *cis*-Prényl Transférases représentent une classe indépendante d'enzymes qui conduit à la formation de composés polyisoprènes non volatils (dolichol-PP et caoutchouc naturel). Les nombreux membres de la famille des *trans*-Prényl Transférases s'accumulent dans le plaste, le cytoplasme ou la mitochondrie. Il est traditionnellement reconnu que seul le plaste est équipé d'une activité GPP Synthase, que le cytoplasme et la mitochondrie expriment une activité FPP Synthase et que le cytoplasme et le plaste expriment une activité GGPP Synthase. Cependant, plusieurs observations suggèrent qu'une petite production de GPP a lieu dans le cytoplasme. Elle est notamment à l'origine de la production de certains arômes volatils dans les variétés de fraises cultivées.

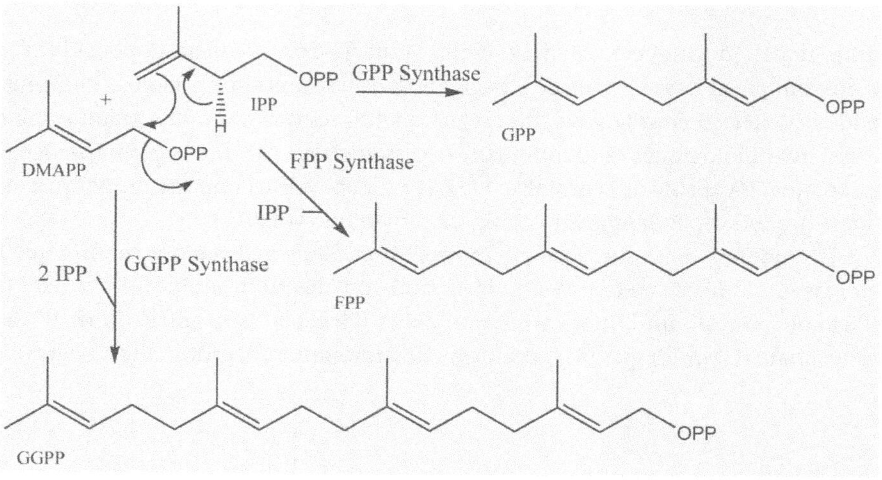

Figure 5. Mécanisme d'ionisation d'un allyl diphosphate-déprotonation des *trans*-Prényl Transférases.

DMAPP : diméthylallyl-PP ; FPP : farnésyl-PP ; GPP : géranyl-PP ; GGPP : géranylgéranyl-PP ; IPP : isopentényl-PP. La GPP Synthase consomme 1 IPP et un 1 DMAPP, la FPP Synthase 1 IPP de plus et la GGPP Synthase 2 IPP de plus.

La majeure partie de la diversification du squelette carboné des terpènes volatils présents dans les HE est assurée par une famille très diversifiée d'enzymes, les Terpènes Synthases (TPS), à partir des substrats de base GPP, FPP ou GGPP. Centrale dans le processus catalytique de ces enzymes est la présence d'un (ou plusieurs) intermédiaire(s) carbocationique(s). Dans la majorité des cas, le premier intermédiaire carbocationique est formé suite au départ du groupement pyrophosphate (TPS type I). Certaines TPS responsables de la synthèse de diterpènes génèrent un intermédiaire carbocationique par ajout d'un proton à une des doubles liaisons du substrat sans affecter le groupement pyrophosphate (TPS type II). Ces dernières sont caractérisées par une signature différente de leur site catalytique (motif DXDD au lieu de DDXXD). Ces deux types de domaines catalytiques sont portés par des polypeptides différents chez les angiospermes, alors que les gymnospermes expriment une variante plus ancestrale de Diterpène synthase (di-TPS) bi-fonctionnelle possédant les deux types de domaines. Toutes les TPS sont néanmoins reliées évolutivement entre elles et aux *trans*-Prényl Transférases qui produisent leurs substrats. Du fait de l'absence d'un peptide d'adressage aux plastes, les sesqui-TPS sont localisées dans le cytoplasmique et sont généralement plus courtes de 50 à 70 acides aminés par rapport à leurs homologues plastidiaux mono-TPS et di-TPS.

Le premier intermédiaire carbocationique formé par les TPS peut subir un (ou plusieurs) réarrangement(s) interne(s) faisant intervenir des attaques nucléophiles par des doubles liaisons (cyclisation), des mouvements d'hydrure/méthyle ou des expansions/contractions de cycles (Figure 6). Ces réarrangements génèrent toute une série d'intermédiaires carbocationiques nouveaux et des structures carbonées plus ou moins complexes : linéaires, mono-, bi-, voire tri-cycliques. Même si la règle dite « de Markovnikov » sur la stabilité des carbocations suggère que le carbocation le plus stable thermodynamiquement est le plus substitué, ce principe n'est pas respecté lors du fonctionnement catalytique des TPS du fait de la capacité de la partie protéique de l'enzyme à stabiliser les intermédiaires réactionnels. Le processus catalytique se termine soit par le départ d'un proton (et formation concomitante d'une liaison éthylénique et d'un produit purement hydrocarboné) soit par l'attaque nucléophile d'une molécule d'eau (et formation d'une fonction alcool, la nature de l'alcool dépendant de la position du carbocation). Comme ce processus de terminaison peut affecter aléatoirement n'importe lequel des membres d'une série d'intermédiaires carbocationiques, la plupart des TPS « déroutent » le flux de carbone à diverses étapes du processus catalytique et produisent plusieurs produits à partir d'un même substrat (Figure 6).

Des modifications ciblées des acides aminés du site catalytique, survenues naturellement lors de processus évolutifs, ou introduites artificiellement par mutagenèse dirigée, ont révélé l'extraordinaire plasticité catalytique des TPS. Une modification de la longueur de chaîne latérale de certains acides aminés a, en effet, modifié la longueur de la chaîne terpénique acceptée comme substrat, convertissant ainsi une

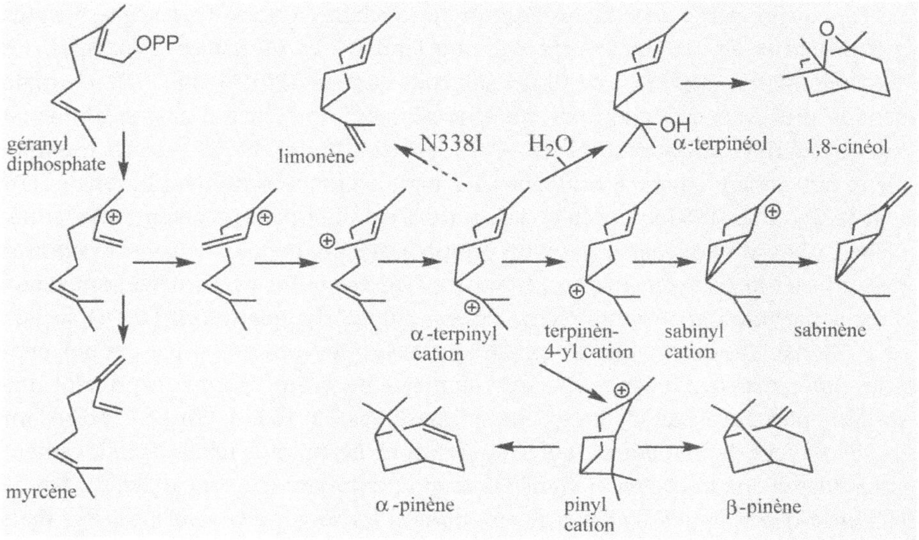

Figure 6. Mécanisme proposé de fonctionnement de la 1,8-Cinéol Synthase de *Salvia fruticosa*. La mutation N338I empêche l'accès de la molécule d'eau au site catalytique et son activation. Cela bloque la formation d'α-terpinéol et 1,8-cinéol et conduit à la production de limonène sans empêcher la formation des autres coproduits de cette enzyme : myrcène, sabinène, α- et β-pinène. Adapté de [6].

mono-TPS en une sesqui-TPS, ou vice-versa. Alternativement, ce type de mutation peut modifier l'accessibilité de molécules d'eau aux sites catalytiques et favoriser/défavoriser la formation d'alcools (Figure 6). Finalement, d'autres altérations des chaînes latérales des acides aminés catalytiques peuvent modifier l'énergie de stabilisation des différents intermédiaires carbocationiques théoriquement concevables, modifiant ainsi la liste des produits formés (Figure 6).

Le nombre des évolutions possibles de l'intermédiaire carbocationique est ainsi très grand, et toutes les structures carbonées théoriquement possibles ont été retrouvées dans la nature. Du fait de leur plus grande taille, les sesquiterpènes se différencient en un plus grand nombre de schémas carbonés (familles de produits) que les monoterpènes. Cela est encore plus vrai des diterpènes car ils sont formés par l'action indépendante, ou combinée, des deux types de TPS (Figure 7). Dans le cas d'une action combinée, les TPS de type II agissent en premier sur le GGPP pour générer une multitude de produits cyclisés utilisables comme substrat par les TPS de type I.

Parallèlement à ces schémas de biosynthèse canoniques (posés comme étant la règle en matière de biosynthèse des terpènes végétaux, car actifs chez tous les végétaux étudiés), plusieurs voies de synthèse « atypiques » (variantes des voies canoniques qui ont été utilisées comme modèles et auxquelles on peut les rattacher) ont été décrites. Tout d'abord, il a récemment été montré que la Santalène/Bergamotène

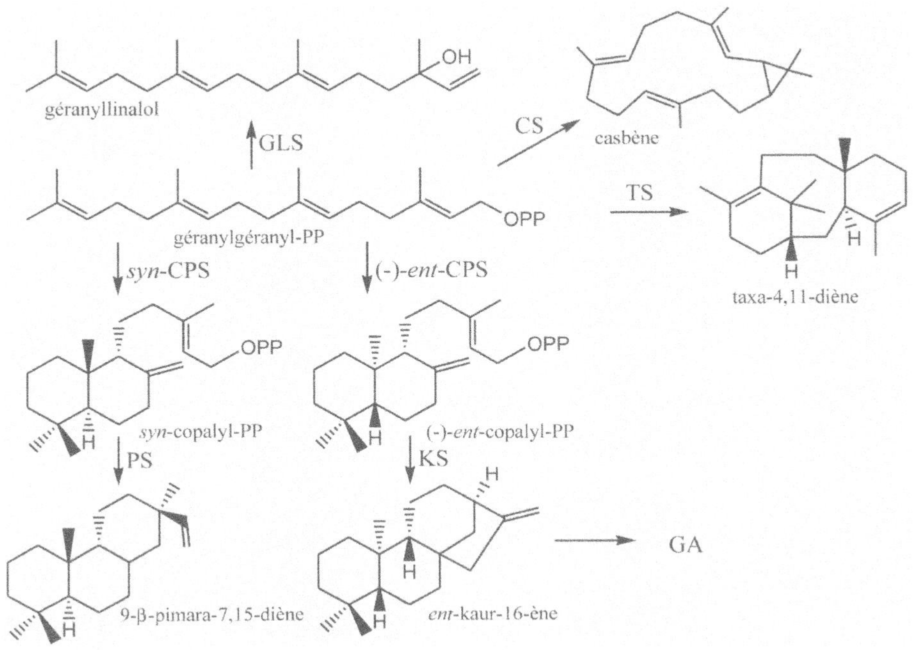

Figure 7. Exemples de biogenèse de diterpènes.

GLS : Géranyllinalol Synthase d'*Arabidopsis thaliana*, di-TPS type I ; CS : Casbène Synthase de haricot, di-TPS type I ; TS : Taxadiène Synthase de *Taxus brevifolia*, di-TPS bifonctionnelle type I/II ; CPS : Copalyl Pyrophosphate Synthase de riz, di-TPS type I ; PS : Pimaradiène Synthase de riz, di-TPS type II ; KS : Kaurène Synthase de riz, di-TPS type II ; GA : gibbérellines.

Synthase de la tomate sauvage *Solanum habrochaites* produit ces sesquiterpènes à partir du *Z,Z*-FPP (et non avec son isomère *E,E*-FPP comme les sesqui-TPS précédemment décrites). Dans cette espèce, ce substrat « atypique » est généré par une *cis*-Prényl Transférase, elle aussi atypique pour la petite taille du produit qu'elle forme. Il est cependant possible que ce phénomène ne soit pas isolé, car peu de gènes de *cis*-Prényl Transférases ont été étudiés fonctionnellement.

Les terpènes « branchés », cyclopropanés et cyclobutanés résultent, quant à eux, de l'attaque « tête-tête » (et non « tête-queue » comme décrit précédemment) de deux des prényl-PP : DMAPP, GPP ou FPP (Figure 8). C'est, par exemple, le cas du chrysanthémol qui est le produit de condensation de deux GPP par un membre atypique de la famille des FPP-Synthase.

Finalement, les dérivés terpéniques volatils de la famille des apocaroténoïdes résultent de la coupure oxydative des caroténoïdes par une petite famille d'enzymes à activité dioxygénase (Figure 9). Les caroténoïdes sont des pigments jaunes, orange ou rouges qui s'accumulent dans les membranes des plastes des végétaux pour aider

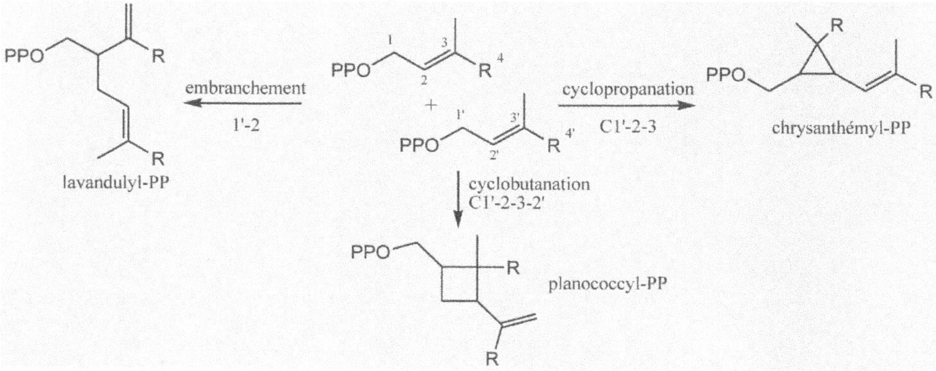

Figure 8. Synthèse de terpènes atypiques branchés, cyclopropanés ou cyclobutanés. Adapté de [7].

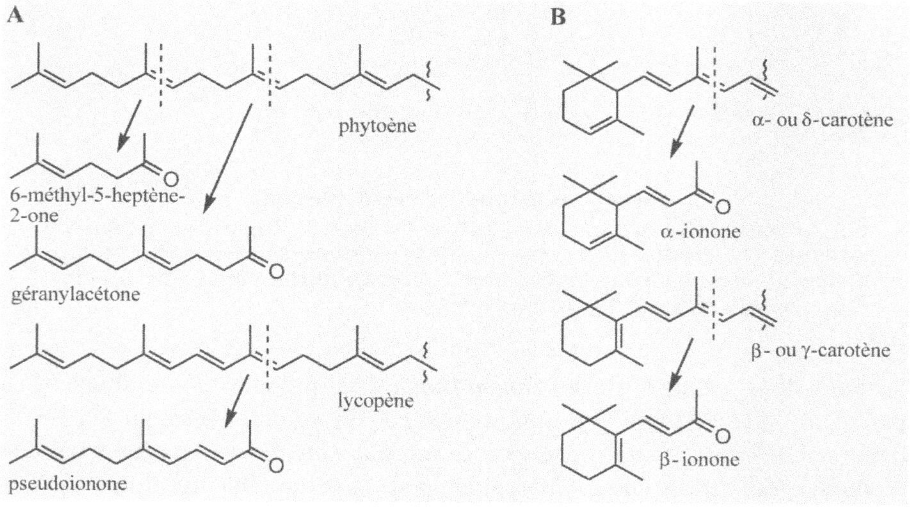

Figure 9. Production d'apocaroténoïdes volatils à partir de caroténoïdes acycliques (A) ou cycliques (B).

les activités de photosynthèse et de protection contre les stress photo-oxydatifs. Ce sont des tétraterpènes qui résultent de la condensation « tête-tête » de deux GGPP, suivi de plusieurs cycles d'isomérisation/déshydrogénation et, dans certains cas, de réactions de cyclisation. Les apocaroténoïdes sont des composés minoritaires dans les HE. Ils en influencent néanmoins les caractéristiques olfactives du fait de leur faible seuil de perception (0,007 $nl.l^{-1}$ pour la β-ionone, par exemple) [3].

Même si les composés décrits ci-dessus sont, pour la plupart, volatils, ils peuvent subir des modifications qui vont en augmenter la volatilité et la perception olfactive [8]. La très large famille des Cytochromes P450 a été bien caractérisée dans plusieurs végétaux, où elle participe à de nombreuses voies métaboliques. Il a été démontré que plusieurs membres sont responsables des hydroxylations de mono- ou sesquiterpènes. Les oxydoréductases NADP/NAD-dépendantes sont une autre large famille d'enzymes dont certains membres produisent des composés volatils en réalisant des interconversions entre des fonctions alcool et aldéhydes/cétones. La spécificité de substrat de ces deux classes d'enzymes est souvent très faible, et une même enzyme peut accepter (et donc produire) plusieurs COV différents. Leurs différentes isoformes (polypeptides ayant des séquences différentes mais un fonctionnement similaire comme par exemple la catalyse enzymatique dans le cas d'enzymes) peuvent être localisées dans le cytoplasme, les mitochondries ou le réticulum endoplasmique. La synthèse du (-)-menthol, par exemple, fait appel à plusieurs de ces réactions et les intermédiaires sont amenés à changer plusieurs fois de compartiment cellulaire (Figure 10A). Bien que de nombreux COV possèdent des groupements acétyles, peu d'enzymes réalisant ces transformations ont été caractérisées fonctionnellement. Elles appartiennent à la famille des BADH (nommées d'après les premières lettres des quatre premières enzymes à avoir été caractérisées) également impliquées dans la biogenèse de nombreux métabolites secondaires non volatils. Elles utilisent l'acétyl-CoA comme substrat pour, par exemple, acétyler le géraniol chez la rose et la fraise (Figure 10B). L'enzyme de fraise manque de spécificité de substrat et peut transférer sur le géraniol d'autres acyl-CoA à quatre ou six carbones selon leur disponibilité.

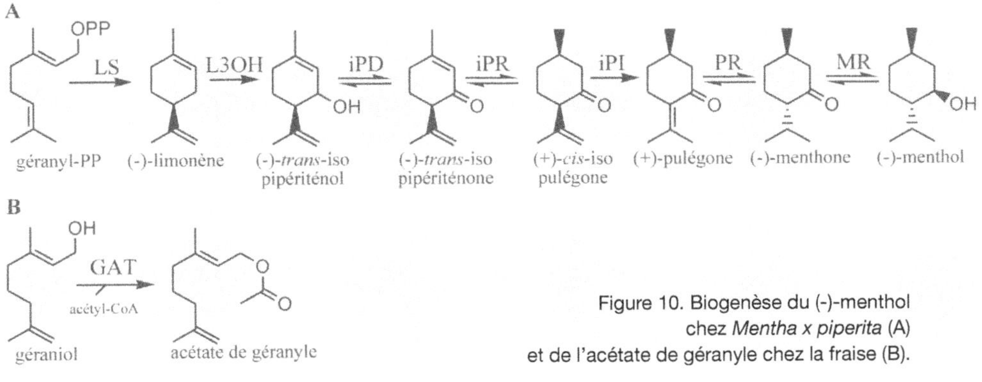

Figure 10. Biogenèse du (-)-menthol chez *Mentha x piperita* (A) et de l'acétate de géranyle chez la fraise (B).

Enzymes avec localisation subcellulaire connue : LS Limonène Synthase, plaste ; L3OH (-)-Limonène-3-Hydroxylase, réticulum endoplasmique ; iPD (-)-trans-Isopipériténol Déhydrogénase, mitochondrie ; iPR (-)-Isopipériténone Réductase, cytoplasme ; iPI (+)-cis-Isopulégone Isomérase, PR (+)-Pulégone Réductase, cytoplasme ; MR (-)-Menthone Réductase, cytoplasme ; GAT Géraniol Acétyl-CoA Transférase. Adapté de [9].

Voies de synthèse des dérivés volatils des acides gras

Les dérivés volatils d'acides gras (AG) constituent la deuxième classe de composés la plus abondante et la plus fréquemment rencontrée dans les HE. Ils dérivent de l'un des quatre processus suivants : action de lipoxygénases (LOX), α-oxydation, β-oxydation ou lactonisation [3, 10, 11]. Les AG utilisés dans ces réactions sont issus de la saponification des lipides structuraux (triacylglycérol, lipides membranaires) par des Acyl Hydrolases.

Les LOX sont codées par une petite famille de gènes qui a été étudiée en détail (appartenant à la famille des Cytochromes P450), la structure de celles de soja ayant notamment été déterminée par cristallographie. Ce sont des dioxygénases qui contiennent un atome de fer mais pas d'hème, et réalisent la régio- et énantiosélective dioxygénation des AG insaturés possédant une (ou plusieurs) fonction(s) (1*Z*,4*Z*)-pentadiénoïque (acide linoléique, acide linolénique) avec de l'oxygène moléculaire (Figure 11). Elles sont classées en deux sous-groupes selon les produits formés. Les 9-LOX hydroperoxydent le 9e carbone, et les 13-LOX le 13e carbone. Elles sont respectivement localisées dans le cytoplasme et dans les plastes. Des homologues des 13-LOX dont la fonction est inconnue ne possèdent pas de peptide d'adressage au plaste et ont une localisation cellulaire putative dans la vacuole. Les produits des LOX sont, chez une grande majorité des végétaux, découpés en aldéhydes volatils de six ou neuf carbones par des Hydroperoxyde Lyase hétérolytiques (HPL coupant la liaison C-C entre l'hydroperoxyde et la double liaison). Les aldéhydes ainsi formés sont éventuellement isomérisés par des (3*Z*,2*E*)-Enal Isomérases pour, par exemple, produire le (2*E*,6*Z*)-nonadiénal qui confère à l'HE de bourrache une odeur de concombre et/ou sont réduits en alcools par des Alcool Déshydrogénases (ADH – NADP/NAD-dépendant oxydoréductases). Les composés en C_6 (issus de l'action originelle de la 13-LOX) confèrent aux HE une note « feuille verte ». Une (2*E*)-Hexénal Réductase et une (3*Z*)-Hexénol Acétyl-CoA Transférase ont été également caractérisées chez la plante modèle *A. thaliana*. Le produit des 13-LOX sur l'acide linolénique peut être cyclisé par les actions successives d'une Allène Oxyde Synthase, Allène Oxyde Cyclase, Acide 12-Oxophytodiénoïque Réductase et trois étapes de β-oxydation pour former l'acide jasmonique. Cette substance et son dérivé volatil, le jasmonate de méthyle, jouent un rôle clé de phytohormone chez toutes les plantes lors de stress ou processus développementaux. Le jasmonate de méthyle est également un constituant important du parfum du jasmin et des arômes du romarin, du gardénia et de l'armoise. La méthylation est assurée par une Méthyl Transférase (MT). Comme toutes les MT, elle utilise le S-adénosine méthionine (SAM) comme donneur de méthyle. Cette famille d'enzymes est très large et est impliquée dans la méthylation de nombreuses petites molécules (par opposition aux protéines et ADN) volatiles ou non volatiles [8]. Elles diffèrent grandement en séquence, et l'enzyme

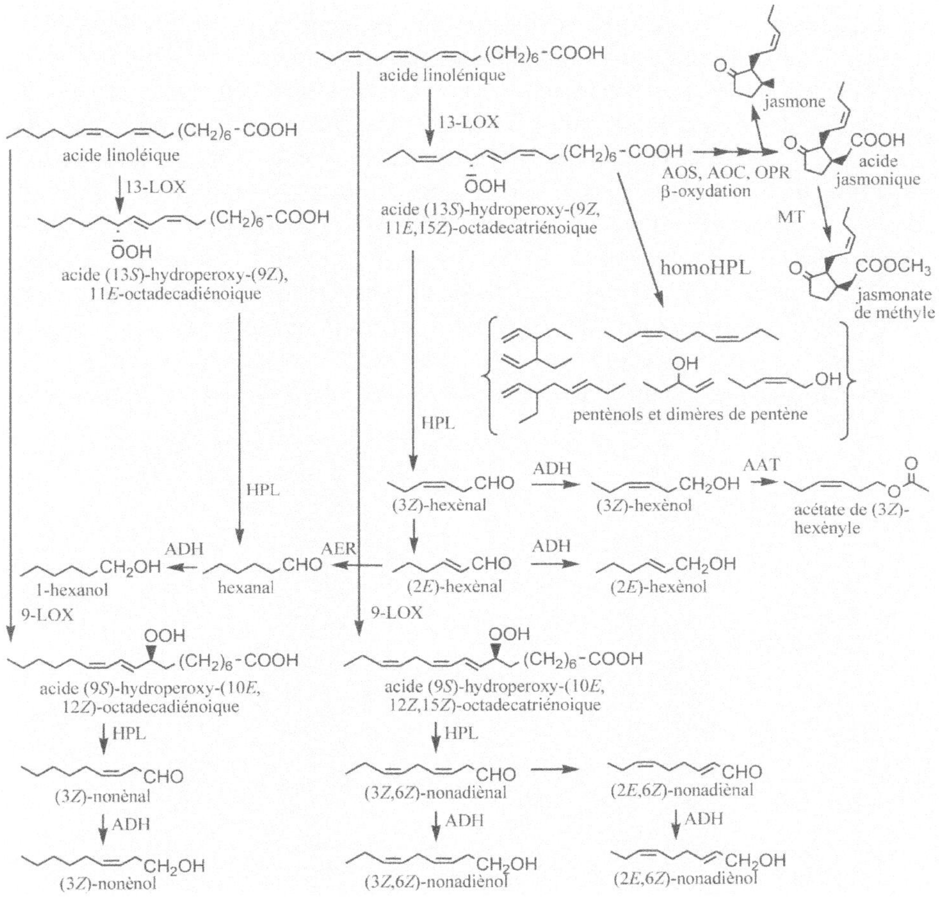

Figure 11. Composés organiques volatils dérivés de l'acide linoléique et de l'acide linolénique.
AAT : Alcool Acyl Transférase ; ADH : Alcool Déshydrogénase ; AER : Alcénal Oxydoréductase ; AOC : Allène Oxyde Cyclase ; AOS : Allène Oxyde Synthase ; HPL : Hydroperoxyde Lyase (coupure hétérolytique) ; homoHPL : HPL coupure homolytique ; LOX : Lipoxygénase ; OPR : Acide 12-Oxophytodiènoïque Réductase ; MT : Méthyl Transférase.

responsable de l'estérification de l'acide jasmonique appartient au type III, également appelé SABATH (les deux premières lettres des trois premières enzymes découvertes).

La découpe homolytique des AG par des HPL (coupure de la liaison C-C entre l'hydroperoxyde et le méthylène le plus proche) est un processus courant chez les champignons. Quelques rares études ont montré qu'il fonctionne également chez les végétaux, où il est responsable chez le soja de la production d'alcanes, alcènes et alcools linéaires en C_5 ou de leurs dimènes linéaires et branchés (C_{10}) à partir du 13-hydroperoxyde de l'acide linolénique (Figure 11).

Le catabolisme des AG par β-oxydation est une étape clé du métabolisme énergétique cellulaire qui a lieu dans la mitochondrie. Les quatre étapes enzymatiques ont été bien caractérisées et permettent une réduction séquentielle de la longueur de l'acide gras de deux unités carbone par départ d'acétyl-CoA. Trois des intermédiaires métaboliques peuvent être libérés enzymatiquement (Figure 12) pour générer des composés de défense non volatils (> C_{11}) ou volatils (< C_{11}). Les acyl-CoA génèrent des acides carboxyliques par action d'une Acyl-CoA Lyase. Ils sont porteurs d'une nette odeur de beurre, fromage jusqu'à une taille C_{10} et sont à l'origine d'aldéhydes et alcools linéaires par action d'Alcool Déshydrogénases (ADH) Zn-dépendantes qui acceptent divers substrats à courte chaîne. Les formes aldéhydiques sont les plus parfumées du fait d'un seuil de perception plus faible. L'intermédiaire 3-hydroxylé est estérifié par des Alcool Acyl Transférases (AAT) à du méthanol ou éthanol pour

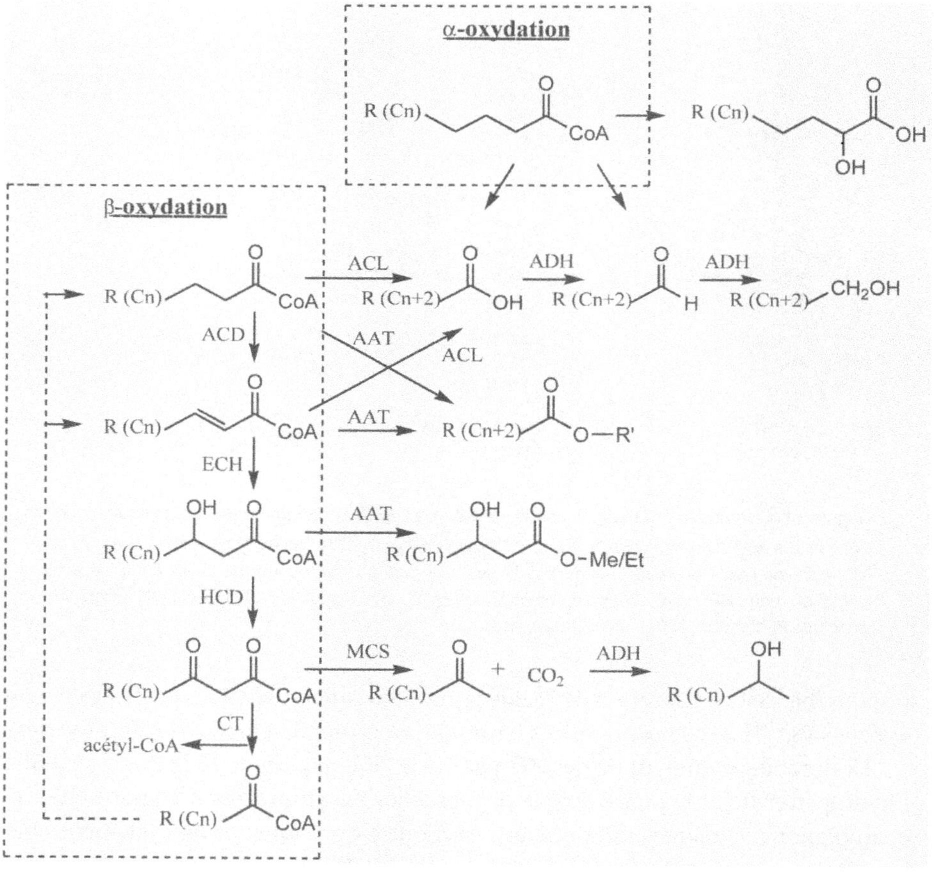

Figure 12. Production de COV par α- et β-oxydation d'acides gras.

ACL : Acyl-CoA Lyase ; ADH : Alcool Déshydrogénase ; ACD : Acyl-CoA Déhydrogénase ; AAT : Alcool Acyl Transférase, ECH : Enolyl-CoA Hydratase ; HCD : 3-Hydroxy Acyl-CoA Déhydrogénase ; MCS : Méthyl Cétone Synthase ; CT : 3-Cétoacyl-CoA Thiolase.

produire des composés très parfumés comme le 3-hydroxybutanoate d'éthyle et 3-hydroxypentoate d'éthyle qui sont respectivement responsables des arômes caractéristiques du tamarillo et de l'ananas vert. L'intermédiaire 3-cétonique est, sous sa forme liée à la protéine porteuse ACP (*Acyl Carrier Protein*), le substrat d'une Méthylcétone Synthase responsable, par exemple, de la formation de méthylcétones en C_{11}, C_{13}, C_{15} chez la tomate. Ces substances sont porteuses de parfums puissants et elles peuvent être réduites en alcools secondaires également parfumés.

Par opposition aux β-oxydations, les mécanismes biochimiques d'α-oxydation qui réduisent d'un carbone à la fois, et de manière séquentielle, la chaîne des AG sont moins connus. Ils conduisent à la production majoritaire d'un aldéhyde réduit d'une unité carbone et, de manière minoritaire, à son acide carboxylique correspondant et à l'analogue 2-hydroxylé de l'AG de départ (Figure 12). Méthylés, ces derniers sont volatils, la 2-hydroxybutanoate de méthyle étant par exemple un des arômes du ramboutan.

Les alcanolides en $C_{8\text{-}12}$ constituent une dernière classe courante de dérivés volatils d'AG. Ils sont issus de processus de lactonisation interne à partir d'un AG 4- ou 5-hydroxylé. Les AG 3-hydroxylés générés lors du processus de β-oxydation décrit ci-dessus ne peuvent former des lactones. La présence d'un 4-OH ou 5-OH fait suite à l'un des quatre processus suivants : réduction d'un céto-acide par une réductase NAD-dépendante, hydratation d'un AG insaturé, époxydation puis hydrolyse d'un AG insaturé, réduction d'un hydroperoxyde d'AG.

Voies de biosynthèse des composés aromatiques volatils

Les composés aromatiques (phénoliques dans la grande majorité des cas) volatils possèdent de nombreuses propriétés biologiques de médiateur d'interaction entre plantes et micro-organismes ou insectes (répulsifs ou attractants). Ils sont très diversifiés, et leur expression est sensible aux stress externes et au stade développemental des tissus qui les produisent. La régulation de leur accumulation est donc un phénomène complexe qui est en compétition avec la biosynthèse de composés phénoliques non volatils structuraux comme les acides aminés aromatiques, la lignine et la subérine. Les composés aromatiques des HE ont trois origines biogéniques différentes :

1/ voie de l'acide shikimique et voies dérivées [12] ;

2/ condensation et cyclisation des polyacétates [13] ;

3/ et aromatisation oxydative (déshydrogénation) d'un terpène cyclique. Cette dernière voie, qui conduit, par exemple, à la synthèse du thymol chez le thym, a été détaillée précédemment et seules les deux premières voies sont décrites dans cette section.

La voie de l'acide shikimique se nourrit de dérivés de la voie des pentoses (érythrose-4-phosphate) et de la glycolyse (phosphoénol pyruvate). Elle produit

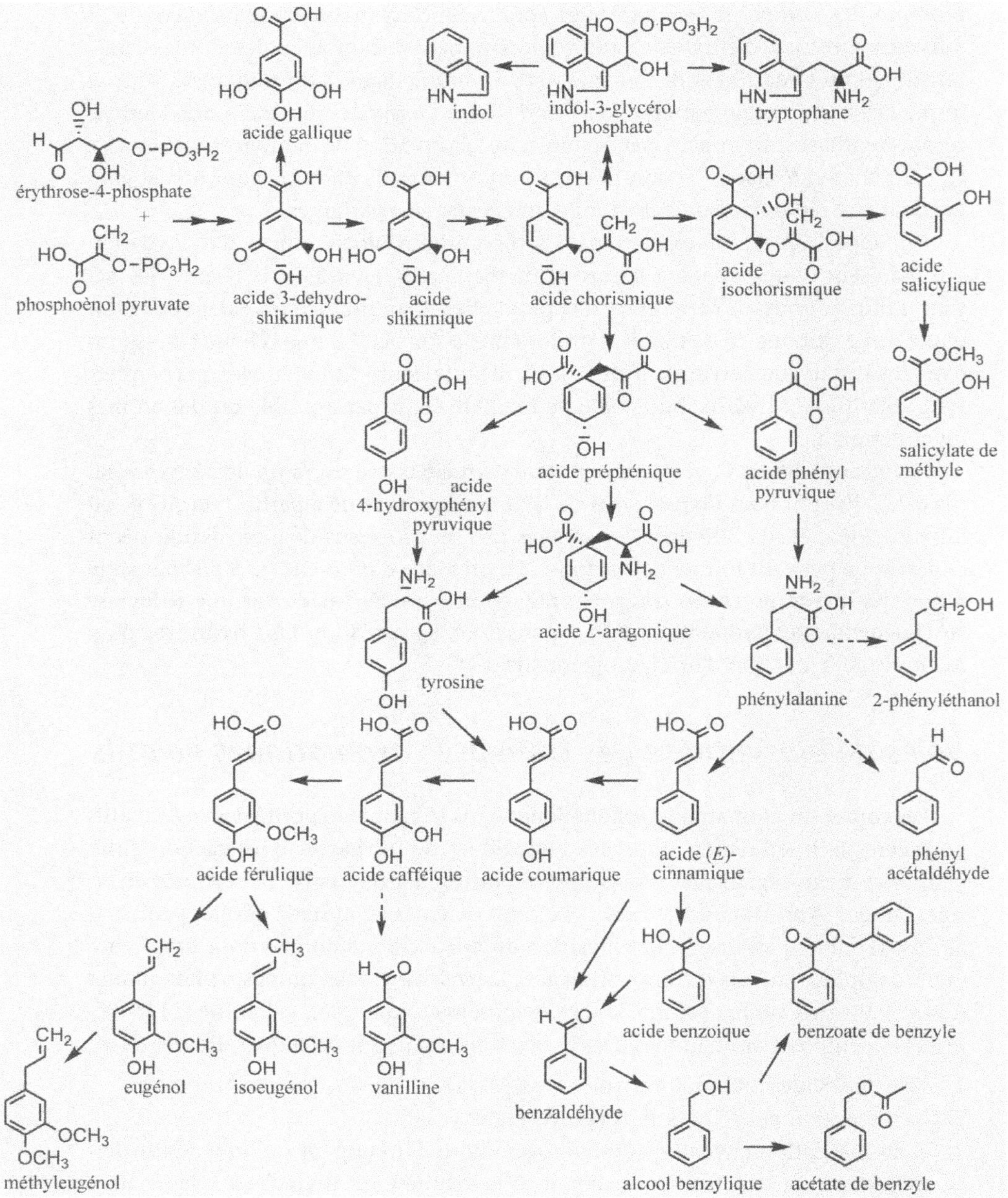

Figure 13. Voie générale de synthèse des composés phénoliques volatils issus des voies de l'acide shikimique et des phénylpropanoïdes (acide (E)-cinnamique à acide férulique sur la figure) sur la base des études fonctionnelles d'enzymes de biosynthèse.

Les flèches en pointillé indiquent des étapes présumées.

des composés importants comme les acides aminés aromatiques, les tanins issus de l'acide gallique (gallotanins et éllagitanins) et une myriade de composés colorés, antioxydants et antibiotiques générés à partir des phénylpropanoïdes (Figure 13). La plupart des enzymes intervenant dans cette voie de synthèse ont été localisées avec certitude dans les plastes, même si toutes ne descendent pas évolutivement de l'ancêtre cyanobactérien du plaste. Les métabolites de la voie de l'acide shikimique sont non volatils, mais certains peuvent le devenir par suppression, réduction ou estérification de la fonction carboxylique avec, ou sans, réduction de la longueur de la chaîne latérale. L'indole volatile résulte ainsi de la perte de chaîne latérale d'un intermédiaire biosynthétique du tryptophane. Le salicylate de méthyle est le composé phénolique le plus couramment rencontré dans les HE végétales. Il résulte de la méthylation de l'acide salicylique par une Méthyle Transférase SABATH type III. Tous deux sont, chez tous les végétaux, des médiateurs clés de l'inducteur des réactions de défense locale et systémique suite à l'attaque d'un pathogène ou herbivore. Des études initiales sur le tabac ont suggéré que l'acide salicylique est produit à partir de la phénylalanine par perte de deux carbones et hydroxylation. Cependant, des travaux plus récents sur *A. thaliana* ont démontré que l'acide salicylique est produit à partir du chorismate. L'origine biogénique des acides benzoïques volatils (C_6-C_1) est également sujette à débat et est mal caractérisée. Elle peut résulter d'au moins l'un des deux processus suivants :

1/ β-oxydation de l'acide cinnamique *via* un intermédiaire activé par le Co-A (mécanisme similaire au catabolisme des AG décrit ci-dessus), et/ou

2/ dégradation indépendante du CoA, mais faisant également intervenir un intermédiaire dont la chaîne latérale est 3-hydroxylée.

Les produits de ces deux voies sont respectivement l'acide benzoïque et le benzaldéhyde qui sont mis en équilibre par une NADP/NAD-Dépendante Oxydoréductase également responsable de la biosynthèse de l'alcool benzylique [8]. Ce dernier et l'acide benzoïque peuvent être estérifiés ensemble ou respectivement estérifiés à de l'acétate ou éthanol par des AAT de la famille des BAHD ou des MT. Le phényléthanol et le phénylacétaldéhyde (C_6-C_2) résulteraient, quant à eux, de l'action d'enzymes distinctes sur la phénylalanine. Finalement, l'eugénol et l'isoeugénol (C_6-C_3) sont issus de l'action de Phénylpropène Synthases (NADPH-Dépendante Réductases) respectivement chez le basilic et le pétunia. L'eugénol est méthylé chez le basilic par une MT de type I.

La voie de synthèse des polyacétates n'a suscité qu'un faible intérêt malgré l'importance de ses produits dans de nombreuses HE. La tasmanone (Figure 14E) constitue, par exemple, jusqu'à 40 % de l'HE d'*Eucalyptus camfieldii*. Cette voie de synthèse est basée sur l'action d'une famille d'enzymes : les Polycétides Synthases (PKS) sur divers acyl-CoA. Ces enzymes très diversifiées sont présentes chez les végétaux, champignons et bactéries où elles sont classées selon la taille de leurs assemblages protéiques

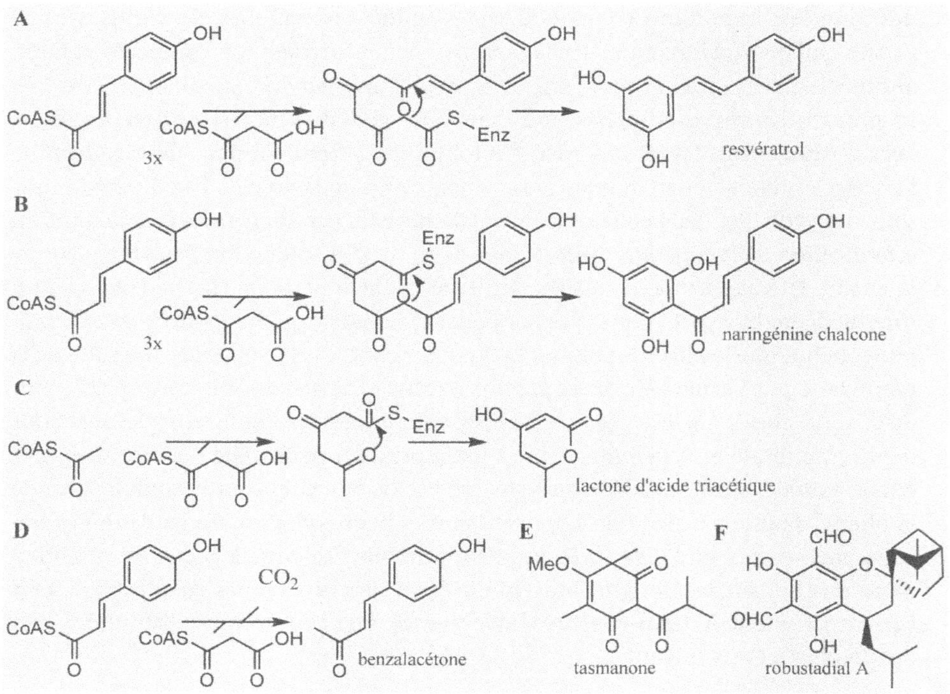

Figure 14. Fonctionnement catalytique des PKS de type III
et exemples de polyacétates volatils de Myrtacées.

(A) Stilbène Synthase, (B) Chalcone Synthase, (C) 2-Pyrone Synthase, (D) Benzalacétone Synthase, (E) exemple d'acylphloroglucinol simple et (F) d'euglobal.

et leurs modes de catalyse. Les enzymes de type III sont les plus petites (homodimères de 80-90 kDa). Elles sont particulièrement diversifiées chez les végétaux où elles sont responsables de la production des polyacétates volatils et d'autres petites molécules non volatiles. Elles acceptent divers acyl-CoA comme unités de départ (*p*-coumaroyl-CoA, isovaléroyl-CoA) et catalysent l'élongation de la chaîne par ajouts séquentiels à l'extrémité fixant le CoA d'unités C_2 (acétyl) à partir de malonyl-CoA (et départ d'un CO_2), puis sa cyclisation. Actuellement, quatre mécanismes réactionnels de terminaison de l'élongation par relâche d'un produit cyclisé ont été caractérisés (Figure 14A-D). Les mécanismes de condensation aldolique et de type Claisen par la Stilbène Synthase et la Chalcone Synthase produisent des composés non volatils (resvératrol et naringénine chalcone, respectivement) qui initient deux importantes voies de synthèse de composés polyphénoliques (stilbènes et flavonoïdes). Parallèlement, il a été montré que la 2-Pyrone Synthase agit par lactonisation interne pour produire des lactones triacétiques volatiles chez le gerbera. La Benzylacétone Synthase fonctionne par décarboxylation pour générer le benzalacétone chez la rhubarbe et la fraise. Cette dernière classe de composés (phénylbutanoïdes C_6-C_4) est répandue dans d'autres familles botaniques et inclut notamment les zingibérols, composés importants du gingembre. Bien que non étudiés, les acylphloroglucinols (β-polycétones) constituent une classe très riche de composés bioactifs des HE de Myrtacées (*tea tree*, niaouli et eucalyptus). Ils dérivent probablement de l'action de PKS. De nombreuses méthylations où SAM est le donneur de méthyle rendent ces composés volatils. Certains, nommés euglobals, sont couplés par des mécanismes enzymatiques encore inconnus à des mono- ou sesquiterpènes (Figure 14E-F).

Voies de dégradation des acides aminés non aromatiques

Les COV non terpéniques de petite taille et à chaîne carbonée branchée constituent une classe importante de substances volatiles. Ils dérivent du catabolisme des acides aminés à chaîne latérale branchée (isoleucine, leucine et valine) par des réactions successives de décarboxylation, désamination et réduction. Les alcools ainsi produits deviennent des composés odorants puissants une fois estérifiés (Figure 15A) comme l'acétate de 2-méthylbutyle (pomme de type « Fuji ») et l'acétate d'isoamyle (melon, banane). Le 4,5-diméthyl-3-hydroxy-2(5*H*)-furanone (principal composé odorant du fenugrec) est, lui, supposé dériver de la transamination puis lactonisation interne du 4-hydroxyisoleucine. L'analyse fonctionnelle de ces diverses étapes enzymatiques n'a cependant pas encore été réalisée.

Les COV soufrés dérivent, pour leur part, de la méthionine et de la cystéine et confèrent aux alliacées (ail, oignon) et brassicacées (anciennement nommées crucifères : choux, poireau) leurs odeurs caractéristiques. Chez *Arabidopsis*, la coupure de la méthionine par la Méthionine-γ-Lyase conduit à la production de méthanethiol, 2-cétobutyrate et ammoniaque (Figure 15B). Chez l'oignon, l'alc(én)ylation de la cystéine du tripeptide glutathion suivie de sa découpe puis oxydation conduit à l'accumulation de *S*-alc(én)yl cystéine sulfoxydes non volatils qui peuvent représenter jusqu'à 1-5 % du poids de certains *Allium*. Lors de la blessure des tissus, ces substances sont découpées par une enzyme, l'allinase, en une variété de composés volatils instables (thiosulfinates) qui subissent des transformations chimiques additionnelles en phase gazeuse (Figure 15C). Les crucifères accumulent également des glucosinolates (thioglycoside azotée), substances non volatiles dérivant d'acides aminés. Ils génèrent des COV odorants aminés et de l'acide sulfurique par action d'une Thioglucosidase (Myrosinase) une fois les tissus blessés pour mettre l'enzyme en contact avec son substrat (Figure 15D). Les glycosides cyanogènes sont un autre groupe de précurseurs non volatils de COV qui dérivent d'acides aminés. Par l'action combinée d'une β-Glucosidase et d'une α-Hydroxynitrile Lyase, ils génèrent des cétones et aldéhydes volatils ainsi que de l'acide cyanhydrique, un processus appelé la cyanogenèse (Figure 15E).

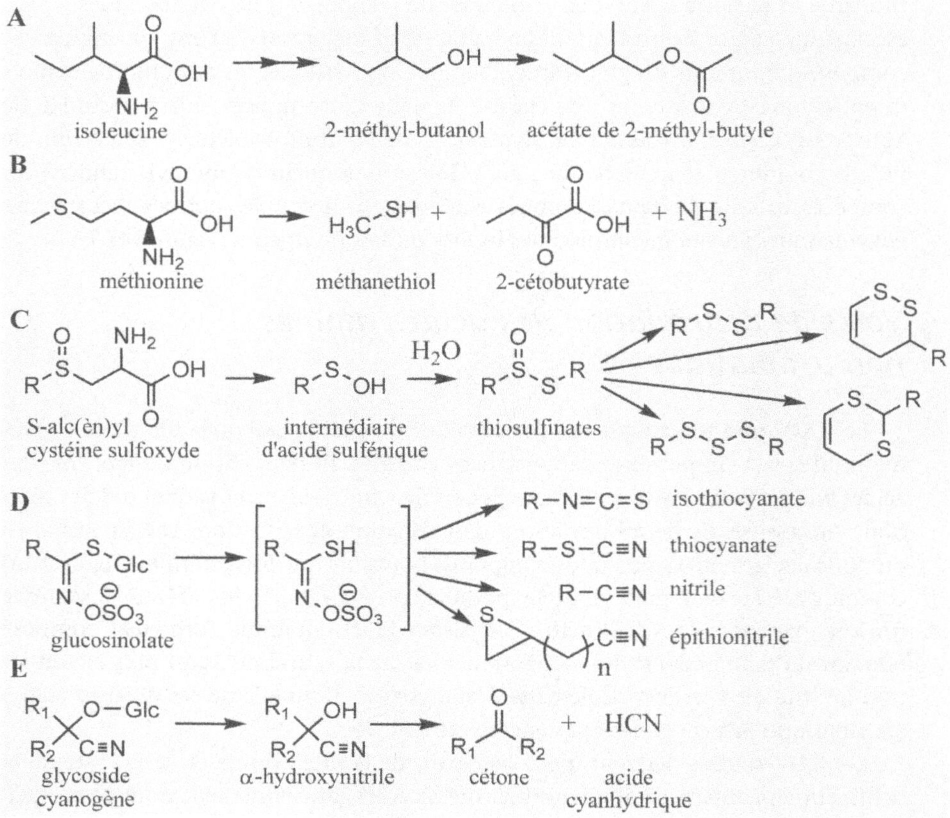

Figure 15. Biogenèse de COV à partir des acides aminés non aromatiques isoleucine (A), méthionine (B), et des produits métaboliques d'acides aminés non aromatiques S-alc(én)yl cystéine sulfoxyde (C), glucosinolate (D) et glycoside cyanogène (E).
D'après [3].

Voie de synthèse des furanones et pyrones volatiles

Les furanones et pyrones (Figure 16A et B) sont les seuls COV synthétisés directement à partir d'un sucre sans dégradation préalable de son squelette carboné [3]. Ils ont été respectivement extraits de fruits (tomate, ananas, fraise) et de feuilles et écorces d'arbres tels que *Larix deciduas* et quelques pinacées. Il s'agit de composés bioactifs odorants au seuil de perception particulièrement bas. Seule la synthèse des furanones a fait l'objet d'études chez la fraise et la tomate. Chez ces espèces, le fructose-1,6-bisphosphate est cyclisé par une enzyme encore inconnue en 4-hydroxy-

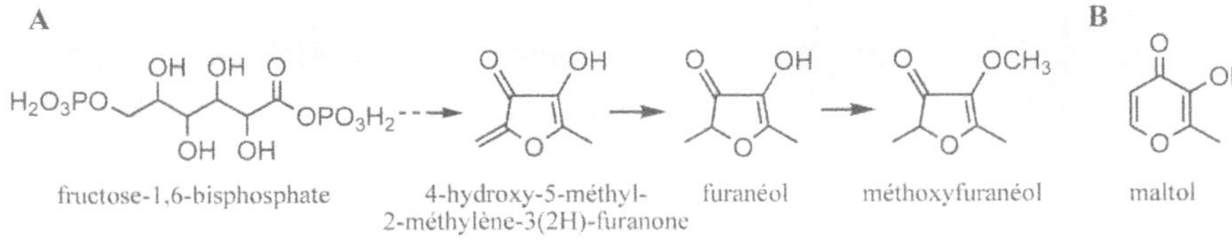

Figure 16. Biosynthèse du furanéol et méthyl-furanéol (furanones) chez la fraise (A), et structure du maltol, un membre de la famille des pyrones (B).

5-méthyl-2-méthylène-3(2*H*)-furanone qu'une Énone Oxydoréductase convertit en furanéol. Chez la fraise, le furanéol est converti en méthoxyfuranéol par une *O*-Méthyl Transférase (Figure 16A).

Conclusion

Les progrès réalisés ces deux dernières décennies sur le clonage et l'analyse fonctionnelle hétérologue dans des micro-organismes (*Escherichia coli*, levure) de gènes végétaux de biosynthèse ont permis de dévoiler l'origine biogénique d'une grande majorité des constituants des HE. Certaines de ces conclusions ont été confirmées lors de l'analyse fonctionnelle de mutants ciblés d'espèces modèles. Le couplage des premières données cristallographiques de ces biocatalyseurs et d'expériences de mutagenèse dirigée a également permis de découvrir le rôle joué par les différents acides aminés dans les mécanismes de catalyse et d'établir une relation entre la séquence d'un gène et la fonction du polypeptide qu'il code. Cela a permis, dans de rares études, de relier les différences en COV de deux espèces végétales à un événement évolutif de modification du patrimoine génétique. Même si quelques étapes enzymatiques restent à clarifier et même si les études sont à étendre à un plus grand panel de plantes à HE, la démocratisation des outils de séquençage à haut débit et d'analyse fonctionnelle des polypeptides va accélérer les connaissances dans ce domaine.

Deux enseignements surprenants peuvent être tirés des connaissances actuelles :

1/ les diverses enzymes de biosynthèse sont exprimées par de larges familles de gènes souvent construites par duplications de gènes ;

2/ ces enzymes possèdent des spécificités de substrat, ou produits, souvent faibles.

Sur ces deux points, elles diffèrent des enzymes impliquées dans les voies métaboliques énergétiques. Ceci peut s'expliquer par des considérations écologiques et offre de formidables perspectives d'amélioration des qualités des HE par développement variétal comme respectivement détaillé dans les deux paragraphes suivants.

D'un point de vue écologique, les COV constituant les HE font partie des substances qui permettent aux plantes de répondre aux sollicitations de leur environnement. La multiplicité des gènes d'une famille d'enzymes offre alors la possibilité de les néofonctionnaliser et de différencier les réponses (COV produits) en fonction des besoins associés à chaque tissu et à chaque stress externe [14]. La faible spécificité substrat/produit des biocatalyseurs conduit les plantes à produire plus de molécules avec moins de gènes [15]. Elle permet aussi une plus grande adaptabilité (et donc survie de l'espèce) face à des changements dans les contraintes écologiques. Les coproduits minoritaires des enzymes sont, en effet, généralement sans grand intérêt adaptatif (contrairement aux coproduits majoritaires), mais peuvent se révéler nécessaires si le contexte écologique change. Quand elles sont libérées des contraintes sélectives, ces molécules sont libres d'évoluer au sein des individus. L'adaptation de l'espèce végétale à de nouvelles contraintes écologiques ne nécessite alors pas « l'invention » d'une nouvelle voie de biosynthèse, mais seulement la sélection, parmi les individus possédant la molécule nouvellement intéressante, de descendants modulés enzymatiquement pour en produire de plus grandes quantités.

Du fait de la faible spécificité des biocatalyseurs, des mutations ponctuelles au sein des sites catalytiques modifient profondément les profils de COV émis en faisant simultanément apparaître, ou disparaître, plusieurs des molécules coproduites par la même enzyme. Or, les voies de biosynthèse des COV sont souvent réalisées par l'action successive de deux enzymes : l'une à faible spécificité de produit (Terpène Synthases), suivie d'une autre à faible spécificité de substrat (Cytochrome P450, Méthyl- et Acétyl Transférases). Dans le cas de la voie des terpènes, elles peuvent aussi isoler dans des compartiments différents des substrats différents. Ces phénomènes vont alors agir comme caisses de résonance pour augmenter le nombre de COV disparaissant/apparaissant suite à une mutation ponctuelle. Ainsi, par exemple, les différences d'arômes terpéniques des fraises cultivées et sauvages s'expliquent par la sélection de deux mutations [16]. L'une correspond à la perte du signal d'adressage chloroplastique d'une Nérolidol Synthase qui ne s'exprime que dans les fraises cultivées. Bloquée dans le cytoplasme, cette enzyme a toujours accès au substrat GPP pour fabriquer le monoterpène linalool, mais a désormais accès au FPP cytosolique pour fabriquer le sesquiterpène nérolidol. Parallèlement, une mutation insertionnelle dans le gène d'α-Pinène Synthase a conduit à la perte d'expression de cette enzyme chez la fraise cultivée. Il en résulte la disparition de l' α-pinène directement produit par cette enzyme, mais aussi de son produit d'oxydation, le myrténol, et de son variant acétylé, l'acétate de myrtényle, qui, tous deux, contribuent à l'arôme de la fraise sauvage. L'expression du Cytochrome P450 responsable de l'étape d'oxydation était cependant détectable, bien que plus faible, dans les fruits de la fraise cultivée. De telles études sont hélas rares, mais montrent le potentiel des programmes de sélection variétale pour créer des variétés aux chimiotypes modifiés sans faire appel à la création d'organismes génétiquement modifiés. Au-delà de la sélection de mutants spontanés (ou induits chimiquement), de nouveaux chimiotypes peuvent être également générés lors de croisements de parents accumulant des

COV différents. La faible spécificité des enzymes de biosynthèse suggère en effet que, chez de tels hybrides, certaines enzymes trouveront (et accepteront) comme substrat des substances absentes de leur parentage d'origine, mais apportées par le brassage génétique, pour générer des substances nouvelles pour leur espèce/genre.

Références bibliographiques

1. T. Bardinet, *Les Papyrus médicaux de l'Égypte pharaonique*, Paris, Fayard, **1995**.
2. V. Lebot, M. Merlin, L. Lindstrom, *KaVa : The Pacific Drug*, New Haven, Yale University Press, **1992**.
3. W. Schwab, R. Davidovich-Rikanati, E. Lewinsohn, « Biosynthesis of plant-derived flavor compounds », *Plant J.*, **2008**, 54, 712-732.
4. I.T. Baldwin, « Plant Volatiles », *Current Biol.*, **2010**, 20, R392-R397.
5. D.A Nagegowda, « Plant volatile terpenoid metabolism : biosynthetic genes, transcriptional regulation and subcellular compartmentation », *FEBS Lett.*, **2010**, 584, 2965-2973.
6. S.C. Kampranis, D. Ioannidis, A. Purvis, W. Mahrez, E. Ninga, N.A. Katerelos, S. Anssour, J.M. Dunwell, J. Degenhardt, A.M. Makris, P.W. Goodenough, C.B. Johnson, « Rational Conversion of Substrate and Product Specificity in a Salvia Monoterpene Synthase : Structural Insights into the Evolution of Terpene Synthase Function », *The Plant Cell*, **2007**, 19, 1994-2005.
7. H.V. Thulasiram, H.K. Erickson, C.D. Poulter, « A Common Mechanism for Branching, Cyclopropanation, and Cyclobutanation Reactions in the Isoprenoid Biosynthetic Pathway », *J. Am. Chem. Soc.*, 2008, 130, 1966-1971.
8. N. Dudareva, E. Pichersky, J. Gershenzon, « Biochemistry of plant volatiles », *Plant Physiol.*, **2004**, 135, 1893-1902.
9. R.B. Croteau, E.M. Davis, K.L. Ringer, M.R. Wildung, « (-)-Menthol biosynthesis and molecular genetics », *Naturwissenschaften*, **2005**, 92, 562-577.
10. A. Andreou, F. Brodhun, I. Feussner, « Biosynthesis of oxylipins in non-mammals », *Progress Lipid Res.*, **2009**, 48, 148-170.
11. J. Delcarte, M.-L. Fauconnier, P. Hoyaux, P. Jacques, P. Thonart, M. Marlier, « Revue bibliographique : l'hydroperoxyde lyase », *Biotechnol. Agron. Soc. Environ.*, **2000**, 4, 157-167.
12. T. Vogt, « Phenylpropanoid biosynthesis », *Mol. Plant*, **2010**, 3, 2-20.
13. K. Watanabe, A.P. Praseuth, C.C.C. Wang, « A comprehensive and engaging overview of the type III family of polyketide synthases », *Current opinion Chem. Biol.*, **2007**, 11, 279-286.
14. D. Ober, « Seeing double : gene duplication and diversification in plant secondary metabolism », *TRENDS Plant Sci.*, **2005**, 10, 445-449.
15. W. Schwab, « Metabolome diversity : too few genes, too many metabolites ? », *Phytochem.*, **2003**, 62, 837-849.
16. A. Aharoni, A.P. Giri, F.W.A. Verstappen, C.M. Bertea, R. Sevenier, Z. Sun, M.A. Jongsma, W. Schwab, H.J. Bouwmeester, « Gain and Loss of Fruit Flavor Compounds Produced by Wild and Cultivated Strawberry Species », *The Plant Cell*, **2004**, 16, 3110-3131.

Chapitre 2.1

Extraction des huiles essentielles à travers l'histoire

Marie-Christine Grasse[1]

Introduction

Si la France est aujourd'hui reconnue mondialement pour son histoire et son savoir-faire dans le domaine des parfums et du luxe, l'origine de l'extraction des parties odorantes des matières premières lui est étrangère. Cependant, elle s'est très tôt distinguée par la mise au point de procédés novateurs dans l'extraction des parties odorantes des matières végétales, distinction qu'elle conserve encore actuellement.

La macération, la décoction, l'enfleurage : les débuts de l'extraction

De nombreux témoignages attestent de l'emploi de produits odorants au Proche-Orient ancien et, plus particulièrement, en Mésopotamie ancienne[2]. Ils renseignent sur l'usage des parfums. Parallèlement, des recettes assyriennes datées du milieu du IIe millénaire détaillent les procédés de transformation alors en usage. Les parfums sont alors obtenus par la macération à froid ou la décoction à chaud de substances végétales dans de l'huile affinée. Le procédé renvoie à une huile parfumée et non à une huile essentielle.

Dans le premier cas, cyprès, cèdre, myrte ou genévrier, réduits en brindilles, poudre ou résine, étaient mis à macérer dans de l'huile. Une fois les substances odorantes dissoutes dans le liquide gras, l'huile était filtrée avant usage. Dans le procédé d'extraction à chaud, appelé à Mari (Syrie) « huile de marmite », la gamme des produits odorants était plus large et comprenait en plus du buis, des roseaux odorants, baies ou résines… Les substances aromatiques étaient lavées, séchées,

1. Musée international de la Parfumerie, 2 boulevard du Jeu-de-Ballon, 06130 Grasse.
Adresse actuelle : Musée national du Sport, 6 avenue du Mahatma Gandhi, 75116 Paris.

2. Listes lexicales, traités de magie et de médecine, textes relatifs à la gestion des stocks dans les palais et les temples…

broyées en poudre et tamisées avant d'être mises à bouillir dans de l'eau [1]. Le mélange était ensuite pressé, filtré et chauffé avec de l'eau aromatisée et de l'huile dans une marmite couverte. Ces opérations étaient répétées jusqu'à saturation de l'huile en parfum ; cette dernière était enfin affinée. Alors qu'à Mari il fallait parfois une quinzaine de jours pour obtenir de l'« huile de marmite », les recettes médio-assyriennes mentionnent des opérations de macération et d'extraction pouvant durer trois mois.

Autour du Bassin méditerranéen, l'extraction se faisait également par des corps gras. Plus près de nous, Théophraste [2], Dioscoride [3] et Pline [4] nous ont laissé des témoignages sur la fabrication de substances parfumées.

Un parfum était alors le plus souvent une graisse, huile, onguent, ce dernier mot s'appliquant aussi bien aux produits des digestions simples (une matière aromatique traitée par une huile) qu'à ceux des digestions composées, et désignant une substance liquide ou de consistance molle, rejoignant plus ou moins celle d'un onguent, lorsqu'*in fine* s'y ajoutait de la myrrhe ou de la résine.

Les laboratoires égyptiens produisaient des huiles parfumées, des mélanges aromatiques, des pommades, des cônes d'onguent, mais aussi des produits à fumiger, des enduits et des chandelles... obtenus principalement par des procédés de digestion.

L'huile de *ben*[1], extraite de la graine de *Moringa*, inodore, réceptive et se conservant bien, était la plus utilisée en parfumerie pour fixer les odeurs.

Les préparations étaient simples, du type de celles qui existent encore de nos jours, en Afrique et en Arabie méridionale, et consistaient à faire macérer du bdellium[2] dans de l'huile ou à le faire fondre avec du beurre pour s'en parfumer le corps.

On s'enduisait également à l'époque d'huile-*tepet*, une myrrhe grasse ou un bdellium mou dont la partie oléo-résineuse était retirée par macération. Le vin, à la fois solvant et exhausteur d'arômes, était également largement employé dans l'Antiquité.

Les produits obtenus à partir d'une digestion aromatique sont souvent des substances composées regroupant des huiles, graisses et enduits obtenus de diverses façons. Souvent, une étape de pressage suit la digestion ou une autre digestion, parfois à la chaleur.

Le papyrus médical Ebers donne au début de la XVIIIe dynastie une recette de kyphi (produit à fumiger), qui comprend une liste d'ingrédients à moudre finement et à préparer pour en faire une masse homogène (Eb. 852). La même préparation mise dans du miel et cuite pouvait être conditionnée en pastilles, dont on se servait pour les fumigations domestiques et l'hygiène buccale (Eb. 853).

L'époque ptolémaïque décrit plus précisément les processus de production. Sous la Ve dynastie, un tableau de la tombe d'Iymeri à Giza (n° 16) montre la « préparation

1. L'huile-*baq* fréquemment évoquée dans les scènes de banquet des tombes privées thébaines de la XVIIIe dynastie.

2. Gomme-résine que l'on faisait venir des Indes orientales, d'Afrique et d'Arabie.

d'huile » en trois phases : la digestion aromatique, avec l'image d'un homme plongeant dans une cuve un ustensile à manche recourbé, le pressage et la décantation, et enfin la série des sept vases contenant les huiles rituelles. Des témoignages identiques se retrouvent également au Moyen Empire dans la tombe de Baket à Beni Hassan (n° 15).

Au Nouvel Empire, la tombe thébaine n° 175, datée du règne de Thoutmosi IV, montre une scène qui détaille les techniques alors en vigueur dans les laboratoires de l'époque. Des amoncellements de matières solides sont transformés, devant le défunt assis à gauche. De gauche à droite, un homme pile des aromates qu'un autre tamise et qui vont être mélangés à d'autres ingrédients ; puis les composants du produit sont traités en quatre étapes : les artisans les travaillent avec un bâton dans un récipient aujourd'hui disparu, dans une cuvette où ils sont additionnés d'un liquide, puis dans un chaudron placé sur un fourneau où a lieu la digestion à la chaleur (Figure 1).

Au début de l'époque hellénistique, à Touna el-Gebel, le programme de décoration de la tombe de Petosiris, grand prêtre de Thot d'Hermopolis, comprend une séquence du même genre.

Figure 1. Linteau sculpté en bas-relief du tombeau de Païrkep, 595-589 av. J.-C., Égypte. (Musée du Louvre, Paris.)

Il faut attendre la Basse Époque pour avoir des témoignages plus clairs sur une fabrication qui se rapproche de l'enfleurage[1]. Les fragments de reliefs conservés à Amsterdam, au Louvre[2] et à Turin montrent des fleurs de lotus ou de lis qui vont macérer dans de l'huile, le pressage par torsion d'une étoffe nouée sur deux bâtons, et la décantation[3]. On recueillait la partie huileuse surnageant et on la mêlait à une huile ou à un liquide riche en alcool comme le vin de palme ou de raisin.

1. Cette technique consiste à faire chauffer de l'huile au bain-marie en l'additionnant plus largement des pétales de fleurs et d'épices.
2. Au Musée International de la Parfumerie de Grasse, est exposé le moulage du linteau sculpté du tombeau de Pairkep, 595-589 av. J.-C., du Louvre.
3. Les artisans se sont longtemps contentés d'instruments en tissu, dits « pressoirs à torsion » que l'on retrouve représentés sur les bas-reliefs.

La recette de l'*ânti*[1] de lotus n'est pas précise. Il s'agissait vraisemblablement d'un onguent dans lequel le parfum de lotus était combiné à une base d'aromates et de myrrhe. Mais en revanche selon Pline [5], le parfum de lis se fabriquait avec ses fleurs, de l'huile de *ben*, du roseau odorant, du miel, de la cannelle, du safran et de la myrrhe. Dioscoride en donne également une recette [6]. L'huile est d'abord additionnée de roseau aromatique, de myrrhe et de vin parfumé, puis de cardamome et d'eau. Dans une cuve large et peu profonde, l'huile exprimée est alors chargée de fleurs de lis. On remue le mélange les mains enduites de miel, puis on laisse macérer un jour et une nuit, avant de filtrer par pressage. L'extrait ainsi recueilli est remis dans la cuve avec autant d'huile aromatisée que précédemment et de la cardamome broyée. On laisse reposer, presse, fait décanter, et on recommence. Pour finir, on ajoute de la myrrhe, de la cannelle et du safran au parfum pour l'épaissir, soutenir son odeur et le colorer. Certains mettent dans la cuve du safran et de la cannelle avec de l'eau, et versent l'extrait de première pression dans des vases secs, au préalable enduits de gomme, de myrrhe, de safran et de miel dilués à l'eau.

Capoue, sur sa place, Rome, le long de la *Via sacra*, Pompéi, dans les rues au nord du forum, possédaient des parfumeries. Mais leurs vestiges et ceux de la fabrication des parfums sont, à ce jour, rarissimes. On n'en connaît pas pour les périodes archaïque et classique, et il faut attendre la fin de l'époque hellénistique, puis surtout l'Empire romain, pour en déceler à Délos à Paestum et à Pompéi. Cela s'explique par la production croissante des parfums à cette époque qui demandait des installations fixes, lesquelles ont laissé des vestiges plus faciles à interpréter par les archéologues. La ville de Délos a livré de nombreux pressoirs à huile et à vin dans les boutiques du quartier du théâtre et dans celle du quartier du stade, qui diffère sensiblement des huileries traditionnelles. Construite vers le début du Ier siècle avant J.-C., elle comportait deux pressoirs dont les poteaux latéraux étaient profondément ancrés dans la maçonnerie. Entre ceux-ci étaient scellées deux maies en marbre finement travaillées. Une batterie de quatre fourneaux avait été bâtie simultanément. Il faut donc restituer des pressoirs à montants verticaux. Ces presses verticales comportaient une base en pierre recevant des couffins remplis de pâte d'olive et une structure en bois dans laquelle on enfonçait des coins de façon à comprimer ces couffins, pour exprimer l'huile d'olive ou d'autres fruits et graines. Selon Héron d'Alexandrie[2], ce type de pressoir, assez largement répandu dans le bassin oriental de la Méditerranée, était

---

1. L'*ânti* désigne non seulement la myrrhe mais aussi, par extension, le produit de sa transformation et les onguents dont il constitue la base.

2. Héron, vers le milieu du Ier siècle de notre ère, en parle comme d'un pressoir courant : « La quatrième machine simple, qui suit les précédentes, est celle qui est appelée le coin. Elle sert dans quelques-unes des préparations des parfumeurs. » La traduction du texte arabe des *Mechanika* II, 43, 4 par Carra de Vaux doit être complétée par une citation de Pappos : « Elle rend de grands services dans les presses pour les parfumeries » (A.G. Drachman) — Notes complémentaires, *in* Héron d'Alexandrie, *Les Mécaniques ou l'élévateur des corps lourds*, B. Carra de Vaux (éd.), Paris, Les Belles Lettres, 1988, p. 215-305.

essentiellement consacré à l'extraction de l'huile pour les parfums. Les quatre fourneaux associés aux pressoirs servaient à l'enfleurage à chaud : ils supportaient des chaudrons permettant le chauffage au bain-marie de l'huile et des ingrédients des parfums. La présence de deux presses à huile et des fourneaux montre qu'il s'agissait d'une grande parfumerie.

La consommation des parfums a connu un essor considérable à partir du IIe siècle avant notre ère grâce à l'immigration d'une population cosmopolite, notamment orientale, et d'une prospérité économique certaine. Délos profitait de sa position de plaque tournante du commerce en Méditerranée orientale, lui permettant d'acquérir les ingrédients de base.

Deux ateliers de parfumeurs ont été récemment fouillés à Pompéi et à Paestum. Celui de Pompéi avait été malheureusement dégagé sans relevé lors des fouilles des années 1820, aux abords du forum. On ne sait rien de son aménagement, si ce n'est qu'il incluait lui aussi un pressoir vertical certainement à coins. Il faut donc se reporter à la célèbre fresque des Amours parfumeurs de la maison des Vettii pour se représenter les équipements et l'atmosphère de la boutique. Sur la peinture, on peut voir de droite à gauche les diverses étapes de la fabrication, laquelle commence par le pressage de l'huile. La pâte d'olive est contenue dans des sacs posés sur une pierre quadrangulaire munie d'un bec. L'huile s'écoule dans une bassine en métal. La scène suivante représente un Amour remuant un liquide dans une bassine posée sur un trépied au-dessus d'un feu. Il s'agit d'une scène d'enfleurage à chaud. Plus à droite, deux Amours malaxent des ingrédients supplémentaires tels que colorants, résines, fixateurs, dans un mortier. Les parfums antiques utilisaient principalement les corps gras pour fixer les arômes : huiles d'amande, de ben, de sésame, et surtout d'olive, aisées à produire en grande quantité. Les arômes étaient fixés sur ces bases par divers procédés, le plus courant étant l'enfleurage à chaud.

Comme en Égypte, on recherchait les huiles les plus neutres et les moins visqueuses possibles. On les extrayait surtout d'olives. Certaines huiles de Campanie, comme celle de Vénafre, étaient d'abord recherchées pour leur aptitude à servir d'excipient en parfumerie [7]. Outre l'huile de ben et l'huile d'olive, on employait également de l'huile d'amandes amères, de sésame, particulièrement appréciée pour le parfum à la rose (Théophraste, *Od.*, 20) [8].

Ces huiles étaient aromatisées par enfleurage soit à froid comme, par exemple, pour faire l'huile œnanthe (Dioscoride) [9] ou le *gleukinos* employé comme médicament (Columelle, XII, 53), soit à chaud. Dans ce cas, l'huile et la plante aromatique étaient mises à chauffer dans un chaudron sur un fourneau.

Le procédé sera repris par les Grassois au XVIIIe siècle[1]. La base des corps gras ou pommades est alors un « corps préparé », comprenant un mélange 2/3-1/3 de « corps

1. Selon Naves, l'enfleurage des huiles apparaît au XVIIe siècle, mais ne se généralisera à Grasse qu'à partir de 1750 (*Technologie et chimie des parfums naturels*, Masson, 1974).

mou » ou graisse de porc et de « corps dur » ou graisse de bœuf. Ces préparations se faisaient principalement en période froide d'hiver. Les fontes et les cuissons se déroulaient dans de grands chaudrons en cuivre placés dans un fourneau à bois à plusieurs feux. L'enfleurage de la pommade se faisait « à chaud » pour la rose de mai, la fleur d'oranger et la cassie. Les fleurs étaient alors immergées dans des « cuviers de tôle » remplis de corps préparé fondu à la température de 40/45 degrés. Après vingt-quatre heures, la graisse était récupérée par égouttage sur de grandes passoires, puis réchauffée pour une nouvelle charge de fleurs. L'enfleurage était terminé quand le total en poids des fleurs infusées était égal à six ou huit fois le poids de graisse (Figure 2).

L'enfleurage de la pommade se faisait « à froid » pour le jasmin et la tubéreuse. Les fleurs étaient alors déposées journellement sur des plaques de verre : des « châssis » qui avaient préalablement été « empâtés » *recto-verso* d'une couche d'un poids déterminé de corps préparé. Il fallait environ soixante jours pour que chaque kilo de graisse ait reçu la quantité de fleurs nécessaire, soit 25 kg pour le jasmin et 2 kg pour la tubéreuse (Figure 3). La pommade parfumée à chaud ou à froid était autrefois livrée telle quelle à la clientèle, qui préparait elle-même des infusions dans l'alcool « bon goût », qui étaient ensuite directement utilisées dans les formulations de parfums finis. Les « lavages » de pommades se faisaient dans des « batteuses » à deux jeux de lames métalliques tournant en sens inverse. Les « absolues de pommades » étaient obtenues par l'élimination de l'alcool des lavages ci-dessus.

Les fleurs utilisées sur les châssis étaient retraitées à l'éther de pétrole, le produit obtenu était repris à l'alcool comme une concrète et donnait une « absolue des châssis ».

Le procédé a été arrêté dans les années 1970 pour des raisons de coût.

Figure 2. Cuves en cuivre pour enfleurage à chaud, première moitié du XXe siècle, usine Sozio, Grasse, (Musée International de la Parfumerie).

Figure 3. Atelier d'enfleurage à froid, usine Lautier et Fils, Grasse.
Tirage photographique des années quarante (Musée International de la Parfumerie, Grasse).

La distillation

Le parfum au Moyen Âge demeure étroitement lié à la diffusion des techniques de distillation. Les produits venus d'Orient comme la myrrhe et l'encens, mais également des huiles ou des eaux parfumées réalisées par décantation, macération, filtration ou enfleurage en sont des exemples [10].

L'eau de rose était le parfum le plus employé au Moyen Âge. Si on la produisait sans distillation, comme le suggèrent certaines versions du *Tacuinum Sanitatis* ou même le *Ménagier de Paris*, sa fabrication s'est généralisée avec la diffusion de l'alambic et de l'alchimie en Occident au cours du XIIe siècle grâce aux Arabes et, plus particulièrement, à leurs traités traduits par des médecins de l'école de Salerne, en Italie, ou, un peu plus tard, au XIIIe siècle en Andalousie [11].

Les alambics du Moyen Âge sont particulièrement bien connus grâce à trois sources principales. Les textes fournissent des descriptions d'appareils en précisant la matière dans laquelle ils sont fabriqués et la manière dont ils sont utilisés ; l'iconographie manuscrite puis imprimée permet de connaître leurs profils et enfin les fouilles archéologiques nous renseignent précisément sur leurs dimensions et les contextes d'utilisation.

Figure 4. Alambic de campagne en cuivre, région de Grasse, début XXe siècle. (Musée International de la Parfumerie, Grasse).

Le matériau le plus prisé était le verre, en vertu de sa transparence, mais aussi de son étanchéité pour retenir parfaitement les liquides et les vapeurs. Toutefois, à cette époque, le verre était cher et fragile, c'est pourquoi les alambics en céramique sont fréquemment retrouvés en fouille. Pour pallier la porosité de la terre, l'intérieur des vases était vernissé au moyen d'une épaisse glaçure[1]. Par ailleurs, les alambics en métal sont très souvent mentionnés dans les inventaires après décès de la fin du Moyen Âge : on trouve des alambics en cuivre (Figure 4) ou même en plomb malgré la toxicité de ce dernier, déjà reconnue [12].

La forme des alambics a connu très peu d'évolutions depuis les plus anciens instruments arabes jusqu'à la période moderne. Ceux découverts dans les fouilles datent des XIIIe et XIVe siècles. Ils sont composés d'une cucurbite à bec et d'un chapiteau aveugle. Cependant, la forme la plus commune s'impose avec seulement des variations à la base du chapiteau [13]. Au XIIIe siècle, le médecin salernitain Taddeo Alderotti mentionne un serpentin qui facilite le refroidissement et la condensation des vapeurs. Il ne s'imposera que très récemment [14]. Pour refroidir le chapiteau, l'application d'une éponge ou de linges mouillés suffisaient pour Gesner (1552), J.-B. Della Porta (1609) ou encore pour les distillateurs grecs de raki (XIXe siècle) [15].

Les dimensions des alambics sont très modestes : pour les chapiteaux en verre, la hauteur ne dépasse guère 20 cm, celle des chapiteaux en céramique peut atteindre 40 cm. Les cucurbites sont adaptées et leur contenance ne dépasse pas quelques

1. Elle est le plus souvent composée d'oxydes de plomb ou ferrugineux qui, une fois chauffés, fondent et forment un vernis.

litres. Nous sommes loin des chaudières de plusieurs centaines de litres du XVIIIe siècle représentées dans *L'Encyclopédie* de Diderot et d'Alembert.

Les découvertes d'alambics pour la période comprise entre le XIIIe et le XVe siècle commencent à être relativement nombreuses en Europe [16]. Ces alambics sont *ad faciendam aqua rosaceam ou ad faciendam aquam ardentem.* L'eau de rose et l'alcool étaient les deux principaux produits de la distillation domestique [17]. L'eau de rose était obtenue par distillation des pétales de fleurs avec de l'eau. Sa fabrication était largement répandue dans le monde arabe. Al-Dimashqî décrit sa production dans l'oasis de Damas en Syrie. Cette eau florale était alors exportée au Yémen, en Abyssinie, aux Indes et jusqu'en Chine [18]. En Occident, l'emploi de l'eau de rose a tout d'abord été limité au milieu médical. Sa fabrication est décrite dans un traité arabe : le *Liber servitoris* d'Abulcassis, ouvrage dont la traduction latine a connu un certain succès chez les apothicaires [19]. C'est un produit courant, utilisé en pharmacie, mais aussi en cuisine et pour se parfumer ou, plus simplement, se laver.

La distillation de l'eau de rose a servi de modèle à la réalisation de toutes sortes d'eaux aux vertus diverses, dont certaines étaient manifestement odoriférantes. Ainsi, l'on fabriquait déjà des eaux de violette, de lavande, de romarin, d'orge, de fenouil, de fleur d'oranger [20]...

L'invention de l'alcool serait occidentale et, plus particulièrement, salernitaine. La plus ancienne mention s'en trouve dans le *Compendium Magistri Salerni*, daté du milieu du XIIe siècle [21]. Toutefois, l'usage de l'alcool est demeuré strictement médical, du moins jusqu'au XVe siècle. Et l'association de l'alcool et du parfum semble tardive, malgré l'existence de l'eau de la reine de Hongrie, qui était en fait une eau à base d'alcoolat de romarin, dont la première mention n'est pas antérieure à 1660 [22]... et non de 1378, comme on le rencontre souvent. En revanche, une recette associant eau-de-vie et fleur de romarin est mentionnée dans un ouvrage attribué à Arnaud de Villeneuve (1245-1311) ; il s'agissait là d'une teinture alcoolique de romarin et non d'un alcoolat [23]. C'est seulement à partir du XVIe siècle que l'emploi de l'alcool pour la fabrication de parfums semble se généraliser.

Distiller signifie d'abord séparer, même si le mot évoque le distillat coulant goutte à goutte du bec de l'alambic. Le principe de l'opération est relativement simple. Le liquide à distiller est placé dans un récipient chauffé par-dessous, le plus souvent au bain-marie. La cucurbite est surmontée d'un chapiteau sur les parois duquel vont venir se condenser les vapeurs. Celles-ci, à l'état liquide, vont s'écouler le long des parois, vers une gouttière annulaire menant à un bec de décharge pour être recueillies dans un réceptacle extérieur. Les joints entre les trois récipients doivent être lutés afin que les vapeurs ne puissent s'échapper[1]. Parfois, il est recommandé de luter complètement la cucurbite, c'est-à-dire de la recouvrir d'un enduit argileux destiné à la protéger de l'ardeur du feu [24].

---

1. Le lut est un mélange argileux, ou encore une pâte composée de farine et de blanc d'œuf, qui va durcir à la chaleur.

Le matériel de distillation à la vapeur d'eau comporte un « alambic », généralement en cuivre ou en inox, avec « double-fond ». La « chaudière » ou « cucurbite », avec une quantité précise d'eau est séparée, pour certains végétaux, par une grille intérieure. Les matières premières à distiller peuvent nécessiter une « préparation physique » (hachage, broyage, trempage, etc.).

À partir du XIXe siècle, le chauffage provoquant l'ébullition de l'eau intérieure est obtenu dans le double-fond, soit indirectement par la vapeur « haute pression » soit par injection directe interne. La distillation donne une huile essentielle « brute », qui peut être améliorée par « rectification » dans un appareil appelé « œuf de rectification », fonctionnant à la « vapeur directe ». Un système de réfrigération par circulation d'eau et serpentin permet la condensation des vapeurs qui sont un mélange d'eau et d'essence de l'espèce distillée.

L'huile essentielle est récoltée, après « condensation » par le réfrigérant « serpentin », dans un « vase florentin », ou « essencier », en même temps que l'eau d'entraînement. La séparation résulte de son insolubilité dans l'eau sur laquelle elle surnage, dans la majorité des cas, en raison de sa plus faible densité. L'eau passe par le siphon du vase et retourne à l'alambic, où elle est recueillie, particulièrement lorsqu'on distille de la rose ou de la fleur d'oranger. Dans d'autres cas, l'eau est simplement rejetée à l'égout (Figure 5 et Figure 6).

Figure 5. Atelier de distillation, Usine Lautier et Fils, Grasse.
Tirage photographique du début du XXe siècle (Musée International de la Parfumerie, Grasse).

Figure 6. Atelier (extraction, rectification), usine Lautier et Fils, Grasse.
Tirage photographique de la première moitié du XXe siècle (Musée International de la Parfumerie, Grasse).

La distillation peut nécessiter l'apport d'« additifs », soit pour modifier la température d'ébullition (sel marin) soit pour agir sur l'effet d'entraînement (glycols hydrosolubles).

Les rendements en essence par distillation à la vapeur d'eau sont très différents selon les espèces et peuvent varier de 0,025 % (4 000 kilos pour 1 kg d'essence) pour la rose à 16 % (6 kilos pour 1 kg d'essence) pour le girofle, par exemple. Les temps de distillation sont également très variables : 450 kg de santal demandent 80 à 100 heures de distillation, alors qu'il suffit d'une demi-heure, à peine, pour distiller une quantité égale de lavande.

Au XXe siècle, la distillation fractionnée, ou « fractionnement », permet de séparer les essences, en isolant leurs corps chimiques. Les essences sont ainsi améliorées. En fractionnant certaines huiles essentielles, on peut obtenir une odeur différente de l'odeur initiale. Ainsi, à partir de l'eugénol tiré de l'essence de girofle, on aboutit à l'iso-eugénol, qui a une odeur de géranium ; à partir de l'essence de géranium, on peut obtenir une odeur de rose... Les essences, absolues, résinoïdes... obtenus après traitement sont analysés et contrôlés dans les laboratoires avant d'être placés sur l'orgue du parfumeur.

Les techniques d'extraction des huiles essentielles d'agrumes

L'Italie, en particulier la Sicile et la Calabre, a des caractéristiques climatiques idéales pour la culture des variétés d'agrumes, notamment la mandarine, le citron, la bergamote et l'orange.

L'extraction des huiles essentielles contenues dans la peau des agrumes et l'obtention d'autres produits à partir des citrus remontent au XIXe siècle. Un nombre considérable de ces produits ont acquis une renommée mondiale : le petits-grains, le néroli, la concrète fleur d'oranger et, bien sûr, les huiles essentielles obtenues par expression à froid.

Au cours de ces dernières années, plusieurs de ces produits ont disparu à cause du coût prohibitif de la main-d'œuvre nécessaire à la cueillette de la matière première. Les productions de néroli, petits-grains, concrètes et absolues sont désormais négligeables.

L'extraction des huiles essentielles s'effectue principalement avec des appareils comme la sfumatrice, l'extracteur « F.M.C. in line », la presse continue (Torchio), le BOE (*Brown Oil Extractor*)[1].

Outre la pellatrice qui sépare le zest de la pulpe, la sfumatrice est une machine d'origine sicilienne, dont le mécanisme provoque la sortie de l'huile essentielle de la peau des agrumes par simple pression, sans abrasion des écorces. Préalablement vidées de leur jus, les écorces passent par un cylindre rotatif équipé de cloisons horizontales. Les écorces sont comprimées contre les parois fixes du cylindre. La pression fait éclater les glandes des écorces et libère l'huile essentielle qui est entraînée par des jets d'eau. L'huile essentielle est ensuite séparée de l'eau par centrifugation. Cette technique extractive permet de préserver les caractéristiques et le bouquet de l'essence.

Plusieurs procédés ont été mis au point durant le XXe siècle. Tout d'abord, l'extracteur « F.M.C. in line », fabriqué aux États-Unis, permet d'extraire en les séparant simultanément le jus et l'huile essentielle. Deux demi-sphères d'acier, constituées de longues lames coupantes, s'emboîtent l'une dans l'autre. La demi-sphère inférieure, munie d'un tube destiné à l'aspiration du jus, reçoit le fruit entier. L'abaissement de la demi-sphère supérieure provoque la compression du fruit, la découpe de l'écorce par les lames métalliques qui s'entrecroisent et la compression des lanières ainsi formées. Tandis que le jus est aspiré, l'huile essentielle est simultanément entraînée par des jets d'eau. L'huile essentielle est séparée de l'eau par centrifugation.

Puis, la presse continue (ou « Torchio ») sert surtout à extraire l'huile essentielle et le jus de la mandarine. Cette machine donne une qualité d'essence presque

---

1. Dans l'Antiquité, on pressait le zeste avec la main et l'on récupérait l'essence à l'aide d'une éponge. *Cf.* Paul Faure, *Parfums et aromates de l'Antiquité*, Paris, Fayard, 1987.

équivalente à celle obtenue avec une « sfumatrice ». Le fruit entier est envoyé dans la presse où, par l'action d'une vis sans fin, il est compressé. Le liquide obtenu est une émulsion de jus et d'huile essentielle qui doit être centrifugée deux fois pour obtenir une huile essentielle 100 % pure.

Ou encore, l'extracteur américain d'huile essentielle BOE (*Brown Oil Extractor*) exploite un système très simple et efficace. Il peut traiter toutes sortes d'agrumes. Les fruits entiers, qui ne nécessitent pas d'être calibrés, avancent sur une chaîne roulante aspergée d'eau à contre-courant. En tournant, les rouleaux de la chaîne, munis de pointes d'acier, piquent les fruits sur toute leur superficie. L'huile essentielle gicle et est emportée par l'eau vers la centrifugeuse.

L'extraction

Même si, par définition, l'extraction à l'aide de solvants organiques ne permet pas d'obtenir des huiles essentielles, il paraît nécessaire de présenter quelques données sur ces techniques. D'une part, parce qu'elles permettent d'extraire également la plus grande partie des substances présentes dans les huiles essentielles, mais également pour avoir un aperçu exhaustif des techniques d'extraction employées.

L'extraction s'effectue à l'aide de « solvants volatils », principalement des « hydrocarbures » (benzène, hexane, éther de pétrole), mais aussi divers autres solvants (alcool éthylique, chlorure de méthylène, butane, etc.). Ce procédé d'extraction, connu dès le XVIIIe siècle, n'a cependant pas été employé industriellement avant la fin du XIXe siècle. En 1899, Léon Chiris, parfumeur grassois, fut l'un des premiers à utiliser cette méthode.

Le solvant, selon la difficulté d'extraction et selon la fragilité de la matière traitée, peut être utilisé chaud ou froid et à de très basses températures pour les solvants gazeux.

Le matériel d'extraction comporte un « extracteur » qui reçoit la matière première et le solvant chargé de dissoudre la matière odorante utile. Plusieurs extracteurs (deux, trois ou quatre) constituent une « batterie ». Chaque extracteur peut contenir de 200 à 1 000 kilos de matière première, selon l'espèce (Figure 7).

Un extracteur « statique » est une simple cuve reliée à la source de solvant et à la vapeur d'eau placée en circuit fermé à cause de l'inflammabilité des solvants.

Les matières premières à « épuiser » sont placées dans les extracteurs en couches séparées par des « grilles », afin d'éviter leur tassement préjudiciable. Les plantes entières seront tassées dans l'appareil sans nécessité de grilles. Le solvant qui se répand va extraire le parfum, les cires et les colorants contenus dans les matières premières, et circule, sous l'action de pompes. On effectue plusieurs « lavages » en changeant à chaque fois le solvant. On parle d'un, de deux, de trois lavages d'une à deux heures chacun. Le solvant circule en circuit fermé, du réservoir de solvant neuf

Figure 7. Batterie d'extracteurs en cuivre, usine Lautier et Fils, Grasse, première moitié du xxe siècle (Musée International de la Parfumerie, Grasse).

aux cuves de solvant récupéré. L'épuisement des matières premières se fait à la température ordinaire et sous pression normale. Les manomètres placés en général sur le couvercle des cuves servent à surveiller la pression de la vapeur qui, en fin d'opération, est envoyée dans les batteries pour chasser le solvant restant, afin qu'aucune vapeur inflammable ne puisse se répandre au moment de l'ouverture de la batterie, lors du retrait des matières épuisées qui sont ensuite jetées.

Des alambics distillent ensuite les solvants. Ils fonctionnent sous pression réduite dans le but d'abaisser la température d'ébullition du solvant. Les hautes températures sont, en effet, néfastes à la bonne qualité des concrètes.

Un extracteur « rotatif » (roue bondon) reçoit la matière première dans des « paniers » en métal perforé qui tournent mécaniquement dans le solvant, également renouvelé en plusieurs « lavages ». Ces batteries sont réservées aux fleurs, car les branchages s'entremêlent sous l'action de la rotation et gêne l'action du solvant. Elles sont très pratiques, car elles ont une contenance de 650/700 kilos de jasmin, par exemple, dont l'épuisement peut être mené à bien en trois heures et demie, à peine.

Un extracteur « à turbine », plus généralement utilisé pour l'extraction sur les gommes et résines, reçoit la matière et le solvant, le tout étant violemment agité par une forte turbine intérieure située à la base de la cuve de traitement.

Aujourd'hui, seul l'extracteur statique est employé à Grasse. En revanche, l'extracteur rotatif se rencontre encore en Chine.

Le solvant des différents « lavages » est mélangé en « communelle », et la matière aromatique contenue est isolée par évaporation du solvant dans un « concentreur », à pression atmosphérique pour la plus grande partie du solvant à éliminer, puis à pression réduite dans un « évaporateur sous vide » pour une « finition » à température limitée.

Le solvant « récupéré » est ensuite « recyclé » pour de nouveaux « lavages » de la même matière première.

L'extraction donne, s'il s'agit de produits « frais », une matière première brute nommée « concrète » et, s'il s'agit de produits « secs » ou de « gommes-résines », une matière première brute que l'on appelle « résinoïde brute ». Concrètes et résinoïdes bruts ne sont pas solubles dans l'alcool éthylique à cause des cires qu'ils contiennent. Pour leur emploi dans les produits de parfumerie alcoolique (extraits, eaux de Cologne, eaux de toilette, etc.), il faut en extraire la partie « soluble » par des « lavages » à l'alcool éthylique.

Les rendements en concrète par ce procédé varient de 0,08 % (1 250 kilos pour un kilo de concrète) pour la tubéreuse, par exemple, à 6 % (16 kilos pour un kilo de concrète) concernant le ciste.

Figure 8. Chargement des extracteurs en *Rosa centifolia* (rose de mai), usine Robertet, Grasse.

Tirage photographique, 2007 (Musée International de la Parfumerie, Grasse).

Figure 9. Chargement des extracteurs en *Rosa centifolia* (rose de mai), usine Robertet, Grasse. Tirage photographique, 2007 (Musée International de la Parfumerie, Grasse).

Il s'agit d'une « extraction secondaire » demandant également plusieurs « lavages », qui sont ensuite filtrés à très basse température puis concentrés sous vide pour aboutir à une « absolue » à partir d'une « concrète » et à un « résinoïde soluble » à partir d'un « résinoïde brut ». Le procédé en est simple. Les concrètes sont placées dans les batteuses en acier inoxydable avec de l'alcool qui a le pouvoir de dissoudre la totalité de la matière aromatique à une température de 35 à 40 degrés maximum. Sous agitation, la température descend progressivement jusqu'à dix degrés en dessous de zéro[1]. On obtient un lait qu'il faudra filtrer sur papier. Le filtrat sera concentré et les cires seront reprises trois fois par le même procédé, afin d'avoir un épuisement total. Le filtrat doit ensuite être distillé afin de séparer l'alcool, plus volatil. Cette distillation se fait à pression réduite afin d'éviter les hautes températures. Après condensation, l'alcool récupéré pourra servir à de nouvelles fabrications pour une même espèce aromatique. La matière aromatique enfin obtenue s'appelle « absolue ». Les rendements de concrète en absolue varient de 20 % (cinq kilos de concrète pour un kilo d'absolue) pour la tubéreuse, par exemple, à 55 % (1,80 kilo de concrète pour un kilo d'absolue) en ce qui concerne le ciste.

---

1. Il s'agit du résultat d'une lente évolution de cette technique durant le XXe siècle, qui caractérise le savoir-faire grassois.

En se basant sur les rendements en concrète indiqués précédemment, on constate qu'il faut 6 250 kilos de fleurs de tubéreuse, et ce après plusieurs épuisements, distillations, glaçages et filtrages.

Les deux grands procédés de traitement des végétaux restent l'extraction par les solvants volatils et l'entraînement à la vapeur d'eau.

Pour une même espèce végétale, on peut obtenir une « essence » par distillation à la vapeur d'eau et une « absolue » de rose, par exemple, sentant la rose mais avec une différence de tonalité et d'aspect physique (incolore et fluide pour l'essence, et rouge acajou et sirupeuse pour l'absolue) de telle façon qu'il est impossible de les confondre.

L'extraction par solvants permet la production des concrètes, des absolues, des résinoïdes et des oléorésines.

Dès les années 1980, il est apparu, en parfumerie, un autre procédé de traitement du végétal : l'extraction par le CO_2 ou gaz carbonique supercritique. Ce gaz, quand il est comprimé, devient liquide et agit alors comme un solvant. Cette méthode s'adresse surtout aux produits secs et présente donc des limites. D'autre part, l'appareillage est très cher, puisqu'il faut travailler sous pression.

Grasse a ensuite connu un grand développement de nouvelles techniques qui agissent au deuxième stade, c'est-à-dire non plus sur le végétal, mais sur les concrètes, absolues, résinoïdes, ou huiles essentielles dans le but de faire des spécialités répondant aux exigences du marché :

- la distillation sous vide pour rectifier ou fractionner de façon très poussée ;
- la distillation moléculaire, pour éliminer avant tout la couleur ;
- l'extraction au CO_2, pour obtenir le cœur d'une concrète, par exemple.

Références

1. E. Ebeling, *Keilschrifttexte aus Assur religiösen Inhalts*, Leipzig, **1919-1923**, 140.
2. Théophraste, *Traité des odeurs* (De *Odoribus*), Éd. Arthur Hort, texte grec et traduction en anglais, Londres, W. Heinemann, coll. Loeb, **1916**.
3. Dioscoride d'Anazarba, *De materia medica*, lib. I, Éd. Max Wellman, Berlin, Weidmann, **1907** (1.32-63).
4. Pline l'Ancien, *Histoire naturelle*, livre XIII (Arbres exotiques et parfums), Éd. A. Ernout, Paris, Les Belles Lettres, **1949**. (13.11).
5. Pline l'Ancien, *Histoire naturelle*, livre XIII (Arbres exotiques et parfums), Éd. A. Ernout, Paris, Les Belles Lettres, **1949**. (13.1-19 et 13.11).
6. Dioscoride d'Anazarba, *De materia medica*, lib. I, Éd. Max Wellman, Berlin, Weidmann, **1907** (1.52).

7. Pline l'Ancien, *Histoire naturelle,* livre XV (Arbres exotiques et parfums), Éd. A. Ernout, Paris, Les Belles Lettres, **1949.** (8).
8. Théophraste, *Traité des odeurs* (*De Odoribus*), Éd. Arthur Hort, texte grec et traduction en anglais, Londres, W. Heinemann, coll. Loeb, **1916.**
9. Dioscoride d'Anazarba, *De materia medica,* lib. I, Éd. Max Wellman, Berlin, Weidmann, **1907** (1.43).
10. Ce qui était le cas dans l'Antiquité et chez les premiers chrétiens, où l'odeur est étroitement associée à la santé et à la sainteté : B. Caseau, « Parfum et guérison dans le christianisme ancien et byzantin : des huiles parfumées des médecins au *myron* des saints byzantins », dans V. Boudon-Millot, B. Pouderon, *Les Pères de l'Église face à la science médicale de leur temps,* Beauschêne, Paris, **2005**, p. 141-191.
11. J. Spencer, *The four seasons of the House of Cerruti,* New York, Facts On File Publ., **1984**, p. 64 ; C. Opsomer, *L'Art de vivre en santé. Images et recettes du Moyen Âge,* Liège, Éd. du Perron, p. 153 ; E. Brereton, J.-M. Ferrier, K. Ueltschi (dir.), *Le Mesnagier de Paris,* Paris, Le Livre de Poche, p. 782 : « Pour faire eaue rose sans chappelle [alambic], prenez ung bacin à barbier et liez d'une cueuvrechief tout estendu sur la gueule à guise de tabour [comme sur un tambour]. Et puis mectez vos roses sur le ceuvrechief, et dessus vos roses assez le cul d'un autre bacin ou il ait cendres chaudes et du charbon vif. »
12. J.-P. Bénézet, *Pharmacie et médicament en Méditerranée occidentale (XIIIe-XIVe siècles),* Paris, Honoré Champion, p. 290-305 ; N. Coulet, « L'équipement de la cuisine à Aix-en-Provence au XVe siècle », *Annales du Midi,* **1991**, vol. CIII, 5-17.
13. N. Thomas, « L'alambic dans la cuisine ? La cuisine et la table dans la France de la fin du Moyen Âge. Contenus et contenants du XIVe au XVIe siècle », Actes du colloque de Sens du 8 au 10 janvier 2004, **2007.**
14. G.M. Nardi, éd., Taddeo Alderotti. Vol. I, « Consilia » Trascritti dai codici Vaticano lat. n. 2418 e Malatestiano D. XXIV. 3, Turin, Minerva Medica, **1937**, p. 240.
15. C. Gesner, *Quatre Livres des secrets de médecine et de la philosophie chymique Faicts François par Jean Liébaut Dijonnais Docteur Médecin à Paris,* Lyon, Benoist Rigaud, **1593** ; J.-B. Porta, *De distillationibus libri IX.* en fac-similé de l'éd. de Strasbourg : Lazare Zetzner, **1609**, précédée de la trad. française par L. Fortunati, S. Matton, Paris, Bailly, **1984**, p. 41, 113, 120 et 140 ; A. Guillou (dir.), *Les Outils dans les Balkans, du Moyen Âge à nos jours,* Paris, École des Hautes Études en Sciences Sociales / Maisonneuve et Larose, **1986**, vol. I, p. 313.
16. N. Thomas, *La distillation. De Vesontio à Besançon,* Besançon, Chaman éd., **2006**, p. 148 ; N. Thomas, « La distillation », dans C. Goy, S. Cantrelle, C. Munier, « Les fouilles du lycée Condé à Besançon », *Annales littéraires de l'université de Besançon,* **2007**, à paraître ; N. Thomas, M. Martinon-Torres, C. Goy, T. Rehren, « La fouille archéologique du quartier Velotte à Montbéliard : nouvelles données sur des opérations de chimie oubliées », *Bulletin de la Société d'émulation de Montbéliard,* **2007.**
17. *Synonima herbarum* ou *Alphita,* attribué à J. Mirfield (m. 1407), *in* S. Renzi, *Filiatre-Sebezio,* Naples, Collectio Salernitana, **1854**, vol. III, p. 273. Une autre version du même texte ne mentionne que la distillation de l'eau de rose : « *alembicum, i. vas distillatorium in quo sit aqua resacia et huiusmodi* », Mowat, **1887**, p. 6.
18. A.-M. Edde, F. Micheau, *L'Orient au temps des croisades,* Paris, Flammarion, **2002**, p. 179-185. On peut voir des figures de ces appareils dans le monde arabe : 2187, BNF, Paris, reproduites dans J. Moulierac, C. Vaudour (dir.), *À l'ombre d'Avicenne : la médecine au temps*

des califes, catalogue de l'exposition (18 novembre 1996-2 mars 1997) tenue à l'Institut du monde arabe, Paris, **1996**, p. 196 ; A.Y. Hassam, D.R. Hill, *Sciences et techniques en Islam*, Paris, EDIFRA, UNESCO, **1991**, p. 143-144. Voir également la description de la fabrication de l'eau de rose dans Ibn Al'Awwam, *Kitâb Al-Filâha, Le livre de l'agriculture,* traduction de l'arabe de J.-J. Clément-Mullet revue et corrigée par M. El Faïz, Arles, Actes Sud, **2000**, p. 797-809.

19. D. Jacquart, F. Micheau, *La Médecine arabe et l'Occident médiéval,* Paris, Maisonneuve et Larose, **1990**, p. 217-218 ; Ed. M. Engeser, *Der Liber servitoris des Abulkasis (936-1013),* Stuttgart, Deutscher Apotheker Verlag, **1986**.
20. S. Bartolomeo (dit Platine), *Le Platine en François, De honesta voluptate et valetudine*, d'après l'édition de 1505, Houilles, Manucius, **2003**, p. 202.
21. R.J. Forbes, *Short history of the art of distillation,* Leiden, E.J. Brill, **1948**, p. 57 ; S. De Renzi, *Collectio Salernitana*, Naples, Filiatre-Sebezio, 1859, vol. V, p. 214.
22. Anonyme, *Nouveaux secrets rares et curieux, donnés charitablement au public par une personne de condition, contenant divers remèdes eprouvez, utils et profitables pour toutes sortes de maladies, et divers secrets pour la conservation de la beauté des dames, avec une nouvelle manière pour faire toutes sortes de confitures, tant seiches que liquides*, Paris, J.-B. Loyson, **1660** (réédition 1669).
23. « On met des fleurs de romarin dans de l'eau-de-vie ; on fait bouillir, ou plus simplement, on laisse macérer, puis on filtre » (dans P. Dorveaux, *Historique de l'eau de la Reine de Hongrie*, Anvers, De Vlijt, **1921**, 1-7).
24. N. Thomas, *Alchimie, distillation et petite métallurgie, Aspects méconnus de la Renaissance en Île-de-France*, catalogue de l'exposition présentée au Musée archéologique du Val-d'Oise du 23 avril 1998 au 3 janvier 1999, Paris, Somogy, **1998**, 220-222.

Chapitre 2.2

Les techniques de distillation des plantes

Claude Monin[1]

Introduction

Si l'art de la distillation des alcools est très ancien et remonte au temps du déluge d'après les documents hébraïques, la période de l'invention de la technique de l'entraînement d'une huile essentielle par la vapeur d'eau est difficile à fixer de façon certaine. Les livres sanscrits des Ayurvedas mentionnent les « essences » de calamus et d'andropogons, mais il est probable que ce n'étaient que des solutions alcooliques.

Les anciens Perses et Égyptiens ont certainement contribué à obtenir au début des « eaux parfumées », puis la première huile essentielle de *Pistacia terebenthus*. Mais là encore, le végétal avait dû être macéré dans de l'alcool avant la distillation.

Des poteries datées de - 3 500 ans (dont l'une de quarante litres avec une collerette), considérées par les archéologues comme des alambics primitifs, ont été trouvées dans le nord de l'Irak (alambic de Tepe Gawra, Mésopotamie, Figure 1).

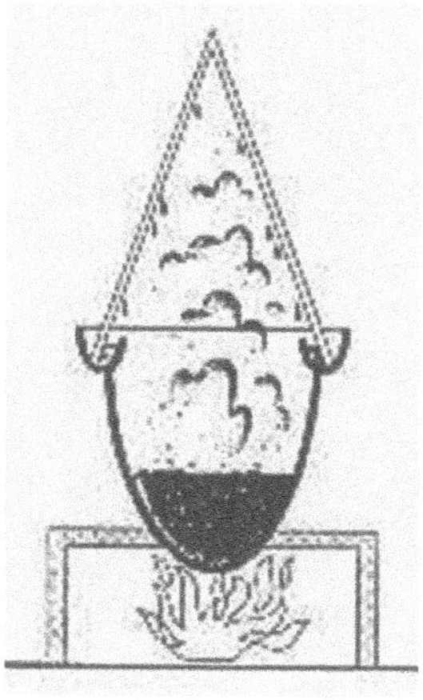

Figure 1.
Alambic de Tepe Gawra (Irak), d'après Roget J. et Garreau Ch., 1990.

1. ACPHYTAROMA, 1051 avenue de la Plantade, 06530 Cabris – France.

Plus tard au IXe siècle, les Arabes développent la technique : Geber (Dschabir) décrit la distillation aqueuse et Avicenne (980-1037) invente le serpentin pour améliorer la condensation. Le mot arabe « alambic » provient du grec *ambiko* désignant un vase cylindroconique. Vers le XIVe siècle, les appareils distillatoires se retrouvent dans les laboratoires d'alchimie en Europe, où ils sont perfectionnés. Mais seule l'huile de térébenthine produite à cette époque représente une véritable huile essentielle, les autres d'aspic, romarin, genévrier étant fortement alcoolisées. Il faut attendre le *Liber de distillation* de Giovanni Battista Della Porta en 1563 pour avoir de façon précise la définition des « huiles grasses » et surtout la technique de séparation des essences des eaux distillées aromatiques.

Ce n'est donc qu'entre les XVIe et XVIIe siècles que les huiles essentielles sont parfaitement identifiées et commencent à être utilisées couramment.

Principe de la distillation

La plupart des composés odorants contenus dans les végétaux sont entraînables à la vapeur d'eau. Le flux de vapeur d'eau et des composés organiques volatils sont entraînés par distillation azéotropique, et, après condensation par refroidissement dans un réfrigérant, se séparent par différence de densité. L'huile essentielle, la plupart du temps plus légère que l'eau, surnage et peut être récupérée dans des séparateurs, dont le fameux « vase florentin ». On distingue deux types de distillation des plantes :

- **Hydrodistillation** : le végétal est immergé dans l'eau portée à ébullition ;
- **Entraînement vapeur**, où seule la vapeur d'eau traverse la masse végétale, avec deux variantes selon que la vapeur est humide ou sèche.

En règle générale, l'alambic se compose de plusieurs parties :

- un générateur d'eau chaude ou vapeur ;
- un corps d'alambic où l'on charge le végétal et l'eau (hydrodistillation), ou le végétal seul (entraînement par passage de vapeur). Le corps est surmonté du chapiteau et du col-de-cygne ;
- un condenseur (par serpentin ou par réfrigérant tubulaire) ;
- un essencier qui sépare l'HE des eaux distillées.

Il existe néanmoins plusieurs variantes :

- l'alambic peut être mobile ou fixe ;
- le chargement peut s'effectuer par ouverture totale du chapiteau, ou par trou d'homme au sommet ;
- le déchargement peut s'effectuer par ouverture totale et palan, par basculement du corps de l'alambic, par trou d'homme latéral, ou par vanne de vidange au bas de l'alambic ;

- le chauffage peut être à feu nu sous l'alambic (bois, déchets de distillation, gaz), ou s'effectuer par résistances électriques immergées. Mais le plus souvent, il est assuré par un générateur séparé de vapeur. Dans ce cas, la vapeur peut être soit introduite directement dans l'alambic (vapeur directe) soit dans un double fond (vapeur indirecte) ;
- l'alambic possède parfois un système d'agitation, nécessaire pour les végétaux broyés ;
- les eaux distillées après séparation de l'HE sont souvent recyclées dans le corps de l'alambic : c'est la cohobation, qui permet une meilleure récupération des HE entraînées.

Les différentes catégories d'alambics

Plus de 300 plantes différentes sont distillées dans le monde, et il faut utiliser un type d'alambic bien adapté selon les paramètres ci-après, afin d'obtenir une bonne qualité, un rendement élevé et un prix de revient optimal pour l'huile essentielle :

- économie du pays (un pays pauvre ne peut pas investir dans un matériel sophistiqué) ;
- éloignement des plantations (alambics mobiles ou fixes) ;
- type de végétal : les graines, racines et bois broyés ne se distillent pas dans le même appareil que les feuilles, fleurs et plante entière ;
- la durée de distillation (qui peut varier de 45 minutes pour la lavande à 40 heures pour certains rhizomes) ;
- l'agitation (nécessaire pour les produits broyés ou divisés) ;
- la cohobation parfois nécessaire ;
- la nécessité de récupérer des eaux aromatiques (fleur d'oranger, rose...) ;
- la densité de l'huile essentielle par rapport à l'eau.

Alambics à feu nu

Le chauffage est assuré par un foyer alimenté généralement au bois. La fabrication est rustique, souvent en tôle de fer ou cuivre, très rarement en inox. L'étanchéité est assurée par simple emboîtage du couvercle, parfois avec un système de gorges remplies d'eau (joint hydraulique), et souvent avec colmatage d'argile. La qualité des HE obtenues par cette méthode est très irrégulière, mais en revanche le coût de revient de celles-ci est bon marché, car il est souvent possible de récupérer les résidus végétaux après distillation pour les utiliser comme combustible (cas du romarin, Figure 2). Ce procédé n'est pratiquement plus employé que dans les régions peu industrialisées, pour la badiane, cannelle, romarin, aspic, lavande, niaouli et rose (Figure 3). Pour ce dernier végétal encore distillé de cette façon dans les campagnes

Figure 2. Distillation du romarin en Espagne.

Figure 3. Distillation du niaouli à Madagascar.

Figure 4. Distillation de la rose paysanne en Turquie (© Daniel Allard).

en Turquie, l'alambic est toujours en cuivre avec un chapiteau caractéristique : la « tête de Maure », partie renflée présentant une très grande surface d'échange avec l'air afin d'assurer une condensation sommaire des vapeurs sans avoir recours à de l'eau de refroidissement (Figure 4).

Alambics classiques

Tournaire type 206

Cet alambic est caractérisé par une ouverture totale avec chauffage par vapeur directe et sans cohobation, avec déchargement par palan par le haut (Figure 5), ou alors par un système basculant (Figure 6). Il sert généralement pour des plantes entières faciles à distiller (lavande, romarin, verveine, sauge, tagète...).

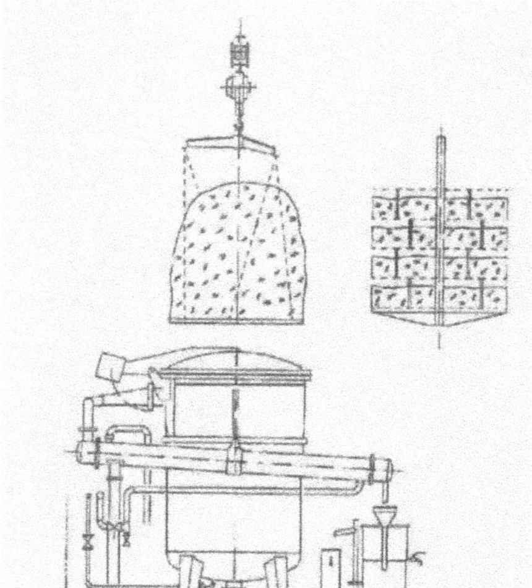

Figure 5. Alambic Tournaire type 206.

Figure 6. Alambic basculant.

Alambic Tournaire type 220

Cet alambic présente une ouverture totale avec deux systèmes de chauffage par vapeur directe et double fond, et généralement sans cohobation (Figure 7). Il est particulièrement indiqué pour le néroli et le petit-grain bigarade, car les eaux florales sont récupérées.

- La matière peut être chargée en vrac sans grille de fond ou sur grilles étagées.
- Le déchargement est réalisé soit par palan dans le cas des grilles, soit par la vanne de fond.
- La position surélevée du réfrigérant permet le cohobage de l'eau mère par gravité sans nécessiter une haute colonne.

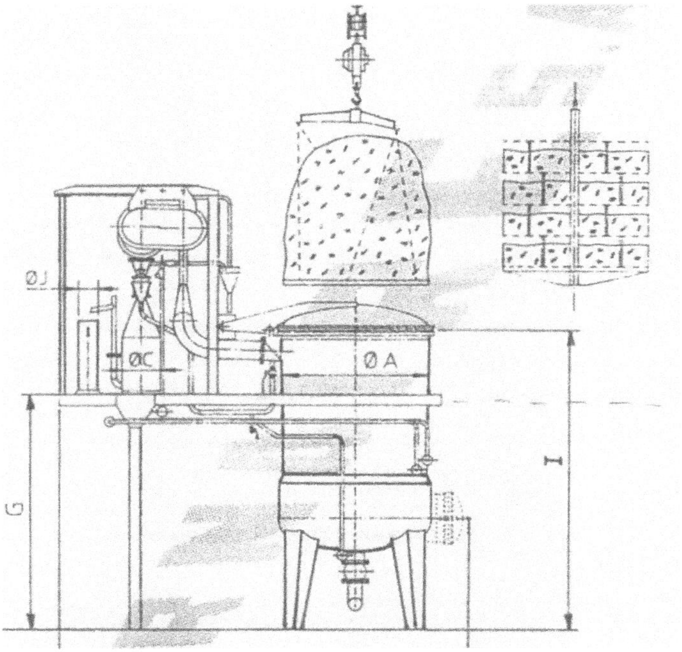

Figure 7. Alambic Tournaire type 220.

Alambic Tournaire type 208

Il est spécialement conçu pour la distillation des pétales de rose. Le chargement se fait par un trou d'homme. Il présente deux systèmes de chauffage (vapeur directe et double fond), sans cohobation. La vanne de déchargement de gros diamètre permet de vider l'alambic en une minute (Figures 8 et 9). Généralement, plusieurs alambics sont couplés à un système de distillation des eaux mères en continu.

Figure 8. Atelier de distillation de la rose en Turquie.

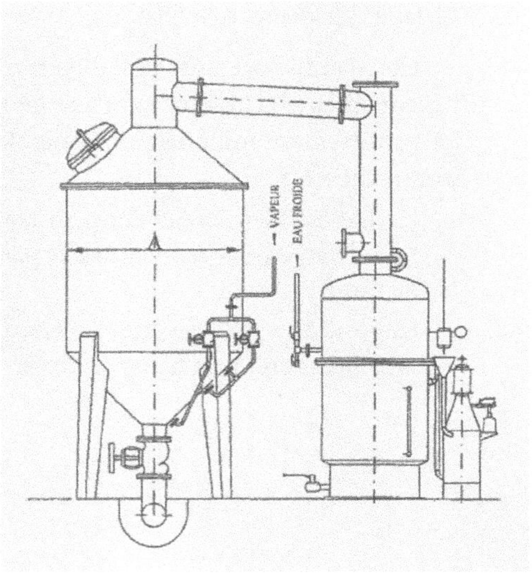

Figure 9. Alambic Tournaire type 208.

Alambic Tournaire type 202

Cet alambic est agité avec cohobation, et présente deux systèmes de chauffe et un chargement par trou d'homme. Il possède une agitation pour maintenir la poudre en dispersion dans l'eau (Figure 10).

Il est recommandé pour les végétaux devant être broyés et à durée de distillation courte tels que les graines d'anis, carvi, coriandre, poivre, gingembre, gomme d'élémi, encens, galbanum...

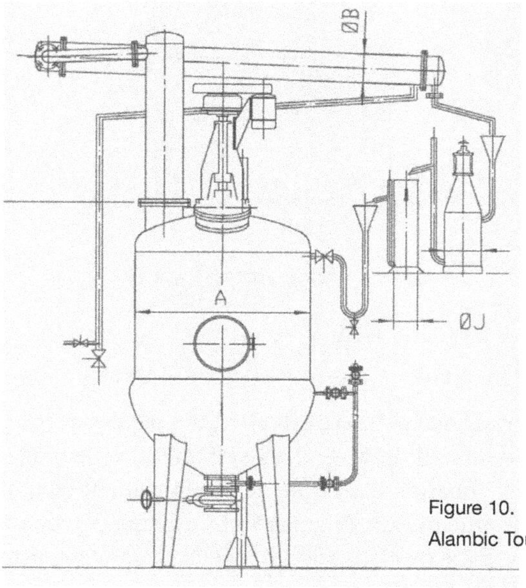

Figure 10.
Alambic Tournaire agité type 202.

Les alambics sous pression

Ce type d'alambics est très utilisé dans le cas des huiles essentielles difficilement entraînables, à longue durée de distillation, et dont les composés ont une faible tension de vapeur, ce qui permet de réduire les durées de distillation et de réaliser des économies substantielles d'énergie (voir explication dans la partie 2, principe de la distillation). Comme pour une « cocotte-minute » avec sa soupape, le principe consiste ici à créer un goulot d'étranglement à l'aide de deux vannes placées sur le col-de-cygne, dont le réglage permet d'obtenir des pressions dans le corps de l'alambic variant de 0,5 à 2,5 bars au-dessus de la pression atmosphérique. La température varie en conséquence selon le Tableau 1 suivant des propriétés de la vapeur.

Tableau 1. Correspondance entre la pression et la température.

Pression (en bars)	Température °C	Densité de la vapeur
1	100	0,6
1,2	105	0,7
1,5	110	0,8
1,7	115	1,0
2	120	1,1
2,4	125	1,3
2,8	130	1,5

La pression dans le corps de l'alambic ne permettant plus à l'eau mère sous pression atmosphérique de retourner par gravité, ces alambics sont équipés d'un dispositif de cohobation avec un système de pompage convenablement régulé.

Bien entendu, cette technique a ses limites, dues essentiellement à l'élévation de la température comme indiqué dans le tableau, ce qui peut conduire à des notes olfactives indésirables. Les HE obtenues sous pression sont, en général, plus tenaces que les classiques [1]. Il faut donc trouver le bon compromis entre avantages et inconvénients.

Alambic de type Tournaire type 260

Cet alambic sous pression à ouverture totale présente deux systèmes de chauffage (vapeur directe et double fond), travaillant sous pression avec un système de pompage pour la cohobation des eaux (Figures 11, 12).

Il est recommandé pour les distillations longues de plantes entières (vétiver, patchouli, girofle, ylang...).

Figure 11. Atelier d'alambics Tournaire type 260.

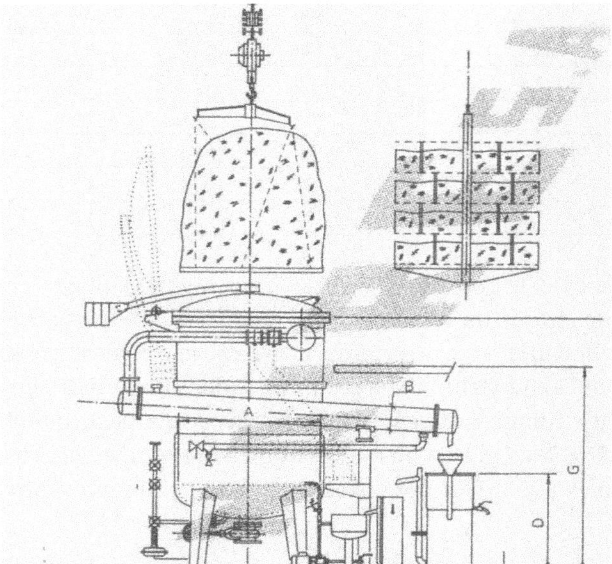

Figure 12. Alambic Tournaire type 260.

Alambic Tournaire type 254

Cet alambic est sous pression avec agitation ; il présente un chargement par trou d'homme, deux systèmes de chauffe (Figures 13, 14). Il est recommandé pour les produits broyés à distillation longue (iris, ambrette, bois de santal, costus...).

Figure 13. Atelier d'alambics Tournaire type 254.

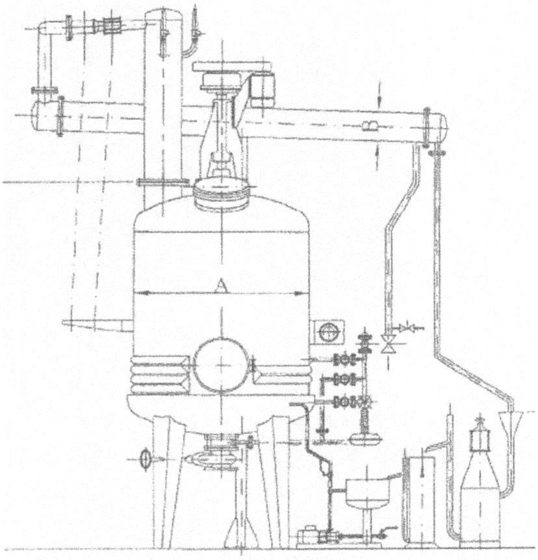

Figure 14. Alambic Tournaire type 254.

Alambic caisson de type menthe pour les grandes cultures

C'est aux États-Unis dans les années 1950 (Oregon et Washington) que l'on adopte pour l'extraction par entraînement à la vapeur de l'huile essentielle de menthe ce nouveau matériel, répandu depuis presque partout, dans les très grandes exploitations, notamment de menthe, lavandin et eucalyptus.

L'alambic, qui est un caisson rectangulaire jusqu'à 30 m^3 de capacité, peut être tracté dans le champ derrière une moissonneuse, qui coupe, hache le végétal et remplit simultanément le caisson par un système de transfert pneumatique. Amené sur le lieu de distillation par camion, le caisson équipé à sa base de rampes de diffusion de vapeur, est raccordé par des tuyauteries flexibles au générateur de vapeur. Le débit de vapeur est très important (de l'ordre d'une tonne/heure) et la distillation très rapide (de 60 à 90 minutes), ce qui suppose une alimentation en eau du condenseur réfrigérant et un essencier florentin proportionnellement adapté. Le conteneur est ensuite remorqué dans la nature où, par un système de benne et grâce à une porte à ouverture totale à l'arrière, son contenu en plantes épuisées est répandu et généralement utilisé comme amendement du terrain cultivé.

Quand la zone de culture dispose de bonnes voies de circulation, que les parcelles à récolter sont accessibles aux engins lourds et qu'elles sont d'une superficie de plusieurs centaines d'hectares, ce type d'équipement est particulièrement recommandé. Le gros avantage est l'économie de main-d'œuvre, car il suffit de trois

Figure 15. Conteneur en cours de chargement.

Figure 16. Conteneur en cours de distillation.

personnes pour récolter et distiller. À titre de comparaison, pour des distillations de basilic effectuées en 1990 au Canada (Alberta) et en Égypte (Tanta) :

- Canada : un champ de basilic de 1 ha est récolté en 45 mn par un ouvrier qui conduit un *combine* composé d'un tracteur + faucheuse + broyeur + alambic caisson tracté. Il faut 1 chauffeur de camion pour convoyer l'alambic caisson au site de distillation et 2 distillateurs qui connectent le caisson à la chaudière et effectuent la distillation. Au total : 4 personnes occupées 45 mn pour 1 ha fauché.
- Égypte : un champ de basilic de 1 ha est fauché manuellement par 10 ouvriers en 2 jours. Il faut 10 rotations de caravanes de 9 chameaux conduites par 3 personnes pour acheminer le basilic au distilloir, et 5 personnes pour charger, distiller et décharger manuellement le basilic.

Alambics en continu

Les alambics en continu traitent en général les plantes disponibles en grande quantité, dont la distillation est facile et rapide, principalement les plantes fraîches en vert-broyé (lavande, menthe, sauge sclarée...).

Système FRILLI d'Aromaprocess

L'appareil est d'une conception très simple : une structure horizontale comporte plusieurs modules superposés abritant chacun une vis sans fin. Le végétal broyé avant introduction, est poussé par la vis et circule par gravité dans les modules montés en série. Il y a formation de « bouchons » de matière végétale à intervalles réguliers qui sont traversés par un flux de vapeur à contre-courant. Il en résulte un épuisement méthodique des plantes, avec une consommation spécifique de vapeur minimale ainsi qu'une main d'œuvre réduite. Pour ce type d'appareils, des capacités de l'ordre d'une tonne par heure de végétal traité constituent une valeur moyenne [2].

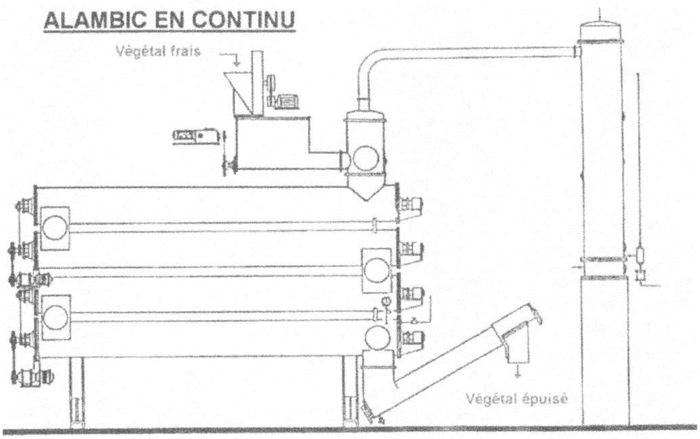

Figure 17.
Alambic continu selon Aromaprocess.

Figure 18. Alambic continu (© A. Charrier).

Système Biolandes

Le végétal préalablement broyé est immédiatement distillé en continu dans des cuves jusqu'à 15 m^3 de capacité. Le système récupère les chaleurs latentes sous forme d'air chaud qui sert à sécher les résidus de distillation qui alimentent le générateur de vapeur selon le schéma présenté dans la Figure 19. Le système est particulièrement économique, puisqu'il est autonome en énergie, et les opérations en continu ne requièrent que de la main-d'œuvre de surveillance. Les capacités de production sont de l'ordre d'une à trois tonnes par heure. Utilisé principalement pour les conifères, le ciste, le genévrier, il peut être étendu au romarin, menthes, sciures [3].

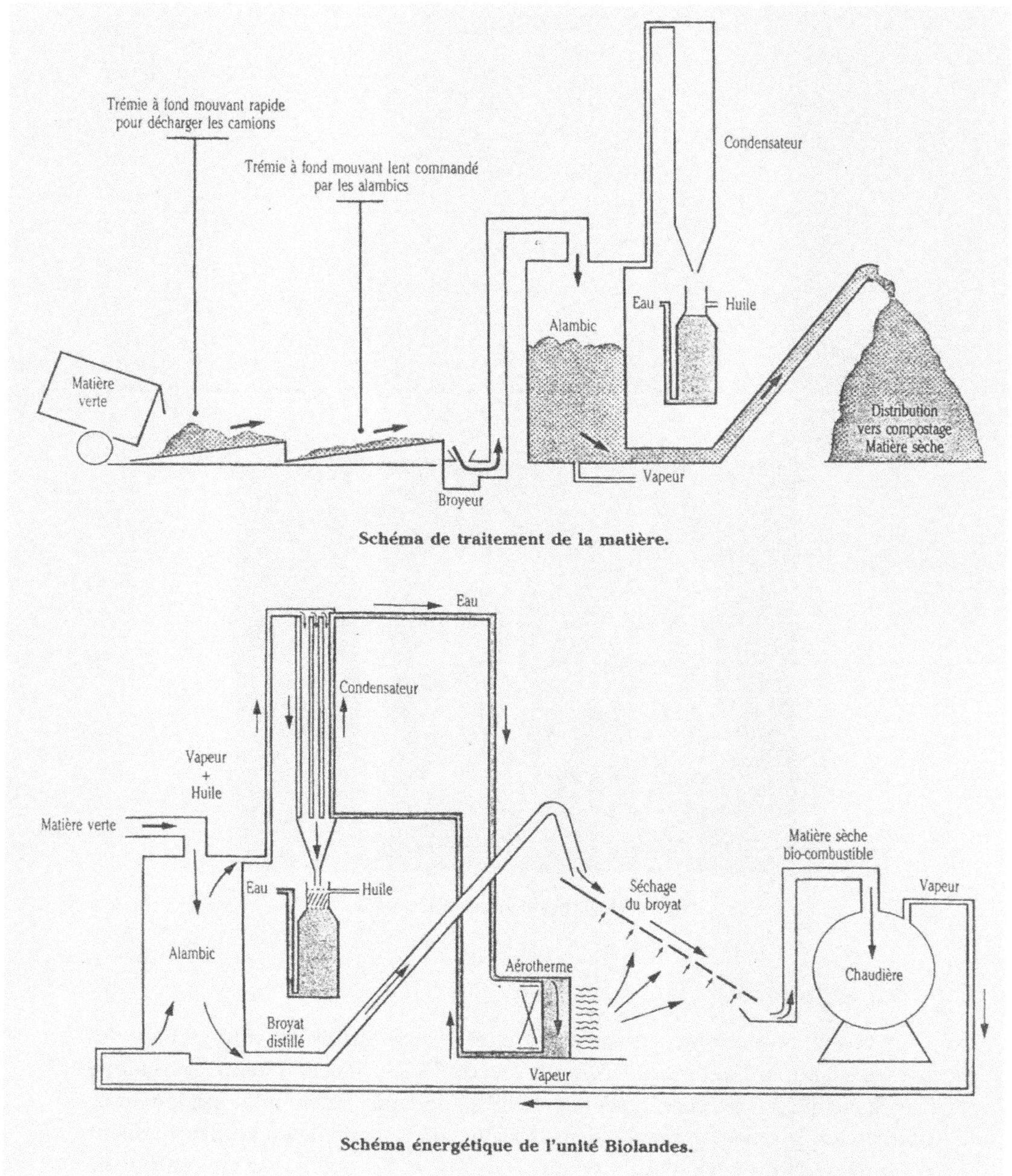

Figure 19. Alambic continu selon Biolandes.

Procédé Texarome

La technologie a été développée spécialement pour le traitement des bois de cèdre de Virginie et du Texas aux États-Unis. C'est un procédé en continu entièrement automatisé avec convoyeurs pneumatiques, qui utilise la vapeur d'eau surchauffée comme gaz d'entraînement, avec extraction solide-gaz à contre-courant (Figures 20, 21). Le système peut traiter de 6 à 200 tonnes de bois/jour.

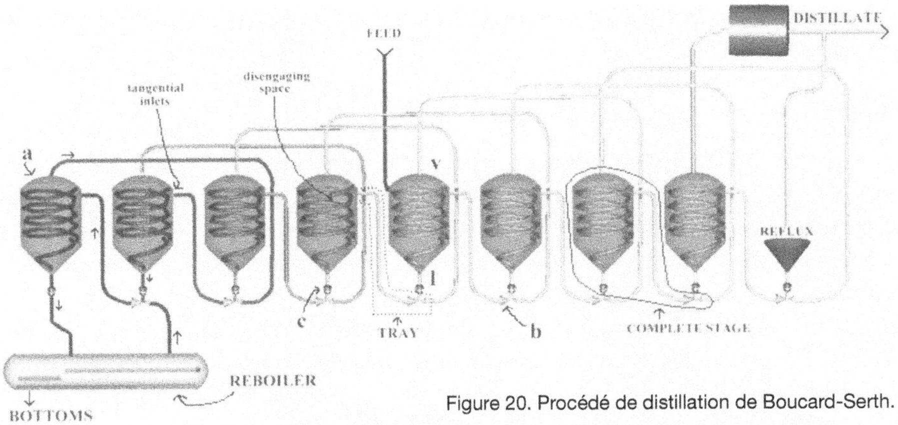

Figure 20. Procédé de distillation de Boucard-Serth.

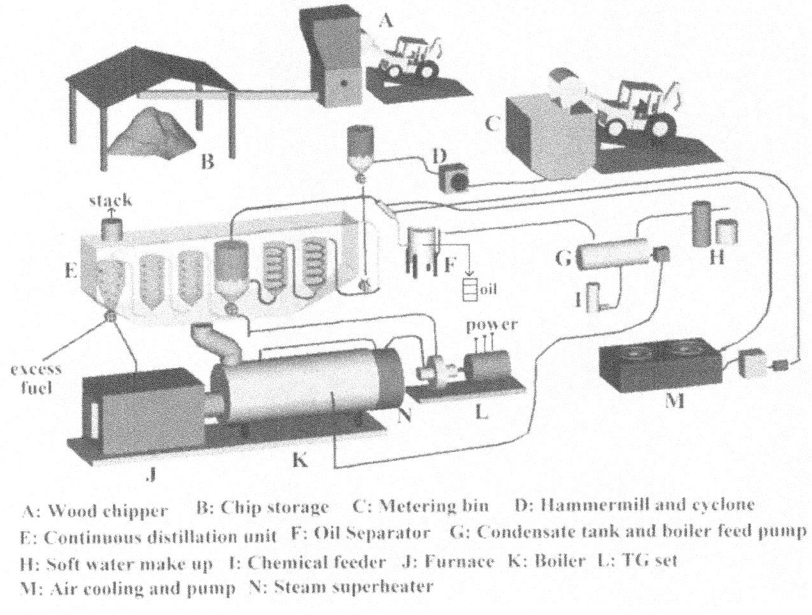

Figure 21. Alambic continu selon Texarome.

Alambic hydrodiffusion

Contrairement à un alambic classique, la vapeur introduite sous basse pression (0,07 bar) arrive *per descendum* à travers le végétal disposé dans un réceptacle carré formant un tiroir. Les réactions secondaires d'hydrolyse et de formation d'artéfacts dans les huiles essentielles obtenues seraient limitées, et la durée de distillation réduite [4, 5]. Ce procédé s'applique aux huiles essentielles facilement entraînables (lavande, menthes, basilic...), mais ne convient pas aux distillations longues, les composés peu volatils ne pouvant être entraînés du végétal que sous des conditions plus drastiques.

Alambic type « turbodistillateur »

C'est un appareil discontinu caractérisé par une puissante turbine de dilacération des plantes et une colonne d'enrichissement. Il offre, par rapport aux alambics classiques, une diminution notable des durées de distillation, et ne présente pas l'inconvénient d'une élévation de température au-dessus de 100 °C comme pour les alambics sous pression (Figure 22, 23) [2].

L'appareil est recommandé pour les plantes à longue durée de distillation (graines, racines, bois, gommes, etc., ainsi que les bulbes d'ail et d'oignon).

Figure 22.
Photo de la turbodistillation.

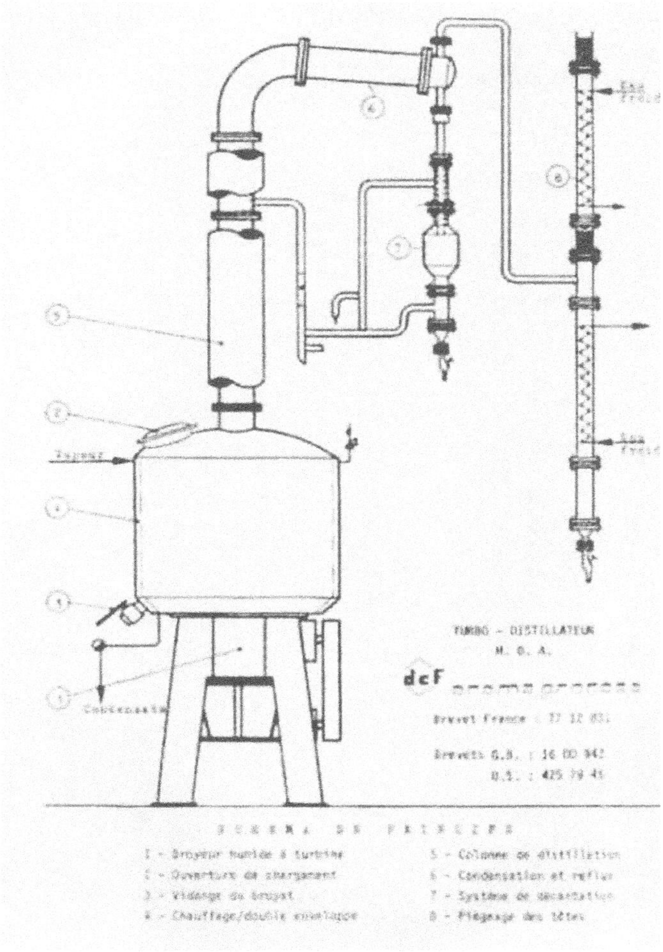

Figure 23. Schéma détaillé de l'alambic turbodistillation.

Cas particulier des huiles essentielles de citrus : essences d'expression

Les essences de citrus (orange, citron, limette, bergamote, pamplemousse, cédrat...) ne sont pas obtenues comme précédemment par hydrodistillation ou entraînement à la vapeur d'eau dans des alambics, mais par expression à froid du péricarpe des fruits, qui fait éclater les cellules et libère l'huile essentielle qui se trouve dans la peau ou zeste.

Les appareils utilisés sont des machines en continu qui grattent (pellatrices italiennes, Figure 24) et pressent (sfumatrices italiennes, Figure 25) ou réalisent les deux opérations en combinaison (extracteur américain « FMC In-line », Figure 26).

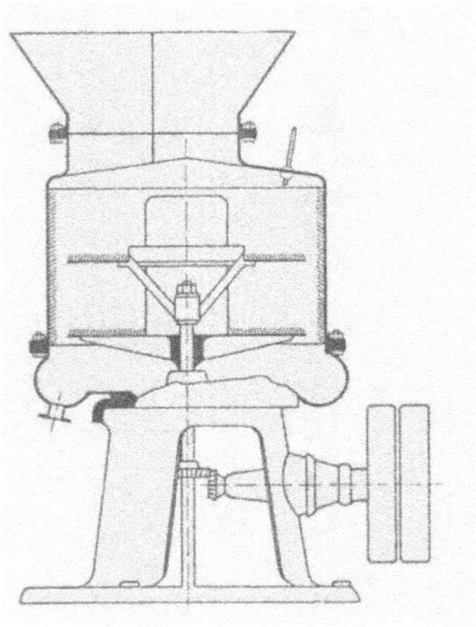

Figure 24. Pellatrice.

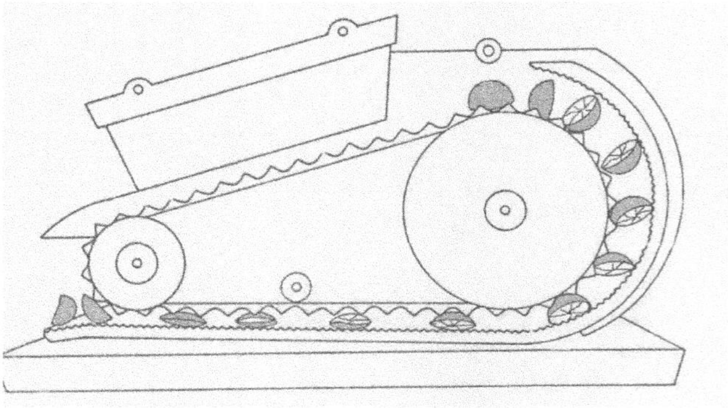

Figure 25. Sfumatrice.

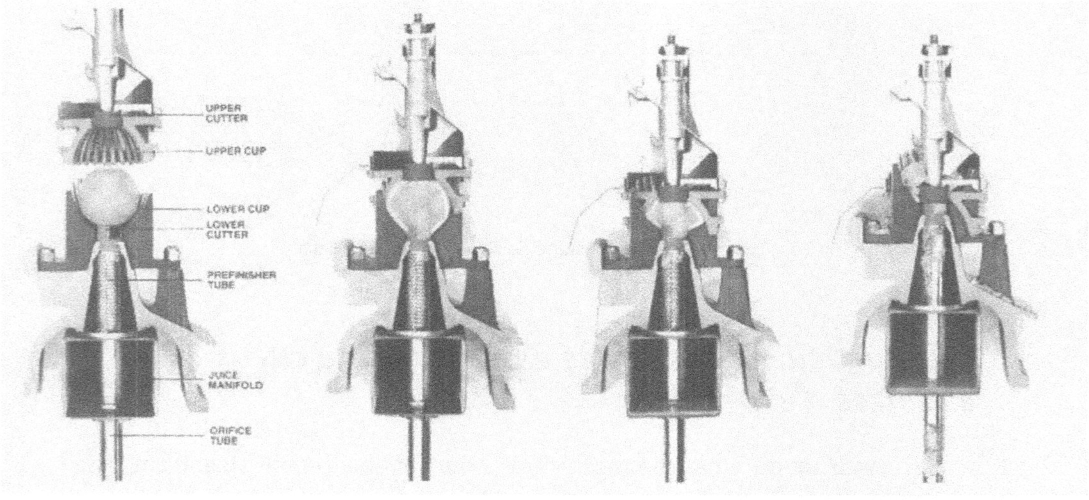

Figure 26. Schéma de principe de l'extracteur FMC.

Hydrodistillation sous vide

Cette technique vise essentiellement à opérer la distillation à une température inférieure à 100 °C, de façon à préserver la qualité olfactive des huiles essentielles obtenues.

Hydrodistillation sous vide et sous micro-ondes

Cette technique a été développée par la société Archimex sous le nom de VMHS (*Vacuum Microwave HydroDistillation*).

La matière première fraîche ou sèche (et, dans ce dernier cas, additionnée de la quantité d'eau juste requise) est chauffée par micro-ondes. Lorsque la température de la charge atteint une valeur prédéfinie (habituellement de 60 à 90 °C), la cuve est mise en dépression et le passage de l'eau de la charge (eau de constitution exclusivement, dans le cas des végétaux frais) à l'état vapeur permet une hydrodistillation rapide de l'HE. L'effet endothermique se traduisant par une diminution progressive du débit de condensat, la cuve est alors remise à pression atmosphérique afin de remonter la température de charge jusqu'à la valeur de déclenchement d'une nouvelle phase de mise en dépression. Le chauffage micro-ondes permanent associé à l'alternance des phases à pression atmosphérique et sous pression réduite permet ainsi d'épuiser rapidement la charge en huile essentielle [6].

Cette technique présente de nombreux avantages :

- contrairement à l'hydrodistillation traditionnelle, le procédé VMHD ne produit que peu d'eau résiduelle. Les résidus d'extraction sont solides et permettent une évacuation, une manutention et une mise en décharge, ou un traitement extractif ultérieur, simplifiés ;
- la consommation énergétique est réduite, puisque l'entraînement des huiles essentielles est assuré par la vapeur générée par la seule eau de constitution des matières végétales fraîches ou, dans le cas des matières premières sèches, par des quantités d'eau rajoutées juste nécessaires ;
- la rapidité du procédé ainsi que les températures modérées de travail aboutissent à l'obtention d'HE dont les profils aromatiques diffèrent notablement de ceux des HE produites par les procédés traditionnels et sont, de façon générale, évalués par les aromaticiens et parfumeurs comme plus proches de ceux des matières premières. Les fractions aqueuses des condensats peuvent être directement utilisées en cosmétique comme « eaux florales » ou « eaux aromatiques » ;
- l'unité de production industrielle a une capacité de 2,5 m^3 avec une puissance micro-ondes installées de 50 kW environ, et permet de produire quotidiennement jusqu'à deux tonnes d'eaux aromatiques et jusqu'à quarante litres d'HE.

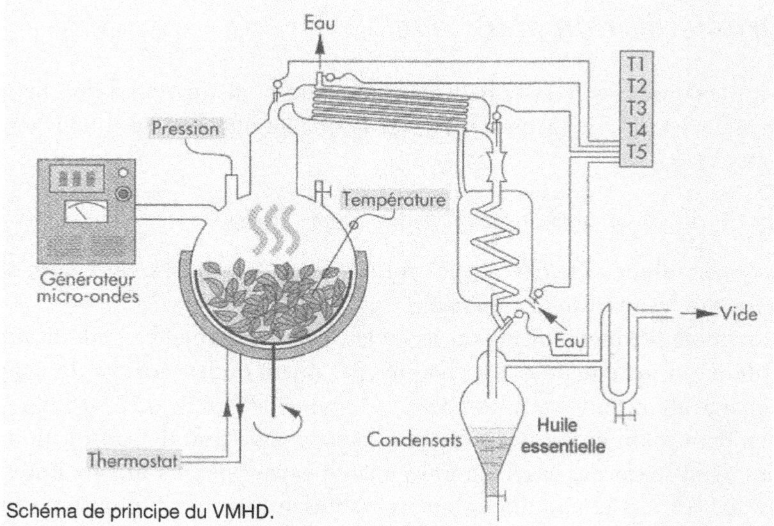

Figure 27. Schéma de principe du VMHD.

Hydrodistillation cyclique sous vide en flash détente

L'appareil conçu par Alain Quiot reprend le principe de fonctionnement du VMHD précédent (série de cycles vide/pression atmosphérique), mais par chauffage classique sans micro-ondes. Après affichage de la température de distillation (entre 50 et 90 °C) et du nombre de cycles ou « flashs », la conduite est assurée automatiquement par automate programmable (Figure 28).

Les avantages sont ceux du VMHD et l'odeur des huiles essentielles obtenues se rapproche de celle de la plante, puisque les dégradations thermiques, phénomènes d'artefacts et d'hydrolyse sont réduits par rapport à une hydrodistillation classique.

Figure 28.
Alambic flash détente.

Alambics mobiles

Ces systèmes permettent d'amener au plus près des plantations une remorque contenant le générateur de vapeur et un ou plusieurs alambics (Figure 29 et Figure 30). Cela évite la construction d'une installation fixe et élargit le champ d'action pour des cultures dispersées en évitant le transport du végétal frais sur de longues distances (risques de fermentations, d'altérations par perte de produits odorants).

Figure 29. Alambic mobile à résistances électriques.

Figure 30. Alambic mobile de Grassroots Natural Products (Afrique du Sud).

Paramètres à prendre en compte pour la distillation des plantes

Matière première

La notion de rendement peut être appréhendée de plusieurs manières. Souvent, dans la littérature, on cite des fourchettes très larges, par exemple entre 0,1 et 2,7 % pour un végétal. Si l'on ne précise pas l'état de la matière première (fraîche, séchée partiellement ou totalement), ces chiffres n'ont pas de sens. Pour avoir des repères précis (qui permettront d'établir un prix de revient valable), il faut calculer le rendement de la façon suivante :

- s'il s'agit d'une culture, le rendement d'huile essentielle doit être calculé à l'hectare ;
- s'il s'agit d'un produit de cueillette, le rendement doit être calculé sur le poids sec chargé (simplement en déterminant le % d'humidité du végétal, qui peut varier entre 5 et 80 %).

Optimisation des rendements/qualité de l'huile essentielle selon la matière première

Des plantes qui croissent dans des conditions limites de végétation (climat, altitude, sécheresse...) donnent des extraits de meilleure qualité olfactive (expérience de l'auteur). Une lavanderaie copieusement irriguée et fertilisée va donner des plantes d'aspect magnifique mais de rendement faible en huile essentielle, avec une baisse significative de la teneur en acétate de linalyle ; ses qualités olfactives sont donc moins bonnes. De même, de fortes variations de l'humidité atmosphérique ou un fort vent durant la journée influent considérablement sur les rendements obtenus (observations de l'auteur lors de campagnes de rose en Turquie et en Bulgarie).

On peut appliquer différentes règles :

- **Plantes fraîches** : les fleurs (rose, néroli, ylang...) sont distillées le jour même de leur récolte. La mélisse et la verveine également en raison de la teneur en citral, composé volatil qui s'évapore au séchage.
- **Plantes partiellement séchées** : cas de tous les petits-grains (bigarade, citronnier, etc.), menthes, herbacées en général. La teneur en huile essentielle (calculée sur le poids sec) passe par un maximum selon le taux d'humidité résiduelle, et il est judicieux de faire un pré-fanage de deux à trois jours avant distillation.
- **Plantes séchées totalement** : cas des racines et rhizomes (iris, vétiver) et des baies (poivre, schinus). Le rendement est alors maximum si les constituants de l'HE ne sont pas trop volatils. Mais pour le gingembre par exemple, la déshydratation complète se traduit par une qualité moins bonne et un rendement inférieur.

- **Broyage ou hachage** : la division de la matière première (juste avant distillation) est en général favorable, voire indispensable pour les rhizomes, bois et racines (iris, santal), graines ou baies à coques dures (ambrette, poivre, schinus molle, genièvre...). Le hachage des plantes entières (on parle de « vert broyé ») peut être favorable (verveine, sauge sclarée) ou défavorable (tagète).

Influence des techniques de distillation

La distillation par courant de vapeur sèche est recommandée pour les plantes herbacées comme la lavande, le lavandin, la menthe, les brouts d'oranger (ou petit-grain), le basilic, le géranium. Cette technique réduit les risques d'hydrolyse des esters comme l'acétate de linalyle.

La distillation par double fond et présence d'eau dans l'alambic est le procédé le plus répandu pour la rose, les baies et les racines broyées.

La distillation à feu nu : le végétal est chargé dans un alambic avec environ 20 % de son poids en eau, et ce sont les flammes directement sous l'alambic qui provoquent l'ébullition.

Cette technique est encore utilisée pour les huiles essentielles produites dans des pays en développement (badiane, cannelle, rose, ylang), ou les huiles essentielles de montagne et de campagne (lavande, thym, aspic, romarin, armoise).

Elle présente des avantages : appareils rustiques bon marché, économie d'énergie car souvent la matière première épuisée sert de combustible. Les inconvénients résident dans des durées de distillation plus longues, des rendements inférieurs, en général pas de cohobation, mais surtout des qualités irrégulières des huiles essentielles et le risque de notes olfactives de « brûlé ».

Le tableau 2 présente une comparaison des résultats obtenus en utilisant trois techniques d'hydrodistillation différentes.

Tableau 2. Exemple pour le romarin.

Distillation de romarin	Durée distillation	Rendement HE (%)	Observations
Alambic feu nu (pas de cohobation)	6 h	0,3	-
Alambic vapeur sans cohobation	4 h	0,5	-
Alambic vapeur avec cohobation	4 h	0,7	Augmentation de la teneur en camphre, bornéol et verbénone

La cohobation est une technique qui consiste à recycler les eaux de distillation après séparation de l'huile essentielle, dans l'alambic. En général, on peut l'appliquer à toutes les distillations, sauf pour deux fleurs : la rose et le néroli, car dans les deux cas, on récupère les eaux florales pour les valoriser.

La distillation sous pression est réalisée en augmentant la température d'ébullition de l'eau à 120-130 °C au lieu de 100 °C). Les avantages sont surtout significatifs pour l'iris, l'ambrette. Pour l'iris, la durée de distillation sous pression à 2 bars est réduite à 8 heures au lieu de 40, pour un rendement équivalent à pression atmosphérique.

Dans la distillation sous pression réduite, la température d'ébullition de l'eau est abaissée jusqu'à 40 °C (au lieu de 100 °C). On obtient ainsi des qualités olfactives en général meilleures que lorsque la distillation classique est utilisée. Cependant, il faut tenir compte du coût de ces appareils très sophistiqués.

L'alambic type « turbodistillateur » donne de bons résultats dans les distillations d'iris, d'ail et d'oignon.

Influence du chargement de l'alambic

Ce paramètre intervient pour les alambics à ouverture totale. Il faut absolument charger de manière homogène et très compacte la masse végétale, de manière à ne créer aucun chemin préférentiel pour le passage du courant de vapeur. S'il se crée des « cheminées », une partie de la masse n'est pas distillée et les pertes de rendement sont significatives. En particulier pour les végétaux livrés en bottes comme la lavande et le lavandin, il faut éclater les bottes et disposer les branches en « quinconce » pour parer à ce phénomène. Le tassement et compactage se font souvent avec des ouvriers qui montent sur la charge dans l'appareil. Le hachage en « vert broyé » permet d'éviter ce phénomène de passages préférentiels de vapeur.

Influence de la température de condensation

Les surfaces d'échanges des réfrigérants sont calculées en fonction du débit à condenser. Cependant, avec l'entartrage, l'efficacité diminue et il peut se produire une élévation de la température de coulée. Les valeurs idéales pour la majorité des huiles essentielles sont comprises entre 25 et 30 °C. En dessous, l'huile essentielle décante moins bien de l'eau et peut même se figer (cas des stéaroptènes de la rose). Au-dessus, des pertes en produits volatils peuvent se produire et, généralement, la solubilité dans l'eau augmente, ce qui se traduit par des pertes de rendements.

Exception : pour la distillation de l'iris et de l'ambrette, la température de coulée doit être réglée au-dessus de 45 °C pour faire fondre les acides gras en C_{12} et C_{14}.

Valeurs caractéristiques moyennes pour un alambic de 3 000 litres

- Charge : jusqu'à 600 kg de végétal si ouverture totale.
- Pression de vapeur dans le double fond : 3 bars maximum.
- Débit de distillation : 200 à 250 litres/heure.
- Capacité minimum de production de vapeur de la chaudière : 400 kg/heure.
- Consommation d'eau pour le réfrigérant : 4,5 m^3/heure.
- Surface d'échange du réfrigérant : 11 m^2.

Références bibliographiques

1. E. Bocchio, « Hydrodistillation des HE. Théorie et applications », *Parfums, Cosmétiques, Arômes*, **1985**, *63*.
2. M. Martel, « Distillation continue de plantes aromatiques, système Frilli », IIes rencontres Plantes aromatiques et médicinales de Nyons, **1988**.
3. « Unité d'hydrodistillation en continu », *Parfums, Cosmétiques, Arômes*, **1987**, *73*.
4. E. Legast, L. Peyron, « Hydrodiffusion industrial technology to produce EO by steam », IXth International Congress of Essential Oils, **1983**, p.69.
5. L. Acquarone, « Extraction d'huiles essentielles par hydrodiffusion », *Rivista Italiana EP-POS*, **1992**, 474.
6. P. Mengal, D. Behn, M. Bellido, B. Monpon, « VMHD : extraction d'huile essentielle par micro-ondes », *Parfums, Cosmétiques, Arômes*, **1993**, 114, 66-67.

Chapitre 2.3

Éco-extraction des huiles essentielles : intensification et innovation

Farid Chemat, Anne-Sylvie Fabiano-Tixier, Maryline Abert Vian[1]

Éco-extraction des huiles essentielles : définition et principes

Les huiles essentielles extraites à partir des végétaux sont généralement présentes à de très faibles concentrations. Avant de pouvoir utiliser ou analyser de telles substances, il est nécessaire de les extraire de leur matrice. Plusieurs méthodes d'extraction ont été mises au point, telles que l'hydrodistillation, l'entraînement à la vapeur et l'hydrodiffusion. La perte de certains constituants, la dégradation de certains composés insaturés par effet thermique ou par hydrolyse, peuvent être engendrées par ces techniques d'extraction. Ces désavantages ont attiré l'attention de plusieurs laboratoires de recherche et poussé à la mise au point de nouvelles techniques d'extraction des huiles essentielles beaucoup plus écologiques. L'éco-extraction des huiles essentielles est basée sur la découverte et la conception de procédés d'extraction permettant de réduire la consommation énergétique et de l'eau utilisée lors de l'extraction, mais aussi des ressources végétales renouvelables, tout en garantissant un produit/extrait sûr et de qualité [1]. Les principes de l'éco-extraction adaptés aux huiles essentielles sont les suivants :

- **Principe 1** : favoriser l'innovation par la sélection variétale et l'utilisation de ressources végétales renouvelables.
- **Principe 2** : réduire la consommation d'eau aussi bien pour la distillation que pour la condensation.
- **Principe 3** : réduire la consommation énergétique par l'assistance de technologies innovantes et favoriser la récupération d'énergie.

---

1. Université d'Avignon et des pays de Vaucluse, UMR 408 INRA-UAPV, Sécurité et qualité des produits d'origine végétale, 84000 Avignon.

- **Principe 4** : favoriser la création de coproduits au lieu de déchets pour intégrer la voie de la bio- ou agro-raffinerie.
- **Principe 5** : réduire les opérations unitaires grâce à l'innovation technologique et favoriser les procédés sûrs, robustes et contrôlés.
- **Principe 6** : privilégier un produit non dénaturé, biodégradable et sans contaminants.

Trois voies majeures ont été identifiées pour parvenir à imaginer, concevoir et faire la démonstration à l'échelle industrielle de ces principes : **l'amélioration** des procédés existants, en proposant des ruptures technologiques et de mise en œuvre ; **le détournement** d'appareils non dédiés pour parvenir au plus proche d'un optimal de consommation de matière première et d'énergie ; et enfin l'**innovation** méthodologique et technologique.

Optimisation des procédés existants : la turbodistillation

L'hydrodistillation est l'un des plus anciens procédés d'extraction des huiles essentielles. Bien que reconnue pour son efficacité, une hydrodistillation nécessite une consommation énergétique importante au niveau de la chaudière, et une consommation d'eau pour le refroidissement. La réduction de la consommation énergétique lors du procédé d'hydrodistillation peut être obtenue par l'augmentation de l'agitation et le mélange. L'agitation également combinée à l'effet de cisaillement et de déstructuration de la matière végétale permet une réduction du temps de distillation d'un facteur 2 ou 3, donc une réduction de la consommation de vapeur de chauffe et ainsi une réduction de la consommation énergétique [2]. Par ailleurs, c'est une technique de choix pour les huiles essentielles difficilement distillables, comme celles obtenues à partir des épices ou des bois (Figure 1).

Figure 1. Turbodistillation des huiles essentielles à partir des épices (avec la permission de la société Réus (www.etsreus.com)).

Assistance aux procédés existants

Pour certaines espèces végétales, l'hydrodistillation peut durer de nombreuses heures et ainsi engendrer une consommation énergétique importante. En outre, le procédé traditionnel peut fournir des rendements d'extraction faibles. L'hydrodistillation assistée par les ultrasons peut contribuer à améliorer l'efficacité de l'extraction d'huiles essentielles et diminuer ainsi considérablement le temps d'extraction. Les effets mécaniques des ultrasons fragilisent les parois cellulaires du végétal, facilitant la libération de leur contenu, améliorant ainsi le transfert de matière. Ces phénomènes sont ainsi à l'origine de l'efficacité de l'apport des ultrasons dans les procédés d'extraction.

L'entraînement à la vapeur assistée par les ultrasons a été appliqué pour l'extraction de l'huile essentielle de *yuzu*, un agrume japonais. Ce procédé permet d'augmenter de 44 % le rendement d'extraction par rapport à un contrôle sans assistance [3]. L'assistance aux procédés existants constitue donc une approche intéressante pour diminuer la consommation d'énergie au cours d'un procédé d'extraction (Figure 2).

Figure 2. Entraînement à la vapeur assistée par les ultrasons.

La réduction de la consommation énergétique lors d'un processus peut également être envisagée par la récupération des calories cédées lors de la condensation de la vapeur. Le CRIEPPAM (Centre Régionalisé Interprofessionnel d'Expérimentation en Plantes à Parfum, Aromatiques et Médicinales) a ainsi mis au point un prototype d'écovaporateur permettant de récupérer une partie de l'énergie de la vapeur, une fois que celle-ci a traversé le végétal à distiller. Le principe de l'écovaporateur consiste à réutiliser l'énergie de la condensation pour chauffer l'eau en vapeur.

Innovation et intensification

L'ère industrielle a pris peu à peu le pas sur un certain empirisme et développé ainsi de nouvelles techniques de distillation. Aujourd'hui, « la distillation » telle que l'avait élaborée Avicenne, n'est plus à proprement parler la seule technique d'obtention des huiles essentielles. De nouvelles technologies, telles que l'extraction par CO_2 supercritique, la détente instantanée contrôlée (DIC) – procédé d'autovaporisation qui se distingue par un passage instantané d'une haute pression de vapeur d'eau au vide –, les champs électriques pulsés, les micro-ondes, sont depuis quelques années utilisées dans le domaine de l'extraction de molécules aromatiques. Ces « techniques nouvelles » permettent d'obtenir des extraits de qualité très souvent accrue et dans des délais plus courts par rapport à ceux des techniques traditionnelles. Cependant, il est important de préciser que, d'un point de vue réglementaire, la définition de l'huile essentielle est basée sur les procédés d'extraction conventionnels (entraînement à la vapeur d'eau, distillation sèche, et procédé mécanique). Cette définition restrictive écarte ainsi les produits issus de tout autre procédé non mentionné dans cette norme, et notamment les produits issus des « techniques nouvelles ». Ces produits pourront être appelés « extraits aromatiques ».

À l'heure où « rapidité », « efficacité » et « sélectivité » sont devenues les caractéristiques principales d'une extraction idéale, les travaux sur l'extraction assistée par micro-ondes ne cessent de se développer. Dans cette partie, nous présenterons l'extraction par micro-ondes des huiles essentielles comme exemple d'innovation et d'intensification dans ce domaine. Le terme « huile essentielle » sera tout de même conservé dans la suite de ce chapitre. Après avoir fait une brève présentation des micro-ondes, nous décrirons les différentes techniques d'extraction par micro-ondes permettant l'obtention d'huiles essentielles, mais aussi une étude du mécanisme et des phénomènes induits.

Les micro-ondes : interaction onde-matière

Les micro-ondes désignent les radiations non ionisantes comprises dans le spectre électromagnétique des hyperfréquences et ayant une longueur d'onde comprise entre l'infrarouge et les ondes radio. L'utilisation de ces ondes pourra être discriminée en deux catégories distinctes selon la fonction ou la situation requise : l'onde pourra être porteuse d'informations comme dans les télécommunications (téléphones portables, satellites, GPS, radars...) ou vecteur d'énergie (chauffage, décongélation, séchage, cuisson...) grâce à la friction, aux chocs, et à l'agitation moléculaire produits par la migration des ions et la rotation dipolaire. Cette application thermique est à ce jour largement utilisée dans l'industrie et les foyers domestiques, mais a cependant nécessité de nombreuses années avant d'être vulgarisée et utilisée par le grand public. C'est fortuitement en 1946 que naquirent les premiers fours micro-ondes. Dans le cadre de ses recherches sur les radars, le docteur Percy Spencer remarqua que la barre chocolatée qui se trouvait dans sa poche avait fondu. Rapidement, il testa d'autres matrices (pop-corn, œufs...), et se rendit compte que les micro-ondes pouvaient véhiculer une énergie substantielle. Il entreprit alors la création d'une boîte métallique capable de chauffer très rapidement les aliments ; le premier four micro-ondes était né. L'invention intéressa alors de nombreux ingénieurs et industriels qui s'affairèrent au développement de cette nouvelle technologie. Une frise chronologique résumant les dates et avancées les plus significatives dans le domaine des ondes, depuis la création du premier four à micro-ondes commercialisé en 1947 sous le nom de « Radarange », est présentée Figure 3 [1].

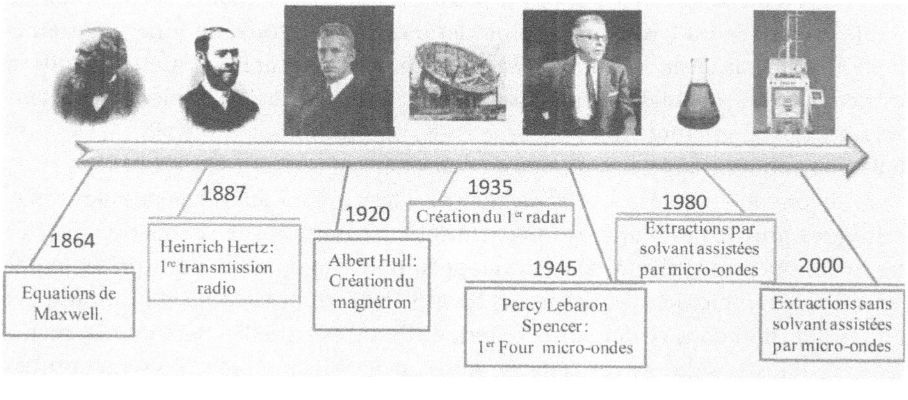

Figure 3. Frise chronologique.

Les micro-ondes, ou hyperfréquences, sont des ondes électromagnétiques non ionisantes, composées d'un champ électrique et d'un champ magnétique. Les fréquences des micro-ondes se situent dans un domaine allant de 300 MHz à 300 GHz, ce qui correspond à une longueur d'onde de 1 millimètre à 1 mètre. Dans le spectre électromagnétique, les micro-ondes se situent dans les hyperfréquences, entre les

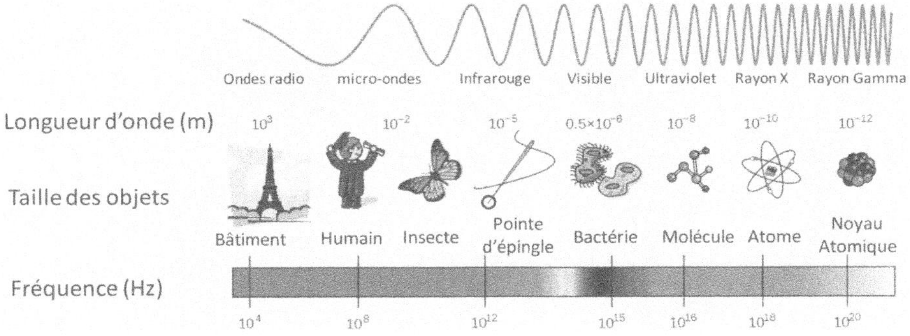

Figure 4. Spectre électromagnétique.

ondes radio et l'infrarouge (Figure 4). La fréquence de 2,45 GHz (λ = 12,2 cm) est généralement la plus utilisée pour les applications industrielles afin d'éviter le risque d'interférence avec les radiocommunications et les radars [1].

Le mécanisme du chauffage diélectrique (chauffage par micro-ondes) repose essentiellement sur le phénomène de la rotation dipolaire. Il est lié au mouvement rotatif alternatif de molécules possédant un moment dipolaire qui tentent de s'aligner avec le champ électrique. Sous l'effet d'un champ électrique alternatif, les dipôles s'orientent dans un sens, se désorientent lorsque le champ s'annule et se réorientent dans l'autre sens lors du renversement de la polarité du champ. L'énergie électrique fournie au milieu est convertie en énergie cinétique par la rotation des dipôles. L'énergie cinétique est transformée partiellement en chaleur : l'alignement des dipôles par rapport au champ électrique est contrarié par les forces d'interaction entre molécules (liaisons hydrogène, liaisons de Van der Waals) qui vont provoquer une friction moléculaire comparable à des frottements internes qui existent dans les contacts solide-solide. De la friction produite naît le dégagement de chaleur. La dissipation d'énergie par le produit peut être maximale si la fréquence du champ électrique est égale à la fréquence de relaxation. Le phénomène de relaxation correspond à l'apparition d'un déphasage entre l'oscillation du champ électrique et celui des dipôles. Le transfert de chaleur sous chauffage micro-ondes est complètement inversé par rapport au chauffage conventionnel. Le transfert de chaleur classique se transmet de l'extérieur vers l'intérieur du récipient. Sous chauffage micro-ondes, le volume traité devient lui-même source de chaleur. On parle de dégagement de la chaleur de l'intérieur vers l'extérieur du récipient. La paroi externe du réacteur est plus froide que le milieu du réacteur dans le cas du chauffage micro-ondes, et inversement pour le cas du chauffage conventionnel par double enveloppe, plaque chauffante et flamme. La figure 5 illustre les deux modes de chauffage.

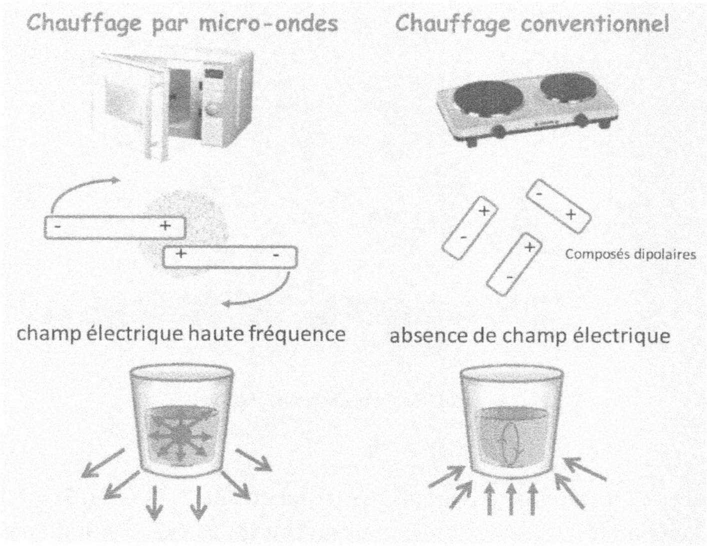

Figure 5. Transferts thermiques sous les deux modes de chauffage.

Entraînement à l'air assisté par micro-ondes (*Compressed Air Microwave Distillation*, CAMD)

La première technique d'extraction des huiles essentielles sous chauffage micro-ondes a été proposée en 1989 par Craveiro *et alii* [4]. Ce système se compose en fait de trois parties : un compresseur envoyant de l'air dans le récipient où se trouve la matière végétale, un four à micro-ondes et un système de réfrigération. Cette technique repose sur le principe de l'entraînement à la vapeur et utilise de l'air comprimé à la place de la vapeur pour extraire des huiles essentielles. Elle consiste à injecter en continu de l'air comprimé dans le réacteur d'extraction où la matrice végétale est immergée dans de l'eau et chauffée sous micro-ondes. La vapeur d'eau saturée en molécules volatiles est ensuite entraînée vers un vase de récupération plongé dans un système de réfrigération, situé à l'extérieur du four à micro-ondes. En quelques minutes, l'eau ainsi que les composés volatils constituant l'huile essentielle sont donc condensés et récupérés dans des proportions identiques à celles d'un procédé classique. Cette technique a pu montrer des résultats sensiblement équivalents, de manière qualitative et quantitative, en seulement 5 min comparées aux 90 min requises pour l'entraînement à la vapeur classique. Elle nécessite cependant l'utilisation d'eau et engendre des phénomènes d'hydrolyse modifiant la qualité des huiles essentielles. Oui, mais peut-on réaliser une extraction sous micro-ondes sans eau ? La réponse à cette question se trouve dans l'élaboration d'un nouveau procédé d'hydrodistillation par micro-ondes sous vide pulsé.

Hydrodistillation par micro-ondes sous vide pulsé (*Vacuum Microwave Hydrodistillation*, VMHD)

Le VMHD a donc vu le jour en 1994. Ce procédé élaboré et breveté par la société Archimex [5] s'affranchit de l'utilisation de l'eau. Cette technique d'extraction, dont l'origine est l'hydrodistillation classique, est basée sur l'utilisation conjointe des micro-ondes et d'un vide pulsé. Le matériel végétal frais est soumis durant une période δ1 aux micro-ondes dont le rôle est d'assurer le transfert des molécules à extraire vers le milieu extérieur, puis durant une période δ2 à un vide pulsé permettant de réaliser l'entraînement azéotropique à une température inférieure à 100 °C (Figure 6). Cette opération peut être répétée plusieurs fois selon le rendement souhaité. Pendant toute la durée de l'extraction, la puissance micro-ondes est maintenue constante.

L'extraction par VMHD est cinq à dix fois plus rapide que l'hydrodistillation classique, pour un rendement équivalent et un extrait de composition identique. Ce procédé permet également de travailler à des températures d'extraction inférieures à 100 °C (ce qui réduit les risques de dégradation thermique), et consomme moins d'énergie. Les huiles essentielles extraites présentent un profil organoleptique très proche de la matière première d'origine et conservent sa note « fraîche ». Les scientifiques, toujours en quête de nouveaux procédés, se sont alors interrogés sur l'utilité du vide pulsé. C'est en essayant de répondre à cette question qu'est né un nouveau procédé d'extraction sans solvant, ni vide pulsé assisté par micro-ondes.

Extraction sans solvant assistée par micro-ondes (*Solent Free Microwave Extraction*, SFME)

L'extraction sans solvant assistée par micro-ondes (ESSAM ou SFME) a été développée et brevetée, en 2004, par Chemat *et al.* [6]. Cette méthode permet de réaliser des extractions de produits naturels à pression atmosphérique et sans solvant. Une assistance micro-ondes permet le chauffage de l'eau intrinsèque de la plante et provoque la distillation azéotropique d'un mélange eau/huile essentielle. Les vapeurs sont condensées par un système de refroidissement et sont redirigées dans l'appareil de Clevenger, dans lequel les vapeurs recondensées seront séparées par simple séparation de phase (due à leur densité). Un système de cohobation permet à la phase aqueuse éliminée du réacteur de distillation de retourner dans celui-ci, maintenant ainsi le taux d'humidité naturel de la plante. Diverses plantes ont été étudiées avec cet appareillage, et pour des plantes aromatiques, les rendements en huiles essentielles obtenus en 30 min sont équivalents à ceux produits par la méthode classique en 4 h. Les résultats obtenus ont montré que le procédé SFME était avantageux par rapport à l'hydrodistillation classique d'un point de vue quantitatif, qualitatif, temps d'extraction et environnemental.

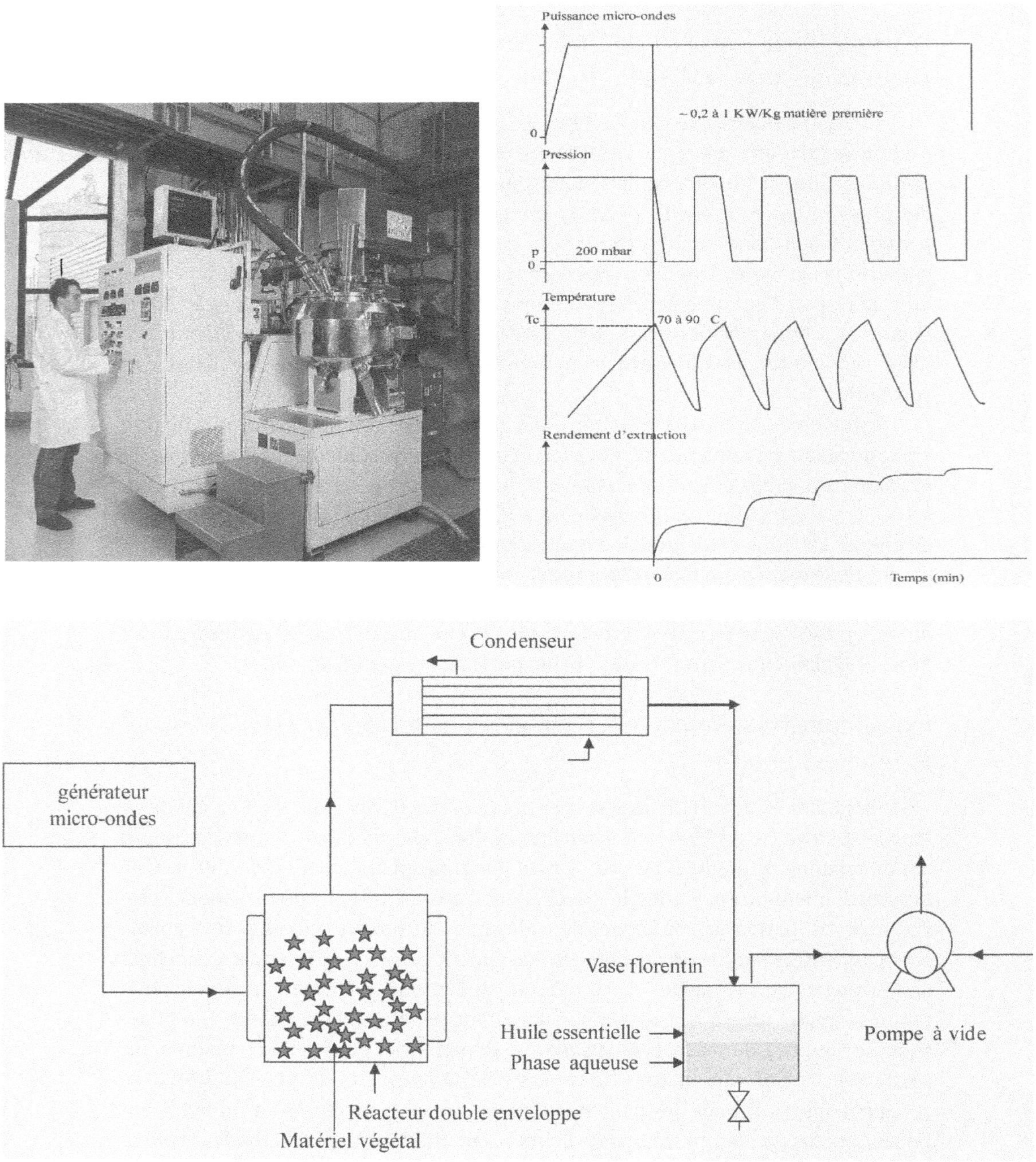

Figure 6. Hydrodistillation sous vide assistée par micro-ondes.

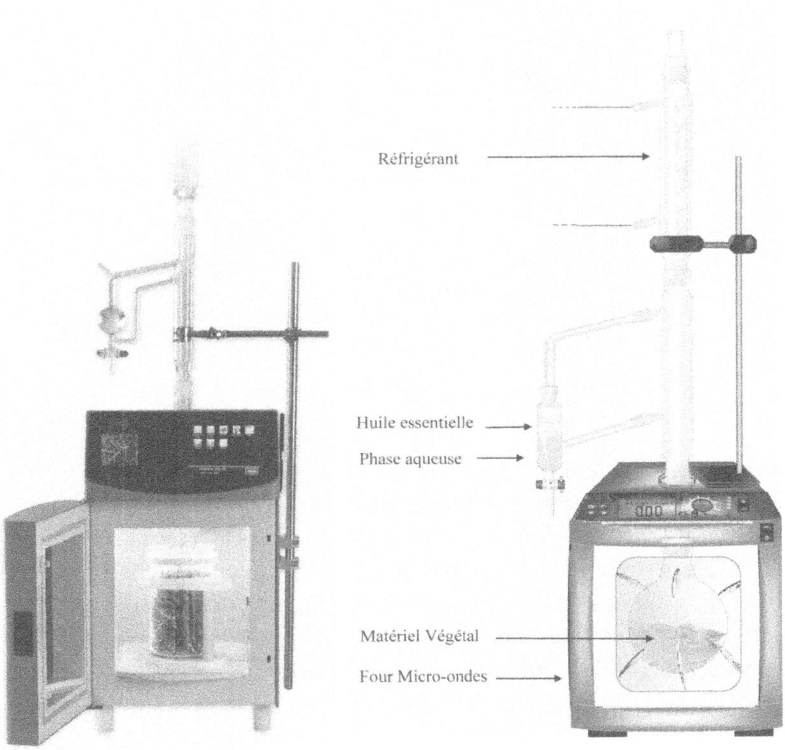

Figure 7. Extraction sans solvant assistée par micro-ondes (SFME).

Le potentiel de cette méthode a été évalué sur de nombreuses matrices végétales et notamment sur l'extraction des huiles essentielles d'agrumes. Les peaux d'agrumes fraîches sont introduites, sans ajout d'eau ni de solvant organique, dans un réacteur placé dans la cavité multimode du four micro-ondes. Le procédé ESSAM est comparé à une extraction menée par hydrodistillation classique (HD) et par expression à froid (CP). Les résultats des extractions sont rassemblés dans le tableau 1.

Tableau 1. Comparaison des méthodes d'extraction de l'huile essentielle de citron.

	Rendement de l'extraction (g HE/100 g fruits) *Variété de citron « Eurêka »*		
	ESSAM	**HD**	**CP**
Durée de l'extraction (min)	30	180	90
Rendement (%)	0,24	0,21	0,054

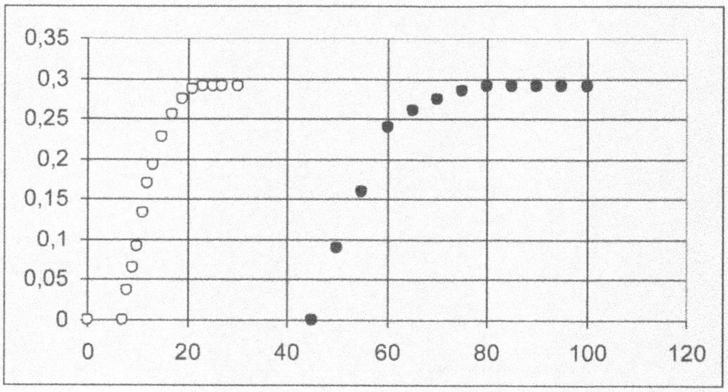

Figure 8. Cinétique de l'extraction de l'HE d'Eurêka par ESSAM (o) et HD (•).

Il est intéressant de noter que l'ESSAM est la méthode d'extraction qui produit la plus grande quantité d'huile essentielle (rendement = 0,24 %). L'HD présente un rendement de 0,21 % et l'expression à froid de seulement 0,054 %. Ces résultats sont d'autant plus intéressants que la durée d'une ESSAM n'excède pas 30 minutes alors que l'hydrodistillation et l'expression à froid nécessite des temps d'extraction de l'ordre respectivement de 180 et 90 minutes.

La durée d'extraction correspond en théorie au temps nécessaire à la collecte de la totalité de l'huile contenue dans la matière végétale. Or, en pratique, il est difficile de récupérer l'intégralité de l'huile. Ce temps correspond alors au moment où plus aucune goutte ne « tombe » dans le distillat. Il détermine ainsi la fin du processus. Lors de cette étude, un suivi cinétique a été réalisé sur l'extraction de l'huile essentielle de citron Eurêka par HD et ESSAM. La figure 8 représente, pour les deux techniques HD et ESSAM étudiées, l'évolution du rendement en huile essentielle.

Trois phases peuvent être identifiées sur ce graphique : (a) une première phase relative au chauffage de la matière végétale et correspondant à la montée en température au sein du réacteur, étape durant laquelle aucune extraction d'huile essentielle ne se produit ; (b) la seconde phase correspond à une extraction plus ou moins rapide de l'huile essentielle selon la technique d'extraction ; (c) enfin, au cours de la troisième phase, la courbe tend vers un palier, qui correspond au rendement maximum susceptible d'être atteint dans les conditions expérimentales optimisées pour une matrice donnée. La durée d'extraction par ESSAM est relativement courte, puisqu'au bout de trente minutes, nous n'observons plus de distillat. Le rendement augmente rapidement durant les vingt minutes où plus de 87 % de l'huile sont extraits ; son évolution devient plus lente par la suite. En conséquence, pour atteindre un même rendement en huile essentielle, il est nécessaire de chauffer la matière végétale seulement vingt minutes en ESSAM et plus de deux heures en HD. De cette façon, le matériel végétal subit moins les effets du chauffage que lors d'une ESSAM.

Hydrodiffusion assistée par micro-ondes et gravité (*Microwave Hydrodiffusion and Gravity*, MHG)

Récemment, un procédé d'extraction original et différent des anciennes méthodes a été proposé et breveté par Chemat *et al.* en 2008 [7]. Cette technique repose sur une extraction écologique des composés naturels par micro-ondes, suivie d'une récupération des composés désirés par simple écoulement de la phase liquide extraite à l'aide de la gravité naturelle. Dans cette technique, le four micro-ondes traditionnellement employé pour certaines distillations par micro-ondes (muni d'un orifice sur sa face supérieure) est renversé de manière à être utilisé tel un alambic à l'aide de la gravité de la Terre (Figure 9).

Dans ce procédé, le matériel végétal est placé dans un réacteur à l'intérieur du four à micro-ondes, sans addition d'eau ou de solvant. Les micro-ondes provoquent un chauffage *in situ* de l'eau contenue dans la plante. Les cellules contenant les huiles essentielles se détendent, provoquant la rupture et la dislocation des glandes et poches contenant les huiles essentielles. Ces dernières sont ainsi libérées et

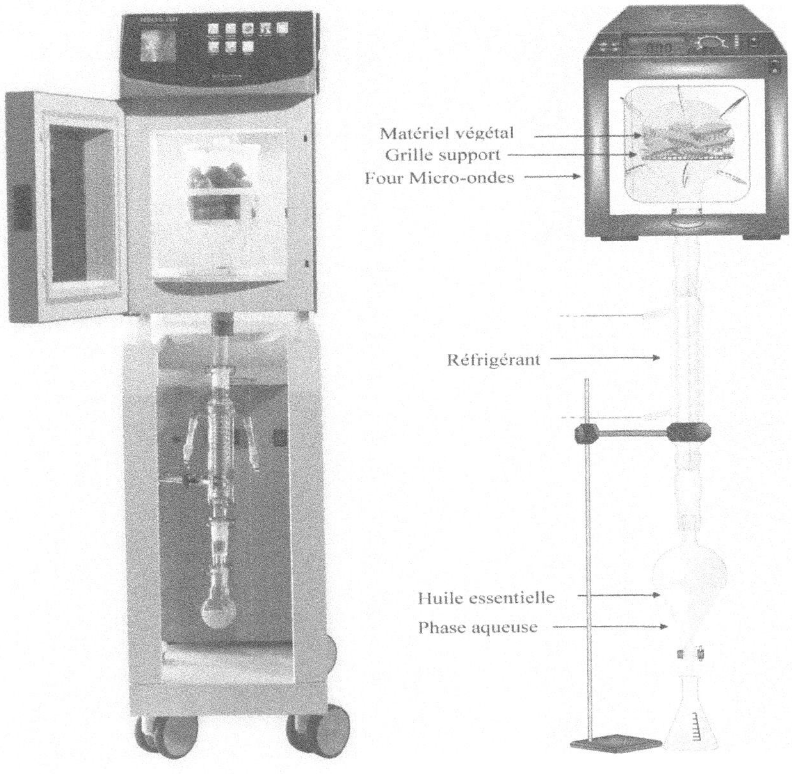

Figure 9. Hydrodiffusion assistée par micro-ondes et gravité (MHG).

peuvent être transférées de l'intérieur de la plante vers l'extérieur. Il s'agit du phénomène d'hydrodiffusion. À l'inverse des autres méthodes qui nécessitent de l'énergie supplémentaire pour distiller les huiles essentielles, celle-ci permet un simple écoulement des composés. La méthode a pu montrer un avantage certain en termes de rendements, de temps nécessaire à l'extraction, d'énergie utilisée et de composition de l'huile.

Les résultats du suivi de la cinétique d'extraction de l'huile essentielle de romarin par la méthode MHG et HD sont représentés sur la figure 10. Les rendements en huile essentielle de romarin (*Rosmarinus officinalis L.)* avec les différentes méthodes d'extraction sont respectivement de 0,35 ± 0,07 % et 0,33 ± 0,09 % pour HD et MHG. Comme le montre la figure 10, un temps d'extraction de 15 minutes

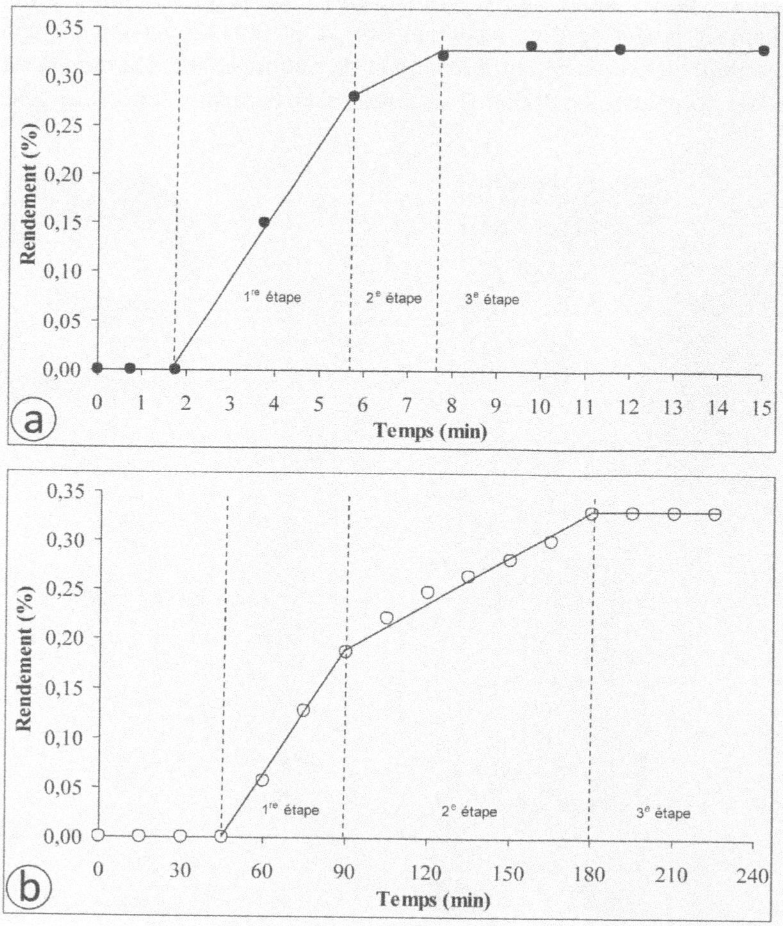

Figure 10. Cinétique de l'extraction de l'HE de romarin par MHG (a) et HD (b).

avec MHG permet d'obtenir un rendement similaire à celui obtenu après 180 min par le biais de la HD, qui est l'une des méthodes de référence d'extraction d'une huile essentielle. Concernant la composition chimique, la méthode MHG et HD permettent d'obtenir des extraits similaires. Cependant, la technique MHG autorise, en outre, la récupération des composés non volatils.

Trois phases sont observées dans le processus d'extraction par MHG. L'étape 0 correspond à la phase de chauffage de la température ambiante à 100 °C. La première étape (étape 1) est représentée par une ligne croissante qui caractérise les premières quantités d'huile essentielle extraite, situées à la surface des particules végétales, Elles représentent approximativement 82 % du rendement obtenu en 5,5 min. Cette phase est suivie d'une deuxième ligne croissante (étape 2), représentant la diffusion interne de l'huile essentielle du milieu des particules vers le milieu extérieur concerné par le réchauffement de l'eau *in situ* des cellules végétales. Dans cette étape (réalisée en 8 min), la quantité d'huile extraite représente près de 18 % du rendement global. La troisième partie (étape 3) correspond à une ligne horizontale qui marque la fin du processus d'extraction. Le profil de la technique d'extraction classique HD présente également trois étapes similaires, mais avec des phases temporelles différentes de celles obtenues par MHG : la première étape conduisant, en 93 min, à 60 % du rendement obtenu. La fin du processus d'extraction est atteinte après 180 min.

Pour une meilleure compréhension des phénomènes d'extraction et afin d'observer le comportement des organes sécréteurs du romarin, des photographies par microscopie électronique à balayage (MEB) ont été réalisées sur le matériel végétal non traité ainsi que sur celui soumis aux deux types d'extraction, MHG et HD. Cette étude a permis d'observer l'état des cellules avant et après l'extraction. Les photographies des feuilles de *Rosmarinus officinallis* L. par MEB ont montré la présence de nombreux trichomes non glandulaires, appelés communément « poils tecteurs », sur les veines et les extrémités des feuilles (Figure 11).

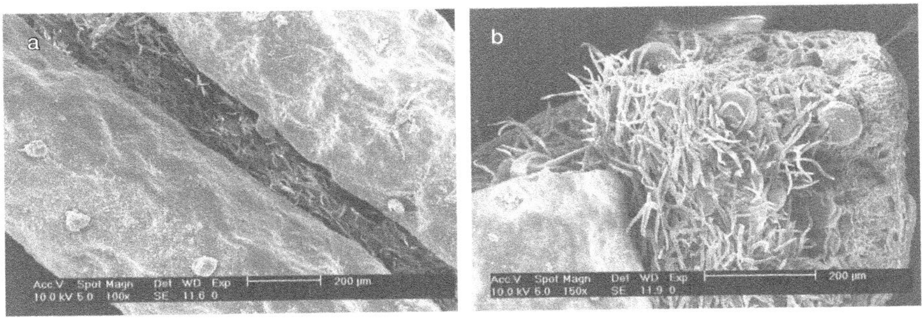

Figure 11. Observations MEB de la feuille de romarin fraîche non traitée.
Veine de la feuille (a) et extrémité de la feuille (b).

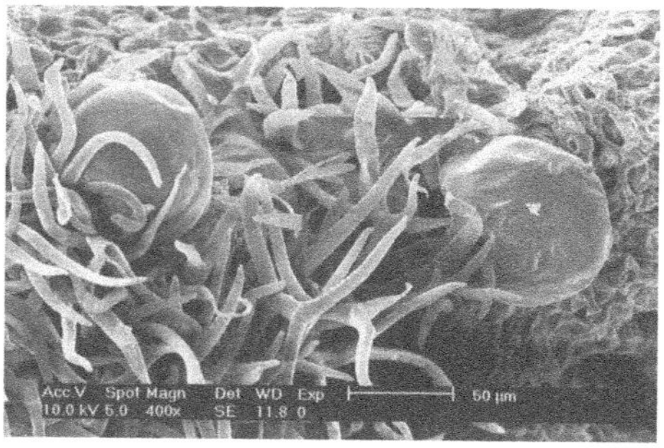

Figure 12. Observations MEB de la feuille de romarin fraîche non traitée montrant la prédominance des poils tecteurs.

Certains poils tecteurs (Figure 12) ont une forme unicellulaire, simple et de forme conique ; d'autres sont pluricellulaires et ramifiés.

Les photographies du romarin après traitement par micro-ondes indiquent clairement les changements structuraux de la matière végétale. Bien que ne durant que quinze minutes, l'extraction par MHG engendre toutefois des dégâts spectaculaires sur les cellules et leurs parois. La figure 13 (a-c) montre des parois cellulaires endommagées en raison de l'explosion produite au niveau de la paroi cellulaire, conséquence de l'augmentation soudaine de la température. Ces dommages sont générés

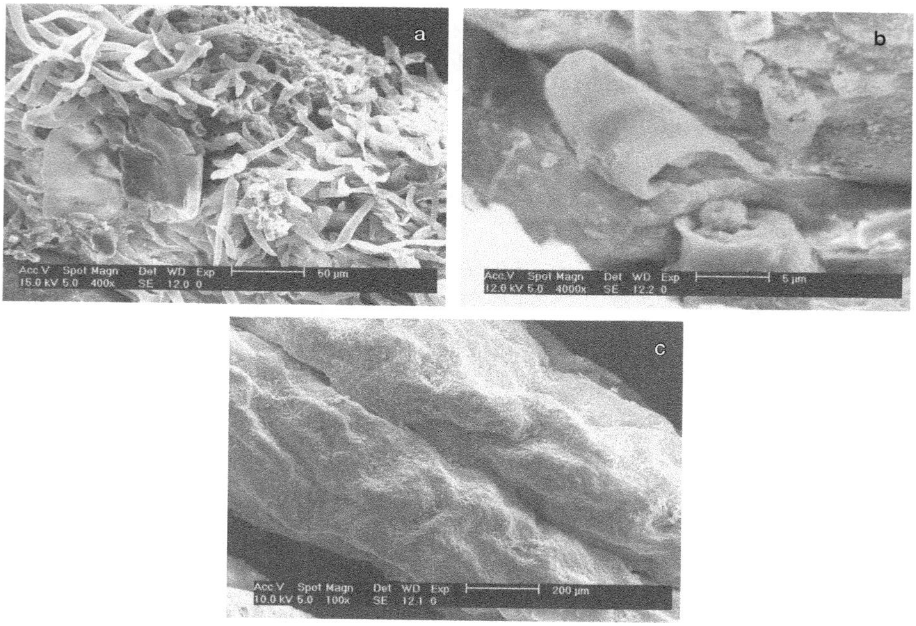

Figure 13. Observations MEB de la feuille de romarin après extraction par MHG : (a) trichome capité, (b) trichome pelté, (c) feuille de romarin.

par des points chauds produits à l'interface des parois lors de l'irradiation par micro-ondes. En effet, quand les glandes sont sujettes à un stress thermique très sévère et à de hautes pressions localisées induites par un chauffage spécifique de type micro-ondes, la pression interne dans les glandes peut excéder leur capacité d'expansion extrême. En conséquence, une rupture plus rapide survient par rapport à celle réalisée par abrasion ou par chauffage traditionnel. De plus, la présence de composés polaires tels que l'eau et les composés oxygénés, peut provoquer une augmentation soudaine de la température favorisant un processus de déshydratation localisé avec une vitesse de chauffe très élevée à l'intérieur de la cellule. Ce dernier phénomène augmente la vitesse de transfert des constituants de la cellule à travers les parois cellulaires.

En revanche, le matériel végétal soumis à l'hydrodistillation (3 heures) semble similaire à des matières non traitées. On peut constater une destruction partielle des glandes, et une partie d'entre elles demeurent encore remplies (Figure 14).

Une évaluation sensorielle a été réalisée sur les huiles essentielles de romarin extraites par la méthode MHG et HD. Les deux huiles présentent la même couleur jaune pâle et la même nuance citronnée due à la présence d'hydrocarbures terpéniques tels que les pinènes (α- et β-), le myrcène et le limonène. Cette nuance est, par ailleurs, renforcée par la présence de linalol.

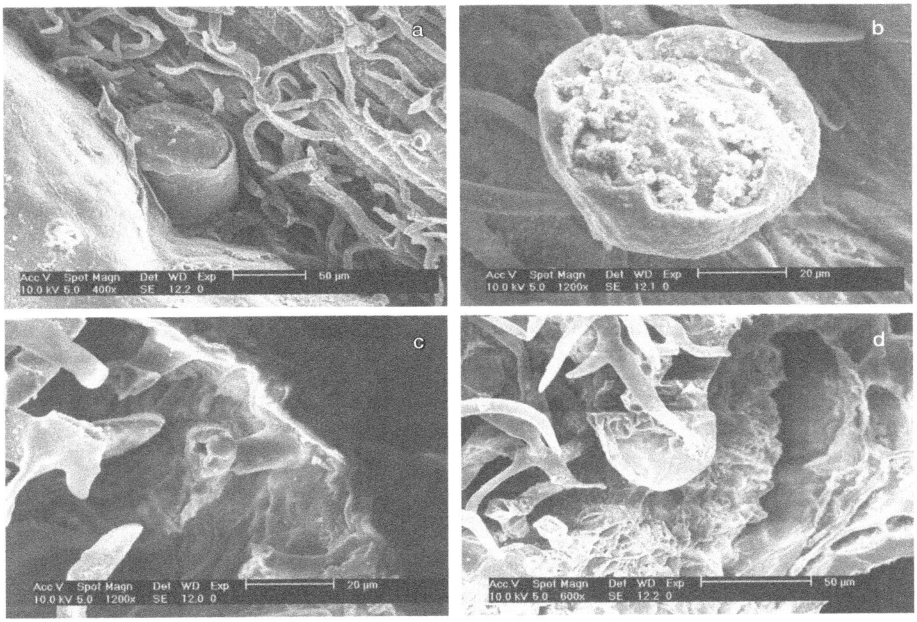

Figure 14. Observations MEB de la feuille de romarin après extraction par HD : (a,b) trichome capité, (c,d) trichome pelté.

Le panel d'évaluateurs a trouvé à l'huile essentielle extraite par HD une odeur de « bouilli », très éloignée du végétal frais. Par contre, il a reconnu une odeur ferme d'herbes aromatiques fraîches, légèrement camphrée, à l'huile essentielle extraite par MHG. Il est intéressant de noter que cette méthode permet d'obtenir une huile essentielle possédant une note olfactive proche de l'odeur originelle du romarin. Cette technique permet ainsi d'isoler des huiles essentielles à partir d'un végétal frais d'une manière totalement inédite. En outre, elle permet de recueillir une fraction aqueuse « appartenant » au végétal. En effet, celui-ci étant placé directement dans le four micro-ondes sans ajout d'eau ni solvant, la fraction aqueuse isolée ne peut être que l'eau *in situ* de la plante. Cela confère ainsi une valeur ajoutée à ce produit.

Mécanisme

En 1910, von Rechenberg [8] a publié un ouvrage en allemand intitulé *Theorie der Gewinnung und Trennung der ätherischen Öle*. Cet ouvrage n'ayant jamais été traduit, ses thèses sont restées plutôt méconnues. En 1982, Koedam [9] les reprend et explique, en prenant le cas du carvi, que le point d'ébullition d'un composé organique n'explique pas à lui seul le phénomène de distillation, et qu'il faut introduire la notion de solubilité. En effet, la carvone étant soluble dans l'eau, contrairement au limonène, dès lors que l'on commence à chauffer le milieu réactionnel, elle se solubilise et est entraînée par les premières vapeurs d'eau. Une fois le milieu épuisé en carvone, et plus généralement en molécules solubles dans l'eau, le limonène et les autres terpènes commencent alors à être entraînés par la vapeur d'eau. La durée d'une HD étant importante, chaque molécule a le temps d'être distillée quasi totalement. Du fait de la courte durée d'extraction par ESSAM, le phénomène d'extraction s'appuiera plus sur la solubilité que sur la température d'ébullition.

Bien que la carvone ait un point d'ébullition très élevé, ce produit est distillé en priorité en raison de sa solubilité élevée dans l'eau. Pour le limonène, son insolubilité dans l'eau est un obstacle à l'entraînement de ce produit, bien que son point d'ébullition soit plus bas. Le phénomène de vaporisation serait ainsi guidé non pas par la température d'ébullition des composés mais par leur solubilité. C'est ce que von Rechenberg appelle « le phénomène d'hydrodiffusion ». Lors de la mise en œuvre d'une ESSAM, compte tenu du fait qu'il n'est pas ajouté d'eau au milieu, seule l'eau intrinsèque de la plante va entrer en jeu, alors qu'en ce qui concerne l'HD, pour traiter 250 g de matière végétale, un litre d'eau environ est nécessaire au milieu. Les composés aromatiques qui constituent l'huile essentielle sont contenus dans l'écorce d'agrume qui se trouve en milieu aqueux dans le cas de l'HD. Ces composés aromatiques, une fois libérés de la matrice, vont ensuite être solubilisés dans le but de former un mélange eau-composés aromatiques qui va être vaporisé, condensé et séparé.

Nous avons évalué les solubilités dans l'eau du limonène et du linalol, composés majoritaires de l'huile essentielle de la variété Washington Naval extraite par ESSAM et par HD. Alors que le linalol possède une solubilité de 0,57 g par litre d'eau, celle du limonène est voisine de zéro. Ainsi, la difficulté de certaines molécules à se solubiliser va entraîner une certaine sélectivité. Il semblerait donc que cette eau intrinsèque du végétal favorise l'entraînement des molécules les plus solubles en ESSAM, alors qu'en HD la quantité d'eau est largement plus importante.

L'expérience de l'utilisation du four à micro-ondes ménager indique que les aliments s'échauffent en général très rapidement sous l'effet des micro-ondes. Au niveau moléculaire, ces matériaux se présentent comme des entités globalement neutres d'un point de vue électrique, mais avec une répartition dissymétrique de leurs charges ioniques partielles. Autrement dit, une partie de la molécule est chargée positivement, l'autre partie négativement. Ces molécules forment donc des dipôles électriques. Le mécanisme du chauffage diélectrique repose sur le fait que les molécules polaires, telles que l'eau contenue dans les aliments, ont des extrémités négatives et positives : ce sont des dipôles. Nous savons que si on applique un champ électrique alternatif sur la molécule, celle-ci oscille sous l'effet du changement de direction du champ électrique, ce qui donne de l'énergie cinétique à la molécule. L'énergie cinétique est transformée partiellement en chaleur : l'alignement des dipôles par rapport au champ électrique est contrarié par les forces d'interaction entre molécules (les forces de liaison par pont hydrogène et les forces de liaison de Van der Waals). Ces forces peuvent être assimilées à des forces de frottement interne qui existent dans les contacts solide-solide. Elles s'opposent ainsi à la libre rotation des molécules. De la friction produite naît ainsi le dégagement de chaleur.

L'aptitude d'un matériau à s'échauffer sous l'action d'un rayonnement micro-ondes est qualifiée par le facteur de pertes diélectriques ε''. Les produits ayant un facteur de pertes supérieur à 1 s'échauffent facilement par micro-ondes. Parmi ces composés à pertes diélectriques élevées, on peut citer l'eau à l'état liquide, les produits naturels riches en eau, les solvants polaires comme les alcools. En pratique, le paramètre permettant d'estimer si l'échauffement par micro-ondes d'un produit naturel est possible est sa teneur en eau. Quand celle-ci est supérieure à 20 % en masse, le produit va s'échauffer facilement sous l'effet des micro-ondes. Le facteur de pertes ε'' représente le comportement global du matériau soumis au rayonnement micro-ondes. Il peut être décomposé en deux phénomènes : la polarisation et la friction. La permittivité relative ε', ou constante diélectrique, traduit la faculté du dipôle diélectrique à se polariser, autrement dit à s'orienter dans le sens du champ électrique. La friction se manifeste par le léger retard pris par les matériaux polarisés pour s'orienter après l'application du champ électrique. Ce déphasage est représenté par l'angle de pertes δ. Ainsi, $\varepsilon'' = \varepsilon'.\tan \delta$. Nous avons ainsi évalué les constantes diélectriques et les moments dipolaires des deux composés majoritaires de l'huile essentielle de la variété Washington Naval (Tableau 2).

Tableau 2. Caractéristiques des composés majoritaires de l'huile essentielle de la variété Washington Naval extraite par ESSAM et HD.

	Linalol	Limonène
Structure	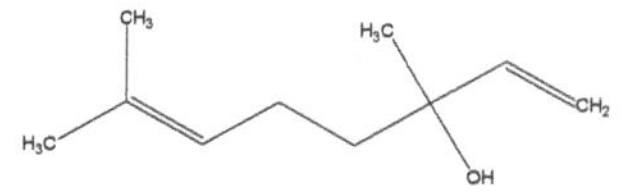	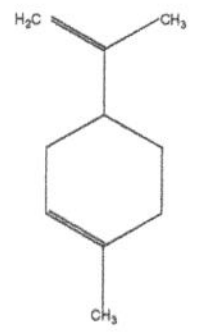
Teb. (°C)	220	175
Solubilité dans l'eau (g/l)	0,57	0,00042
Moment dipolaire (D)	22	14
Constante diélectrique	2,11	0,75
ESSAM (%)	1,86	91,4
HD (%)	0,42	92,5

Ces études nous ont permis de proposer deux mécanismes possibles spécifiques à l'extraction des huiles essentielle par micro-ondes, qui peuvent être schématisés selon la figure 15.

- Mécanisme I : pour un échantillon à pertes diélectriques élevées (teneur en eau supérieure à 20 %), l'extraction peut être assurée par les micro-ondes sans ajout d'eau ou de solvant organique. La présence de composés polaires tels que l'eau et les composés oxygénés peut provoquer une augmentation soudaine de la température favorisant un processus de déshydratation localisé avec une vitesse de chauffage très élevée à l'intérieur de la cellule. Ce dernier phénomène augmente la vitesse de transfert des constituants de la cellule à travers les parois cellulaires. Du fait de la courte durée d'extraction par ESSAM, ce mécanisme semble régi

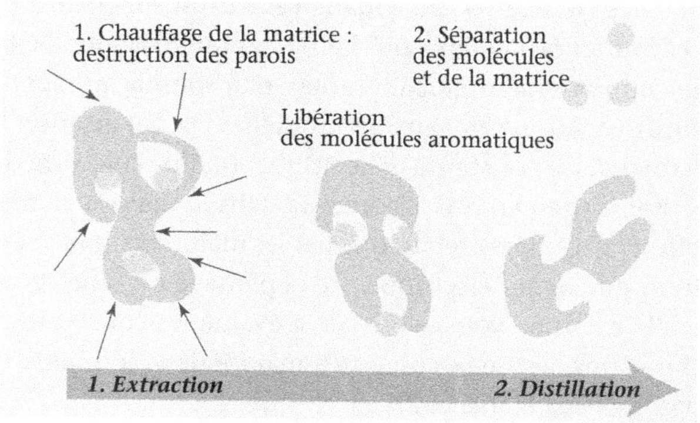

Figure 15. Étapes d'obtention d'une huile essentielle.

prioritairement par des phénomènes de solubilité : le non-rajout d'eau au sein du réacteur va favoriser la sélectivité au niveau de l'entraînement des molécules les plus solubles, qui sont en outre les molécules constituant la fraction oxygénée, d'une plus grande valeur ajoutée sur le plan olfactif.

- Mécanisme II : le mécanisme du chauffage diélectrique repose sur le moment dipolaire des huiles essentielles. Les composés avec des moments dipolaires élevés s'échauffent facilement par micro-ondes et sont extraits avec des proportions élevées par rapport aux composés aromatiques ayant des moments dipolaires faibles.

Conclusion

Dans la catégorie des « techniques nouvelles » pour l'extraction des huiles essentielles ou « extraits aromatiques », nous avons principalement développé dans ce chapitre la technique d'extraction assistée par micro-ondes. Cependant, il existe d'autres techniques innovantes pour l'extraction des huiles essentielles, telles que l'extraction par le CO_2 supercritique, la détente instantanée contrôlée (DIC) ou l'extraction par eau sub-critique ou pressurisée. Dans le tableau suivant, ces techniques sont résumées avec leurs principe, avantages et inconvénients (Tableau 3 page suivante).

Tableau 3. Procédés d'extraction : avantages et inconvénients.

Technique d'extraction	Principe	Avantages	Inconvénients	Échelle industrielle	Réf
Extraction par CO_2 supercritique	Le produit à traiter est placé dans un extracteur traversé par le flux de CO_2 supercritique. À l'état supercritique (plus de 74 bars et de 31 °C), le CO_2 est caractérisé par une grande diffusivité (de l'ordre de celle des gaz), ce qui lui confère une bonne aptitude à la diffusion, et une densité élevée qui le dote d'une capacité de transport et d'extraction importante. Le fluide se charge en composé extrait, puis il est détendu, passe en phase gazeuse et se sépare du composé extrait. Ce dernier est recueilli dans un séparateur.	CO_2 abondant, peu coûteux, non toxique, diffusion élevée. Extraction sélective et « douce » sans dénaturer les molécules sensibles.	Investissement pour matériel coûteux. Consommation énergétique importante pour établir les pressions et les températures.	Oui	[10] [11] [12]
Détente instantanée contrôlée (DIC)	Le procédé consiste en un traitement du matériel végétal frais pendant une courte durée à haute température (180 °C) et haute pression (10 bars) suivie d'une détente abrupte vers le vide qui provoque l'auto-vaporisation instantanée d'une partie de l'eau et des composés volatils.	Procédé sans solvant. Faible temps de séjour des composés volatils à température élevée.	Formation d'une émulsion stable des huiles essentielles dans l'eau.	Oui	[13] [14]
Extraction par eau subcritique	L'eau chaude est utilisée à des températures comprises entre 100 °C (point d'ébullition de l'eau) et 374,1 °C (point critique de l'eau), et sous l'effet de fortes pressions, l'eau est maintenue sous sa forme liquide. Dans ces conditions, sa polarité diminue et cela permet l'extraction de molécules moyennement polaires à non polaires sans utiliser de solvants organiques.	Eau solvant propre, économique, sûr. Polarité modulable de l'eau.	Investissement pour matériel coûteux. Consommation énergétique importante pour établir les pressions et les températures.	Oui	[15] [16]

Références

1. F. Chemat, *Eco-extraction du végétal*, Paris, Dunod, 2011.
2. F. Chemat, M. Sawamura, « General techniques for oil extraction », *in* M. Sawamura (dir.), *Citrus essential oil : Flavor and Fragrance*, Weinheim, Wiley, **2010**.
3. T. Mason, F. Chemat, M. Vinatoru, « The extraction of natural products using ultrasound and microwaves », *Current Organic Chemistry*, **2011**, 15, 237-247.
4. A.A. Craveiro, F.J.A. Matos, J.W. Alencar, M.M. Plumel, « Microwave oven extraction of an essential oil », *Flavour and Fragrance Journal*, **1989**, 4, 43-44.
5. P. Mengal, D. Behn, M. Bellido, B. Monpon, « VMHD : extraction d'huile essentielle par micro-ondes », *Parfums, Cosmétiques, Arômes*, **1993**, 114, 66-67.
6. M.E. Lucchesi, F. Chemat, J. Smadja, « Solvent-free microwave extraction of essential oil from aromatic herbs : comparison with conventional hydro-distillation », *Journal of Chromatography* A, **2004**, 1043, 323-327.
7. M. Abert Vian, X. Fernandez, F. Visinoni, F. Chemat, « Microwave Hydro-diffusion and Gravity : a new device for extraction essential oils », *Journal of Chromatography* A., **2008**, 1190, 14-17.
8. C. von Rechenberg, *Theorie der Gewinnung und Trennung der ätherischen Öle*, Berlin, Von Schimmel & Co, **1910**.
9. A. Koedam, N. Margaris, D. Vokou, *Aromatic plants : Basic and Applied Aspects*, La Haye, Martinus Nijhoff publishers, **1982**.
10. E. Reverchon, « Supercritical fluid extraction and fractionation of essential oils and related products », *The Journal of Supercritical Fluids*, **1997**, 10, 1-37.
11. B. Mira, M. Blasco, S. Subirats, « Supercritical CO_2 extraction of essential oils from orange peel », *The Journal of Supercritical Fluids*, **1996**, 9, 238–243.
12. A. Donelian, L.H.C. Carlson, T.J. Lopes, R.A.F. Machado, « Comparison of extraction of patchouli (Pogostemon cablin) essential oil with supercritical CO_2 and by steam distillation », *The Journal of Supercritical Fluids*, **2009**, 48, 15-20.
13. Colette Besombes, Baya Berka-Zougali, Karim Allaf, « Instant controlled pressure drop extraction of lavandin essential oils : Fundamentals and experimental studies » *Journal of chromatography A*, **2010**, 1217, 6807-6815.
14. S.A. Rezzoug, C. Boutekedjiret, K. Allaf, « Optimization of operating conditions of rosemary essential oil extraction by a fast controlled pressure drop process using response surface methodology », *Journal of Food Engineering*, **2005**, 71, 9-17.
15. M.H. Eikan, F. Golmohammad, Rowshanzamir, « Subcritical water extraction of essential oils from coriander seeds (*Coriandrum sativum* Mill.) », *Journal Food Engineering*, **2007**, 80, 735-740.
16. C.M. Jiménez, J.L. Ubera, D. Luque de Castro, « Comparison of continuous sub-critical water extraction and hydrodistillation of marjoramessential oil », *Journal of Chromatography*, **1999**, 855, 625–663.

Chapitre 3.1

Analyses physico-chimiques des huiles essentielles

Xavier Fernandez[1], Hervé Michel[1], Jean-Philippe Paris[2]

Introduction

Les huiles essentielles font l'objet de transactions importantes. Elles représentent des volumes et des chiffres d'affaire non négligeables.

Que cela soit pour des raisons de sécurité de transport, de stockage, ou pour la sécurité des consommateurs, mais également pour assurer des échanges commerciaux honnêtes, la détermination de la qualité des huiles essentielles est capitale. Elle s'évalue à travers de nombreuses analyses physiques, chimiques ou sensorielles. Très souvent, ces analyses ont été développées et mises en place par des commissions nationales et internationales d'experts de type ISO (Organisation internationale de normalisation) ou AFNOR (Association française de normalisation).

Ces caractéristiques sont déterminées à travers l'examen d'échantillons. Il est donc très important que ces échantillons soient représentatifs des propriétés et de la composition du lot de l'huile essentielle échantillonnée [1].

Ce prélèvement peut s'avérer difficile suivant la nature, le nombre et la capacité des récipients contenant les produits, l'état physique de l'huile essentielle, la présence d'eau ou d'autres impuretés.

La méthode à suivre pour obtenir un échantillon représentatif est variable et fait l'objet de normes spécifiques [2].

L'échantillon doit ensuite être conservé dans un récipient en verre hermétique, dans un endroit frais, à l'abri de la lumière et des variations importantes de température.

Les huiles essentielles peuvent se présenter sous différents états :

- liquide (cas le plus fréquent) comme pour la lavande ;

1. Institut de chimie de Nice (ICN), UMR 7272 Université de Nice-Sophia-Antipolis, CNRS, parc Valrose, 06108 Nice Cedex 2, France.

2. PAYAN-BERTRAND, 28 avenue Jean XXIII, 06130 Grasse, France.

- solide comme pour la rose ou le cèdre ;
- mélange de liquide et de solide comme pour la badiane ;
- pâteux comme pour le bois de gaïac.

Suivant les cas, il peut être nécessaire d'homogénéiser l'huile essentielle échantillonnée. Cela se fait par simple agitation pour les huiles essentielles liquides. Pour celles qui sont à l'état solide, pâteux ou en mélange solide et liquide, il est nécessaire de chauffer l'échantillon en agitant pour obtenir sa liquéfaction. Lorsque seule la liquéfaction partielle est possible, le mélange est agité jusqu'à obtention de la meilleure homogénéisation.

Lorsque le récipient à prélever est d'une grande capacité, plusieurs prélèvements doivent être effectués.

D'un point de vue chimique, les huiles essentielles sont des mélanges complexes de composés organiques de structures et de fonctions chimiques très différentes [3]. Leur complexité est très variable : de plusieurs centaines de constituants, comme les huiles essentielles de rose, de patchouli, ou encore de vétiver, à quelques composés très majoritaires pour les huiles essentielles de bois de rose (linalol), de badiane (anéthole), ou encore d'orange (limonène).

Plus généralement, les huiles essentielles sont constituées de quelques composés majoritaires (présents entre 10 et 50 %) et de très nombreux constituants présents en faibles quantités, jusqu'à l'état de traces.

Le contrôle de la qualité de ces extraits n'est donc pas une chose aisée, car même s'ils sont présents dans de très faibles concentrations, certains de ces constituants peuvent avoir un impact non négligeable sur l'odeur du produit. Ainsi, il a été identifié dans l'huile essentielle de pamplemousse (*Citrus paradisi McFayden*) du *p*-menthène-8-thiol qui présente un très fort pouvoir olfactif avec un seuil de perception de 0,00002 ppb [4].

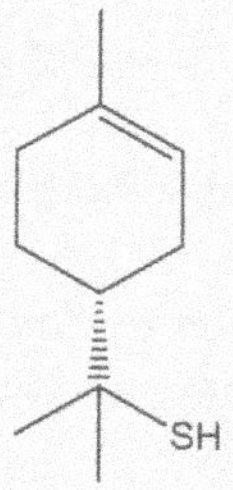

Figure 1. Structure du *p*-menthène-8-thiol.

Le contrôle de la qualité des huiles essentielles doit donc passer par des analyses physico-chimiques mais également organoleptiques.

Les principales analyses réalisées peuvent être classées selon :

- les caractéristiques physiques et organoleptiques :
  - couleur et aspect,
  - odeur et goût,
  - viscosité,
  - densité,
  - pouvoir rotatoire,
  - indice de réfraction,
  - solubilité dans l'éthanol,
  - température de fusion (pour les huiles essentielles solides),
  - température de congélation,
  - point éclair ;
- les caractéristiques chimiques :
  - indice d'acide,
  - indice d'ester,
  - indice de saponification,
  - indice de carbonyle,
  - indice de peroxyde,
  - quelques dosages spécifiques ;
- les caractéristiques chromatographiques et spectroscopiques qui seront traitées dans les chapitres 3.2 et 3.3.

Dans certains cas particuliers, des techniques très puissantes et coûteuses peuvent être utilisées. C'est généralement pour mettre en évidence de potentielles adultérations.

Ainsi, on peut effectuer des mesures isotopiques sur un ou plusieurs constituants de type : IRMS (*Isotope Ration Mass Spectrometry*), SIRA (*Stable Isotope Ratio Analysis*) ou SNIF-RMN (*Site specific Natural Isotope Fractionation* – Résonnance Magnétique Nucléaire), pour mettre en évidence la naturalité.

Ce chapitre a pour objectif de décrire les principales analyses chimiques, physiques et organoleptiques réalisées sur les huiles essentielles.

Mesures pour assurer la sécurité

Les huiles essentielles sont constituées de nombreux composés organiques, souvent volatils. Leurs obtention, transport, commercialisation et usages doivent donc être réalisés dans des conditions assurant une parfaite sécurité.

Ces mélanges complexes sont, tout d'abord, des produits inflammables. Il est donc important de connaître la température à laquelle chaque huile essentielle va s'enflammer. On parle, dans ce cas, de détermination du point d'éclair.

Par définition, le point d'éclair est « la température, corrigée pour une pression de 101,325 kPa, à laquelle le liquide d'essai dégage des vapeurs dans un récipient fermé, dans des conditions définies dans la méthode d'essai, et en quantités telles qu'il en résulte dans le récipient d'essai un mélange vapeur/air inflammable » [5].

Plusieurs méthodes de détermination du point d'éclair en vase clos ont été normalisées par plusieurs organismes internationaux ou nationaux pour divers produits se rapprochant des huiles essentielles. Ces méthodes sont proches et sont liées à l'utilisation de méthodes et de vases de mesure dits « Abel », « Abel-Pensky », « Pensky », « Pensky-Martens », « Tag », « Setaflash », « Luchaire ».

Les méthodes qui utilisent des instruments de type « Setaflash » présentent l'avantage de consommer peu de produit.

Le principe est toujours le même : la substance est placée dans un récipient d'essai que l'on chauffe progressivement jusqu'à ce que la concentration de vapeurs dans l'air donne un mélange pouvant être enflammé.

Il est difficile de retenir une seule méthode pour toutes les huiles essentielles, car :

- elles sont très nombreuses et leurs compositions chimiques sont très variables ;
- les volumes nécessaires pour certains instruments (30 à 150 mL) sont incompatibles avec le prix élevé de certaines huiles essentielles ;
- plusieurs instruments peuvent effectuer ce type de mesure ;
- il existe dans la bibliographie plusieurs références donnant le point d'éclair de certaines huiles essentielles avec différents types d'instruments.

Analyses olfactives

L'analyse olfactive d'une huile essentielle est d'une grande importance, d'autant plus si elle a pour finalité d'être employée dans les secteurs des arômes, parfums, cosmétiques. En effet, si l'odeur d'une huile essentielle n'est pas satisfaisante, très souvent, même si les autres analyses sont conformes, l'extrait sera rejeté.

Un évaluateur performant et bien entraîné peut se révéler particulièrement efficace pour ce type d'analyse.

Ces analyses olfactives sont réalisées par comparaison avec un échantillon conforme. Celui-ci doit être le plus récent possible et/ou conservé dans des conditions très rigoureuses.

Elles sont généralement faites par un parfumeur spécialisé en extraits naturels ou en contrôle qualité (CQ) ou bien par un panel d'experts.

En règle générale, les séances se déroulent par groupes de deux ou trois experts entraînés afin d'éviter toute accoutumance, anosmie passagère ou spécifique ainsi que toute erreur de jugement. Chaque évaluateur compare l'échantillon à analyser avec l'échantillon témoin ; en s'appuyant également sur son expérience olfactive, il déclare le produit conforme ou non. Si un doute persiste et ce malgré l'intervention de plusieurs techniciens, un test dit « triangulaire » est effectué. En aveugle, trois mouillettes sont préparées, dont deux trempées dans le même flacon ; le but de l'évaluateur est de rapprocher deux des trois mouillettes afin de valider une éventuelle différence.

Ces évaluations sont d'une importance capitale, car les progrès de la synthèse organique et de la chimie analytique permettent de donner à une huile essentielle adultérée les caractéristiques physico-chimiques simples d'une huile essentielle pure.

Tests divers

Un des tests les plus simples pour contrôler la conformité d'une huile essentielle est l'évaluation de la miscibilité avec des mélanges éthanol/eau dans des proportions données.

La mesure se fait à 20 °C par addition graduelle d'une solution d'éthanol de titre alcoométrique donné à une petite quantité d'huile essentielle jusqu'à apparition d'un trouble ou d'une opalescence persistante [6].

Le point de congélation, exprimé en °C, d'une huile essentielle est un second test relativement facile à réaliser. Il correspond à la température observée pendant la phase de libération de chaleur latente de solidification lorsque l'huile essentielle à l'état liquide est refroidie [7]. Cette mesure n'est néanmoins pas applicable à certaines huiles essentielles, comme celle de rose par exemple.

Le principe est basé sur l'observation des variations de température accompagnant la solidification des huiles essentielles quand elles sont refroidies lentement et progressivement.

Le résidu d'évaporation constitue un autre de ces tests simples : c'est le pourcentage (en masse) de substances peu volatiles restant après chauffage dans un bain d'eau (temps fonction de l'huile essentielle à évaluer) [8].

Il est exprimé (avec une décimale) par la formule suivante :

$$\frac{100 \times m_1}{m_0}$$

m_0 : masse de la prise d'essai (en g)
m_1 : masse du résidu d'évaporation (en g)

Mesures physiques

De nombreuses mesures physiques simples à réaliser servent à contrôler la qualité des huiles essentielles.

La densité

La **densité** ou *densité relative* d'une huile essentielle est le rapport de sa masse volumique à la masse volumique d'un corps pris comme référence, de l'eau distillée à 20 °C.

Cette grandeur est sans dimension et son symbole est d_{20}^{20}.

Selon la nature de l'huile essentielle, il peut être nécessaire d'effectuer la mesure à une température différente de 20 °C, il faut alors le mentionner. La correction moyenne, aux environs de 20 °C, est de 0,0007 à 0,0008 par degré Celsius.

La méthode de référence utilise des pycnomètres. Des volumes d'huile essentielle et d'eau sont successivement pesés [9]. La densité relative, d_{20}^{20} est donnée par la formule suivante :

$$d_{20}^{20} = \frac{m_2 - m_0}{m_1 - m_0}$$

m_0 : masse du pycnomètre vide (en g)
m_1 : masse du pycnomètre rempli d'eau (en g)
m_2 : masse du pycnomètre rempli d'huile essentielle (en g)

Il existe également des instruments électroniques automatiques qui permettent d'effectuer très rapidement la mesure de la densité relative avec une bonne à très bonne précision.

Le principe de ces instruments d'usage simple est basé sur un tube oscillant en U. Le tube est rempli d'échantillon (généralement, 1 mL). L'instrument excite électroniquement la cellule de mesure pour osciller simultanément à la fréquence fondamentale de résonance et ses harmoniques. Les caractéristiques d'oscillation sont

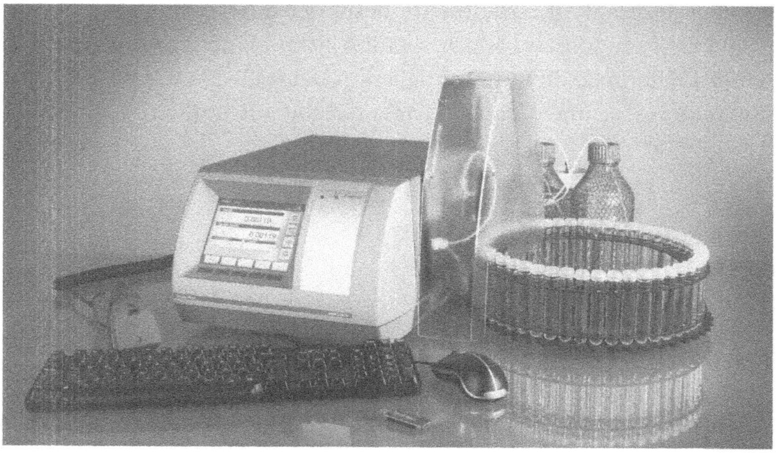

Figure 2. Photographie d'un densimètre automatique (reproduit avec l'accord de la société Anton Paar).

mesurées, l'oscillateur de référence donnant alors la cadence. La densité est déduite de ces mesures avec une grande précision, et les effets de viscosité sont corrigés. L'oscillateur de référence est en étroit contact thermique avec le tube oscillant. Ce positionnement permet à l'oscillateur de référence de compenser toutes les dérives.

La formule déterminant l'oscillation ainsi que sa dépendance vis-à-vis de ρ est simple et s'exprime selon la relation suivante :

$$\rho = A \times (1/f)^2 - B$$

A = constante liée au coefficient d'élasticité du verre et constante de rappel
F = fréquence d'oscillation
B = constante liée à la masse et volume du tube en U

L'air et l'eau servant de produits de référence pour étalonner l'appareil (détermination des constantes A et B).

De nombreux instruments de ce type sont munis de détecteurs de bulles de gaz, et ces systèmes peuvent s'automatiser facilement.

L'indice de réfraction

L'**indice de réfraction**, n_D^t, est « le rapport entre le sinus de l'angle d'incidence et le sinus de l'angle de réfraction d'un rayon lumineux d'une longueur d'onde déterminée, passant de l'air dans l'huile essentielle maintenue à une température constante » [10, 11].

La longueur d'onde utilisée est de 589,3 ± 0,3 nm, correspondant aux radiations D_1 et D_2 du spectre du sodium.

Ces mesures sont réalisées à l'aide d'un réfractomètre. Selon le type d'instrument utilisé, une mesure est effectuée soit directement soit par observation de la limite de réflexion totale, l'huile essentielle étant maintenue dans des conditions de transparence et d'isotropisme.

Les réfractomètres permettent une lecture directe des indices de réfraction situés entre 1,3000 et 1,7000 avec une précision de ± 0,0002.

La température de référence est de 20 °C, sauf pour les huiles essentielles qui ne se trouvent pas à l'état liquide à cette température. On se place alors à 25 °C ou 30 °C suivant le point de fusion de l'huile essentielle considérée.

L'indice de réfraction n_D^t, à la température de référence *t*, est donné par l'équation suivante :

$$n_D^t = n_D^{t'} + 0{,}0004\ (t' - t)$$

Où $n_D^{t'}$ est la valeur de la lecture obtenue à la température t', à laquelle a été effectuée la détermination. Le résultat est présenté avec quatre décimales.

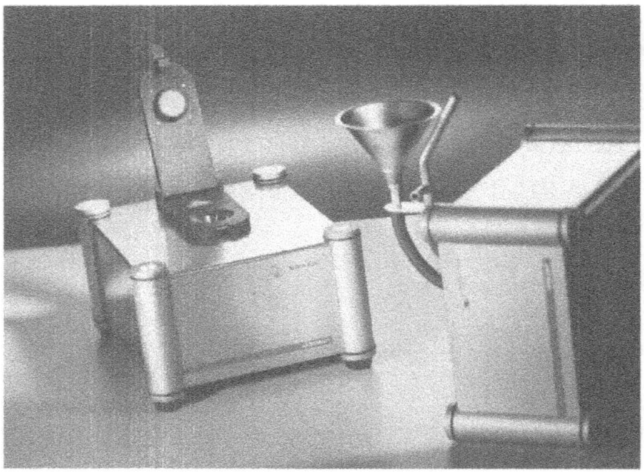

Figure 3. Photographie d'un réfractomètre (reproduit avec l'accord de la société Anton Paar).

Figure 4. Photographie de la mesure de l'indice de réfraction d'huile essentielle (reproduit avec l'accord de la société Anton Paar).

Le pouvoir rotatoire

Le **pouvoir rotatoire** d'une huile essentielle, α_D^t, est « l'angle et/ou le degré d'angle, exprimé en milliradians, selon lequel tourne le plan de polarisation d'une radiation lumineuse d'une longueur d'onde de 589 ± 0,3 nm (raies D du sodium), lorsque celle-ci traverse une épaisseur de 100 mm d'huile essentielle dans des conditions de température bien déterminées » [12].

Dans le cas des huiles essentielles solides, partiellement solides, très visqueuses à température ambiante ou encore très colorées, il est nécessaire de réaliser la mesure sur une solution de l'huile essentielle. On parle alors de pouvoir rotatoire spécifique. Le pouvoir rotatoire, α_D^t, de la solution d'huile essentielle est divisé par la masse d'huile essentielle contenue dans l'unité de volume. Attention : il est nécessaire d'utiliser un diluant racémique, donc de pouvoir rotatoire nul, afin d'éviter toute erreur de mesure. Une autre solution est également envisageable pour mesurer le pouvoir rotatoire d'une solution très colorée (huile essentielle de patchouli foncé, bergamote, bouleau...) : se servir d'une cellule plus courte (de l'ordre de 10 mm, de type cuve pour mesure spectrophotométrique) afin de diminuer la densité optique (DO) et ainsi de permettre au rayon de traverser l'épaisseur de liquide. La valeur obtenue servant directement à calculer la valeur pour une épaisseur de 100 mm *via* la formule ci-dessous.

L'instrument utilisé pour cette mesure est le polarimètre. Il doit être d'une précision au moins égale à ± 0,5 mrad (± 0,03°) et étalonné de façon à donner 0° et 180° avec l'eau. Il doit également être contrôlé (lame de quartz ou solution aqueuse de saccharose pur anhydre – 26,00 g dans 100 mL d'eau).

La mesure s'effectue en plaçant l'échantillon dans le tube et en s'assurant qu'il ne reste pas de bulles d'air. Le tube est alors placé dans le polarimètre et la lecture de l'angle de rotation réalisée (dextrogyre (+) ou lévogyre (–)). Les mesures sont réalisées (sauf exceptions) à 20 °C. Il faut effectuer au moins trois mesures sur le même échantillon.

Le pouvoir rotatoire est alors donné par la relation suivante :

$$\alpha_D^t = \frac{A}{l} \times 100$$

A : valeur de l'angle de rotation (en milliradians) et/ou degré d'angle

l : longueur du tube utilisé (en millimètres)

Lorsqu'on ne dispose pas d'un instrument à température contrôlée, il est nécessaire d'appliquer un facteur de correction.

Le pouvoir rotatoire spécifique apparent, exprimé en milliradians et/ou degrés d'angle, est donné par l'équation suivante :

$$[\alpha] = \frac{\alpha_D^t}{c}$$

α_D^t = pouvoir rotatoire de la solution d'huile essentielle calculé

c : concentration de la solution d'huile essentielle (en g/mL)

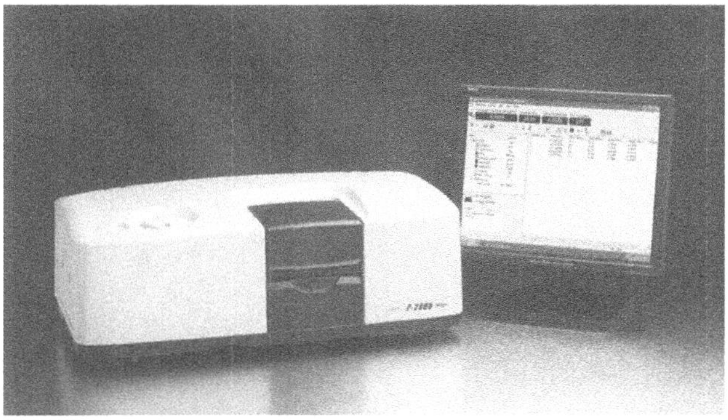

Figure 5. Photographie d'un polarimètre (reproduit avec l'accord de la société Jasco).

Figure 6. Photographie d'une cuve de 10 mm.

Estimation de la concentration d'une classe de composés, les indices

De nombreuses huiles essentielles sont riches de toute une famille de constituants ; il est alors très utile de quantifier cette famille pour évaluer la qualité de l'huile. Ces méthodes passent souvent par la mesure d'un indice obtenu à l'aide d'un titrage.

Dans de nombreux cas, il est possible d'utiliser la potentiométrie pour la mesure des indices des huiles essentielles. Néanmoins, elle est particulièrement recommandée dans le cas des huiles essentielles très colorées, comme celle de vétiver. Il est, en effet, très difficile d'apprécier le virage de l'indicateur coloré dans ce cas.

Le titrage

Le titrage ou la titrimétrie est une technique de dosage employée pour déterminer la concentration d'une espèce en solution.
Le titrage volumétrique consiste à se servir d'une solution de concentration connue (nommée *titrant*) pour neutraliser une espèce contenue (l'*analyte*) dans la solution inconnue.
Le plus répandu est le titrage acide-base, où on additionne goutte à goutte un acide dans un volume déterminé de base à titrer (ou, inversement, pour les titrages base-acide). Il peut également s'agir d'un titrage d'oxydoréduction, réaction impliquant l'oxydant d'un couple et le réducteur d'un autre couple.

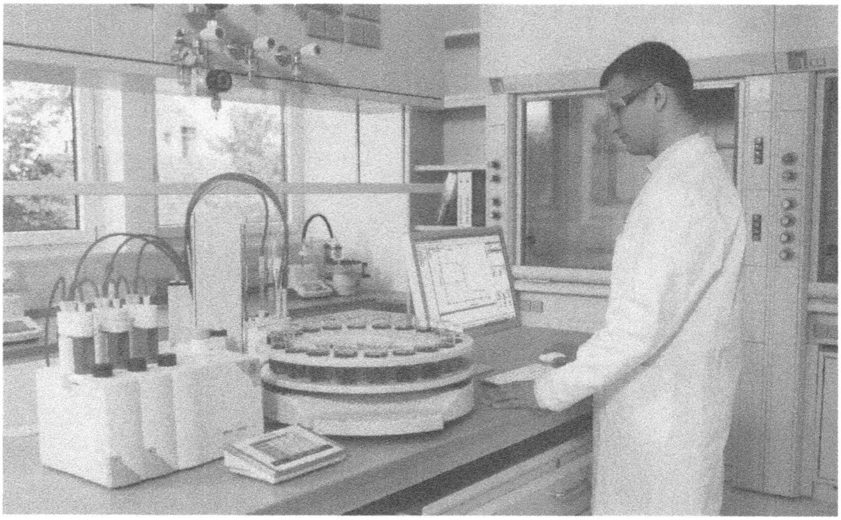

Titreur automatique (Mettler T90, reproduit avec l'accord de la société Mettler Toledo).

Le point de neutralisation est connu :

- soit à l'aide d'un indicateur coloré additionné à la solution. Cet indicateur change de couleur lors de la neutralisation ;
- soit grâce à une mesure physique (*pH*, potentiel redox, conductivité, absorbance...).

Détermination de la teneur en eau – Méthode de Karl Fischer

La teneur en eau d'une huile essentielle est la quantité d'eau présente dans l'huile essentielle considérée. Elle est exprimée comme fraction massique, en pourcentage. Elle est déterminée par titrage, par la méthode dite de Karl Fischer [13].

Ce titrage utilise le principe d'oxydation du dioxyde de soufre par l'iode en présence d'eau. La réaction de base de ce dosage est la suivante :

$$I_2 + SO_2 + 2H_2O \longrightarrow 2\,HI + H_2SO_4$$

Décrite par R.W. Bunsen en 1853, elle est reprise quatre-vingt-deux ans plus tard par Karl Fischer. Dans cette méthode, l'eau présente dans l'échantillon réagit en présence d'une amine et d'un alcool avec de l'iode et du dioxyde de soufre.

$$H_2O + I_2 + SO_2 + ROH + 3R_nNH_{3-n} \longrightarrow 2R_nNH_{3-n}HI + R_nNH_{3-n}HSO_4R$$

Avec R = groupe alcoyle ou alcoxyde.

L'iode réagit avec l'eau 1:1. L'alcool (50 % de méthanol), qui est le solvant, est impliqué dans la réaction. Une base appropriée (amine : pyridine initialement, puis imidazole actuellement) maintient le pH pendant le titrage entre 5 et 7, valeur pour laquelle la réaction est optimale.

Le point final de la réaction est obtenu par potentiométrie avec une double électrode en platine.

La différence de potentiel au point de fin de titrage dépend du courant de polarisation employé, ainsi que de la surface de contact des électrodes de platine.

Les valeurs typiques de différence de potentiel au point de fin de titrage mesurées par des électrodes de platine de 3-4 mm de longueur par 1 mm de diamètre sont répertoriées dans le tableau 1 [14].

Tableau 1. Courant de polarisation et potentiel au point de fin de titrage.

Ipol (µA)	Point de fin de titrage (mV)
1	20 – 30
5	50 – 70
10	80 – 100
20	100 – 120
30	130 – 150
40	150 – 170

Il est nécessaire d'utiliser des réactifs de qualité analytique. En général, on commence par la détermination de la dérive : le réacteur du titrateur automatique n'est pas complètement étanche à l'eau. Ainsi, l'humidité de l'air parvient toujours à pénétrer dans le système. La mesure de la quantité d'eau qui pénètre dans le système par unité de temps est appelée « la dérive », et elle s'exprime en µg/min.

Il est tout d'abord nécessaire de déterminer le titre du réactif de Karl Fischer, ou concentration massique équivalente en eau du réactif de Karl Fischer (T). Il est exprimé en milligrammes d'eau par millilitre de réactif, à l'aide de l'une des équations suivantes :

$$T = \frac{m_1}{V_1} \times \frac{0{,}5 \times 18}{235{,}28} \quad \text{ou} \quad T = \frac{m_2}{V_2}$$

m_1 : masse du sel dipotassique de l'acide tartrique introduite dans le cas où ce réactif est utilisé pour l'étalonnage (en mg)

V_1 : volume du réactif de Karl Fischer utilisé pour l'étalonnage (en mL)

0,5 : nombre de moles d'eau par mole de sel dipotassique de l'acide tartrique

18 : masse molaire de l'eau (en g/mol)

235,28 : masse molaire du sel dipotassique de l'acide tartrique (en g/mol)

m_2 : masse connue de l'eau si elle est utilisée pour l'étalonnage (en mg)

V_2 : volume du réactif de Karl Fischer utilisé pour l'étalonnage (en mL)

On calcule la quantité d'eau de l'échantillon M (en mg) par la relation :

$$M = V_3 \times T$$

Et la teneur en eau de l'huile essentielle, w_w, est exprimée en pourcentage de fraction massique par la formule :

$$W_w = \frac{V_3 \times T}{V_0 \times \rho \times 10}$$

V_0 : volume de la prise d'essai (en mL)

ρ : masse volumique de l'échantillon à 20 °C (en g/L)

V_3 : volume du réactif de Karl Fischer utilisé pour la détermination (en mL)

T : équivalent en eau (en mg d'eau par mL de réactif de Karl Fischer) calculé à l'aide de la formule précédente

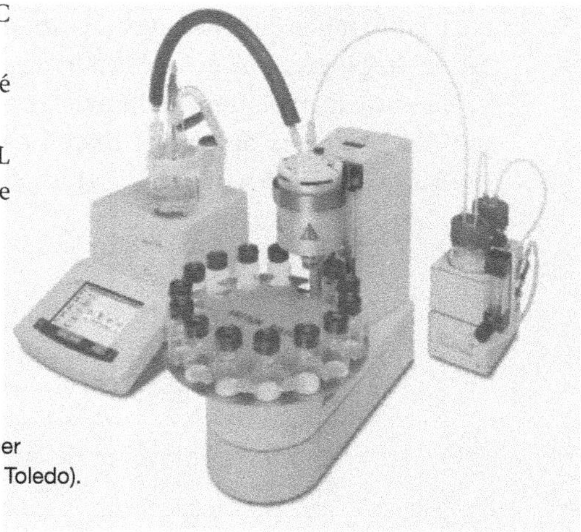

Figure 7. Photographie d'un titreur Karl Fischer (reproduit avec l'accord de la société Mettler Toledo).

La masse volumique de l'huile essentielle est obtenue en multipliant la valeur obtenue pour la densité par la valeur obtenue pour la densité relative par la masse volumique de l'eau à 20 °C (0,998 g/mL).

Indice d'acide

La mesure de l'**indice d'acide** (IA) est une mesure importante dans le contrôle des huiles essentielles. Elle n'est cependant pas applicable aux huiles essentielles contenant des concentrations importantes en lactones.

L'indice d'acide est défini comme le nombre de milligrammes d'hydroxyde de potassium (KOH) nécessaire pour neutraliser les acides contenus dans un gramme d'huile essentielle.

Pour cela, les acides libres sont neutralisés par une solution éthanolique d'hydroxyde de potassium de concentration connue (généralement, à 0,1 mol/L) [15] selon l'équation suivante :

$$RCOOH + K^+,OH^- \longrightarrow RCOO^-,K^+ + H_2O$$

On utilise comme indicateur coloré :

- la phénolphtaléine à 2 g/L dans l'éthanol ;
- ou le rouge de phénol à 0,4 g/L dans l'éthanol.

L'indice d'acide est donné par la formule :

$$IA = \frac{V \times C \times 56{,}11}{m}$$

V : volume de la solution d'hydroxyde de potassium utilisée pour le titrage (en mL)
C : concentration de la solution d'hydroxyde de potassium (en mol/L)
m : masse (de la prise d'essai (proche de 2 g), (en g)
56,11 : masse molaire de l'hydroxyde de potassium (en g/mol)

Indice d'ester

L'indice d'ester (IE) correspond au nombre de milligrammes d'hydroxyde de potassium nécessaire à la neutralisation des acides libérés par l'hydrolyse des esters contenus dans un gramme d'huile essentielle.

Cette mesure ne s'applique pas aux huiles essentielles riches en lactones et aldéhydes.

Il se mesure par chauffage des esters présents dans l'huile essentielle en solution éthanolique d'hydroxyde de potassium (saponification) de concentration connue et par dosage en retour de l'excès de base par une solution d'acide chlorhydrique.

L'indicateur coloré est la phénolphtaléine à 2 g/L dans l'éthanol. Si l'huile essentielle est riche en composés phénoliques, on utilise du rouge de phénol (0,4 g/L dans l'éthanol).

L'indice d'ester (IE) est obtenu à l'aide de l'équation suivante :

$$IE = \frac{56,11 \times C}{m} \times (V_0 - V_1) - IA$$ [1,2]

56,11 : masse molaire de l'hydroxyde de potassium (en g/mol)
V_0 : volume de la solution d'acide chlorhydrique, utilisé pour l'essai à blanc (en mL)
V_1 : volume de la solution d'acide chlorhydrique, utilisé pour la détermination (en mL)
m : masse de la prise d'essai (en g)
IA : valeur de l'indice d'acide

Indice de carbonyle

La teneur en composés carbonylés s'évalue par la détermination de l'indice de carbonyle. Pour cela, on utilise la potentiométrie à froid (dans le cas des huiles essentielles dont les constituants principaux sont des aldéhydes) ou à chaud (pour celles qui sont riches en cétones, principalement les méthylcétones, difficilement oximables) [16].

L'**indice de carbonyle** d'une huile essentielle est le nombre de milligrammes d'hydroxyde de potassium par gramme d'huile essentielle nécessaire à la neutralisation de l'acide chlorhydrique libéré par la réaction d'oximation avec le chlorure d'hydroxylammonium [17].

Les composés carbonylés sont transformés en oximes par réaction avec de l'hydroxylamine libérée par le mélange d'hydroxyde de potassium et d'hydroxylammonium. La base en excès est alors titrée avec une solution d'acide chlorhydrique.

Le titrage peut se faire par colorimétrie – l'indicateur est alors le bleu de bromophénol – ou par potentiométrie.

L'indice de carbonyle, exprimé en milligrammes d'hydroxyde de potassium par gramme d'huile essentielle, est donné par la formule :

$$IC = 56,11 \times \frac{(V_0 - V_1)}{m} \times c$$

c : concentration de la solution d'hydroxyde de potassium (en mol/L)
m : masse de l'échantillon (en g)
V_0 : volume de la solution d'hydroxyde de potassium, utilisé pour l'essai à blanc (en mL)
V_1 : volume de la solution d'hydroxyde de potassium, utilisé pour la mesure (en mL)
56,11 : masse molaire de l'hydroxyde de potassium (en g/mol)

La teneur en constituants carbonylés, exprimée en pourcentage en masse de l'aldéhyde ou de la cétone spécifiée, est donnée par la formule :

---

1 L'indice d'ester n'est pas mesuré, il est calculé : IE = indice de saponification – indice d'acide (IA)

2 Dans le cas où C = 0,5 mol/L alors $IE = \frac{28,05}{m} \times (V_0 - V_1) - IA$.

$$\frac{Mr \times (V_0 - V_1)}{10\ m} \times c$$

c, m, V_0 et V_1 décrits précédemment
Mr : masse molaire relative de l'aldéhyde ou de la cétone spécifiée dans la norme relative à l'huile essentielle étudiée (en g/mol)

Indice d'iode

L'**indice d'iode** peut être défini comme le nombre de grammes de diiode absorbés par 100 g d'échantillon. Il permet d'avoir une information sur la proportion des composés insaturés dans le mélange. Plus il y a de composés insaturés, plus la quantité de diiode absorbée sera importante et plus l'indice sera élevé [18].

Le protocole à suivre pour déterminer cet indice consiste tout d'abord à additionner du diiode (ou autres halogènes) sur les doubles liaisons. Pour cela, on met à réagir une quantité d'huile essentielle dissoute dans un solvant avec une quantité connue d'iode en excès.

Expérimentalement, on peut déterminer l'indice d'iode par la méthode de Wijs [19]. Dans cette méthode, on utilise le réactif de Wijs, qui est une solution de monochlorure d'iode ICI, composé plus réactif que le diiode, mis strictement équivalent à celui-ci du point de vue du nombre de moles fixées sur les doubles liaisons. On fait alors agir le réactif de Wijs, que l'on met en excès connu, sur un corps gras non saturé, ICI se fixe sur les doubles liaisons.

$$\text{R-CH=CH-R'} + \text{ICI} \longrightarrow \text{R-CHI-CHCl-R'}$$

L'excès de réactif reste en solution. On ajoute alors de l'iodure de potassium en fort excès (ce composé sert également à solubiliser le diiode libéré), qui se combine à ICI en libérant du diiode.

$$\text{ICI} + I^- \longrightarrow I_2 + Cl^-$$

Ainsi, le diiode libéré est dosé par une solution de concentration molaire connue de thiosulfate de sodium, en présence d'empois d'amidon, ajouté en fin de dosage.

$$I_2 + 2e^- \longrightarrow 2I^-$$
$$2S_2O_3^{2-} \longrightarrow S_4O_6^{2-} + 2e^-$$
$$I_2 + 2S_2O_3^{2-} \longrightarrow S_4O_6^{2-} + 2I^-$$

On effectue un dosage témoin dans les mêmes conditions, mais sans corps gras, afin de pouvoir déterminer la quantité de diiode qui a saturé les doubles liaisons. Il faut utiliser du matériel sec, car ICl est détruit par l'eau.

L'indice d'iode est calculé grâce à la relation suivante :

$$Ii = \frac{(V_B - V_S) \times C \times (126 \times 2) \times 100}{2 \times m}$$

Ii : indice d'iode en g/100 g d'échantillon
V_B : volume de titrant utilisé pour faire le blanc (en mL)
V_S : volume de titrant utilisé pour doser l'échantillon (en mL)
C : concentration du thiosulfate de sodium (en mol/L)
126,9 : masse molaire de l'iode (donc pour le diiode : 126,9 × 2) (en g/mol)
m : masse de l'échantillon (en g)

Le nombre de doubles liaisons est : $(V_B - V_S).C/2$

Indice de peroxyde

C'est un indicateur du degré d'oxydation des huiles essentielles. Il correspond au nombre de milliéquivalents de peroxyde par kilogramme d'échantillon. L'échantillon est dissous dans un mélange d'acide acétique/chloroforme (3:2) [20]. Les peroxydes réagissent avec un excès d'iodure de potassium :

$$ROOH + K^+I^- \xrightarrow[\Delta]{H^+} ROH + K^+OH^- + I_2$$

L'iode libéré au cours de la réaction est titré par une solution de thiosulfate de sodium :

$$I_2 + 2\ Na_2S_2O_3 \longrightarrow 2\ NaI + Na_2S_4O_6$$

L'indice de peroxyde est calculé de la façon suivante :

$$Ip = \frac{(V_S - V_B) \times N \times 1000}{m}$$

Ip : indice de peroxyde en mEq de peroxyde par kg d'échantillon
V_B : volume de titrant utilisé pour faire le blanc (en mL)
V_S : volume de titrant utilisé pour doser l'échantillon (en mL)
N : normalité du thiosulfate de sodium (en $mEq.mL^{-1}$) ou C concentration molaire (en mol/L)
m : masse de l'échantillon (en g)

Teneur en alcools libres et en alcools totaux

L'évaluation de la teneur en alcools libres et en alcools totaux dans les huiles essentielles se détermine par la mesure de l'indice d'ester avant et après acétylation par l'anhydride acétique en présence d'acétate de sodium [21].

Cette méthode n'est cependant pas applicable aux huiles essentielles contenant des quantités importantes d'alcools tertiaires, car ils sont très difficilement acétylables, ni aux huiles essentielles riches en phénols, lactones, aldéhydes ou cétones énolisables, car ces composés peuvent s'énoliser en même temps que les alcools libres.

Dans un premier temps, l'indice d'ester avant acétylation est déterminé conformément à la méthode décrite précédemment (indice d'ester).

L'acétylation est ensuite réalisée par l'action de l'anhydride acétique en présence d'acétate de sodium en chauffant durant deux heures. Après hydrolyse, la phase huile essentielle (phase organique) est lavée par une solution de chlorure de sodium, puis une solution de carbonate de sodium/chlorure de sodium et enfin de l'eau. Si le lavage a été efficace, l'eau doit avoir un pH neutre. L'huile essentielle est ensuite séchée sur sulfate de magnésium ou de sodium.

L'indice d'ester de l'huile essentielle ainsi acétylée est alors obtenu par la formule :

$$E_2 = \frac{28,05}{m}(V'_0 - V'_1)$$

La teneur en alcools libres, exprimée en pourcentage de masse, par rapport à l'alcool considéré, est donnée par la formule :

$$\frac{Mr \times (E_2 - E_1)}{561 - 0,42 \times E_2}$$

La teneur en alcools combinés, exprimée en pourcentage en masse, par rapport à un alcool donné, est obtenue par la formule :

$$\frac{Mr \times E_1}{561}$$

m : masse de la prise d'essai d'huile essentielle acétylée (en g)
V'_0 : volume de la solution d'acide chlorhydrique, utilisé pour l'essai à blanc (en mL)
V'_1 : volume de la solution d'acide chlorhydrique, utilisé pour la détermination de l'indice d'ester après acétylation (en mL)
Mr : masse molaire relative de l'alcool de référence utilisé pour exprimer conventionnellement le résultat (en g/mol)
E_1 : indice d'ester de l'huile essentielle avant acétylation (IE)
E_2 : indice d'ester de l'huile essentielle après acétylation

Teneur en phénols

La teneur en phénols d'une huile essentielle est le pourcentage (en volume) de phénols contenus dans l'huile essentielle.

Pour cela, les phénols contenus dans un volume connu d'huile essentielle sont transformés en phénates par lavage avec une solution basique (hydroxyde de potassium). Les phénates étant solubles en phase aqueuse, on mesure alors le volume de la partie non transformée. Il est parfois nécessaire de chauffer certaines huiles essentielles pour effectuer cette détermination.

Afin d'éviter la formation d'une intercouche d'émulsion, il est préférable de traiter au préalable l'huile essentielle par de l'acide tartrique.

Pour les huiles essentielles contenant des esters de phénol, on observe parfois une saponification partielle ou totale de ces esters.

La teneur en phénols, w, de l'échantillon est exprimée en pourcentage (en volume) par la relation suivante :

$$w = 10(10 - V)$$

V : volume de la partie huile essentielle non transformée (en mL)

Mesures spécifiques

Certaines huiles essentielles possèdent des particularités dans leur composition chimique qui ont conduit à des mesures particulières. Il s'agit principalement des huiles essentielles de *citrus*, dont la méthode d'obtention (l'expression) conduit à des compositions chimiques plus complexes. On peut citer, par exemple :

- la détermination de la valeur CD par spectrométrie dans l'ultra-violet pour les huiles essentielles de *citrus*. Il s'agit de la mesure d'un segment spécifique (exprimé en unités d'absorbance) pris sur la courbe d'absorbance d'une solution éthanolique d'huile essentielle dans l'intervalle de longueur d'onde 220-240 nm [22] ;
- la détermination de la teneur en caroténoïdes totaux pour les huiles essentielles d'orange douce [23]. Méthode spectrométrique permettant de doser les caroténoïdes totaux dans les essences à teneur élevée en caroténoïdes (de l'ordre de 100 ppm). La mesure se fait sur une solution d'huile essentielle dans l'éther de pétrole au maximum d'absorbance (entre 400 et 500 nm).

La teneur en caroténoïdes totaux, w_c, exprimée en milligrammes par kilogramme est donnée par la formule suivante :

$$W_c = \frac{d \times 0,4}{m} \times 1000$$

d : valeur de l'absorbance maximum de la courbe

m : masse (en g) de la prise d'essai

Références bibliographiques

1. G.D. Christian, *Analytical Chemistry*, 6e édition, Hoboken, John Wiley & Sons, **2004**.
2. Normes Françaises : Huiles essentielles. Règles générales pour l'échantillonnage. NF ISO 75-003, **1956**, 1-4.
3. J. Garnéro, « Huiles essentielles », *Techniques de l'Ingénieur*, **1996**, K345, 1-39.
4. J.-J.Filippi, X. Fernandez, E. Dunach, « Les composés volatils soufrés en chimie des arômes », *Sc. Alim.*, **2007**, *27*, 23-46
5. Normes Françaises : Huiles essentielles. Directives générales pour la détermination du point éclair. FD ISO/TR 11018 (T 75-107), **1999**, 1-8.
6. Normes Françaises : Huiles essentielles. Évaluation de la miscibilité à l'éthanol. NF ISO 280 (T 75-112), **1999**, 1-3.
7. Normes Françaises : Huiles essentielles. Détermination du point de congélation. NF T 75-102, **1969**, 1-4.
8. Normes Françaises : Huiles essentielles. Évaluation quantitative du résidu d'évaporation. NF T 75-117, **1969**, 1-3.
9. Normes Françaises : Huiles essentielles. Détermination de la densité relative à 20 °C. NF ISO 279 (T 75-111), **1999**, 1-4.
10. Normes Françaises : Huiles essentielles. Détermination de l'indice de réfraction. NF ISO 279 (T 75-111), **1999**, 1-4.
11. R.L. Shriner, C.K.F. Hermann, T.C. Morril, D.Y. Curtin, R.C. Fusen, *The systematic Identification of Organique Compounds*, 8e édition, Hoboken, John Wiley & Sons, **2004**.
12. Normes Françaises : Huiles essentielles. Détermination du pouvoir rotatoire. NF ISO 592 (T 5-113), **1999**, 1-4.
13. Normes Françaises : Huiles essentielles. Détermination de la teneur en eau. Méthode de Karl Fischer. NF ISO 11021 (T 75-131), **1999**, 1-6.
14. « Mettler Toledo DL31/DL38 Titrators. Application brochure 26 », *Fundamentals of the Volumetric Karl Fischer Titration with 10 Selected Applications.*
15. Normes Françaises : Huiles essentielles. Détermination de l'indice d'acide. NF ISO 1242 (T 75-103), **1999**, 1-8.
16. Normes Françaises : Huiles essentielles. Détermination de l'indice de carbonyle. Méthodes potentiométriques au chlorure d'hydroxylammonium. NF ISO 1279 (T 75-126), **1997**, 1-5.
17. Normes Françaises : Huiles essentielles. Détermination de l'indice de carbonyle (méthode de l'hydroxylamine libre). NF T 75-125, **1984**, 1-5.
18. D. Firestone, « Determination of the iodine value of oils and fats: summary of collaborative study », *J. AOAC Int.*, **1997**, *77*, 674-676.
19. J.W. McCutcheon, « Wijs Iodine Method », *Ind. Eng. Chem. Anal. Ed.*, **1940**, *12*, 465-475.
20. W.W. Narwar, « Lipids », O.R. Fennema (dir.), *Food Chemistry*, 3e édition. New York, Marcel Dekker, **1996**, p. 225-319.

21. Normes Françaises : Huiles essentielles. Détermination de l'indice d'ester, avant et après acétylation, et évaluation des teneurs en alcools libres et en alcools totaux. NF ISO 1241 (T 75-123), **1997**, 1-5.

22. Normes Françaises : Huiles essentielles de *citrus*. Détermination de la valeur CD par analyse spectrométrique dans l'ultraviolet. NF ISO 4735 (T 75-122), **2002**, 1-5.

23. Normes Françaises : Huiles essentielles d'orange douce. Détermination de la teneur en caroténoïdes totaux. NF ISO 9910 (T 75-130), **1993**, 1-3.

CHAPITRE 3.2

Analyses chromatographiques

Jean-Philippe Paris[1], Xavier Fernandez[2]

Introduction

Les huiles essentielles sont des mélanges complexes de plusieurs dizaines à plusieurs centaines de composés, principalement volatils. Leurs propriétés (odorante, aromatisante, biologique, toxicologique et écotoxicologique) sont étroitement liées à leur composition chimique.

L'analyse par chromatographie, le plus souvent en phase gazeuse, fournit (*via* le chromatogramme) la composition chimique de l'extrait et permet la quantification des composés d'intérêt [1,2].

Ce chapitre n'a pas pour objectif de reprendre la théorie de la chromatographie, son histoire et ses évolutions. Pour cela, le lecteur pourra se référer à de nombreux ouvrages, revues ou articles qui traitent de la chromatographie en général ou, plus particulièrement, de la chromatographie en phase gazeuse (GC) [3,4], de la chromatographie planaire (CCM, HPTLC) ou encore de la chromatographie liquide (HPLC).

La Chromatographie en phase Gazeuse (GC)

La chromatographie en phase gazeuse (GC) est un outil incontournable dans l'analyse des huiles essentielles. Cette technique d'analyse très répandue est utilisée depuis le milieu du siècle dernier. Elle s'est rapidement imposée de par son coût relativement modéré, son automatisation, sa robustesse, et la large gamme de colonnes et de détecteurs disponibles.

Son principe est basé sur la séparation de composés gazeux selon leurs affinités pour la phase stationnaire (colonne). L'analyse de composés liquides ou solides impose donc de pouvoir les passer à l'état gazeux par chauffage. C'est sans doute la principale contrainte de cette technique, puisqu'on ne peut l'employer que pour l'analyse de composés thermostables.

1. PAYAN-BERTRAND, 28 avenue Jean XXIII, 06130 Grasse, France.

2. Institut de chimie de Nice (ICN), UMR 7272, Université de Nice-Sophia-Antipolis, CNRS, parc Valrose, 06108 Nice Cedex 2, France.

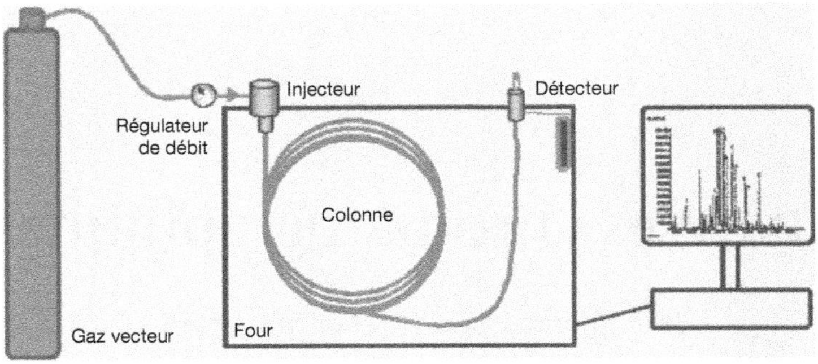

Schéma 1. Les différents modules du chromatographe en phase gazeuse.

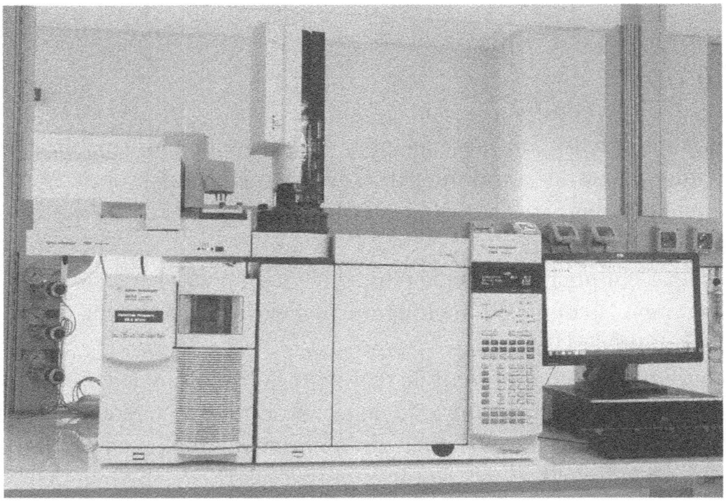

Figure 1. Photographie d'un chromatographe en phase gazeuse
(le détecteur est ici un détecteur de masse, couplage GC/MS).

Figure 2.
Photographie de l'intérieur
du chromatographe, colonne
capillaire dans le four.

Le chromatographe

L'analyse des huiles essentielles par chromatographie en phase gazeuse se fait généralement avec un chromatographe muni d'un automate d'injection, d'un injecteur *split/splitless*, de colonnes capillaires (apolaires et/ou polaires) avec un gradient de température et d'un détecteur à ionisation de flamme (FID) ou d'un spectromètre de masse (MS).

Un chromatographe correspond schématiquement à l'assemblage de différents modules (Schéma 1, Figure 1 et Figure 2) :

- l'injecteur ;
- la colonne ;
- le détecteur.

La phase mobile qui entraîne l'échantillon dans la colonne est un gaz (He, N_2, H_2), appelé « gaz vecteur ». Les débits, contrôlés avec précision, permettent une grande répétabilité des temps de rétention.

Introduction de l'échantillon

Une très petite quantité d'échantillon en solution (0,1 –10 µl) est introduite dans l'appareil avec une microseringue. Pour les échantillons gazeux, on utilise des vannes à boucles.

Pour mieux maîtriser la reproductibilité des injections, il est préférable de se servir d'un injecteur automatique pour lequel les mouvements de la seringue sont automatisés.

Les huiles essentielles peuvent être injectées pures ou en solution dans un solvant organique volatil (pour les huiles essentielles solides, partiellement cristallisées ou très visqueuses telles que le bois de gaïac (*Bulnesia sarmienti Lor*) ou le cèdre de Virginie ou du Texas (*Juniperus virginiana ou Juniperus mexicana*), par exemple.

L'injecteur

L'injecteur permet de vaporiser l'échantillon et de l'entraîner en tête de colonne, mélangé au gaz vecteur. Cette phase de l'analyse est capitale pour la qualité de la séparation. Les caractéristiques des injecteurs varient suivant le type de colonne utilisé.

Généralement, on emploie un injecteur de type *split/splitless*. Ces injecteurs sont utilisés avec des colonnes capillaires, où même les plus petits volumes introduits avec la microseringue peuvent saturer la colonne. On a alors recours à des injecteurs pouvant fonctionner selon deux modes : avec ou sans division.

Un courant de gaz vecteur arrive avec un grand débit dans la chambre de vaporisation, où il se mélange à l'échantillon injecté et vaporisé. Une vanne de fuite (généralement réglée entre 50 et 150 ml/min) divise ce débit en deux fractions, dont la plus importante est éliminée en entraînant la majeure partie de l'échantillon introduit.

Le rapport de division (*split ratio*) varie entre 1/10 et 1/800. Ainsi, seule la plus petite fraction de l'échantillon pénètre dans la colonne.

Ce type d'injecteur peut également fonctionner en mode *splitless*. Dans ce mode d'injection, réservé aux produits très dilués, on injecte lentement le contenu de la microseringue en laissant la vanne de *split* fermée pendant un temps déterminé. Ce mode d'injection est rarement utilisé pour l'analyse des huiles essentielles, sauf dans le cas de quantification de composés présents à de très faibles concentrations, comme les pesticides par exemple.

L'enceinte thermostatée

Le GC comporte une enceinte chauffée, ou four, de volume suffisant pour y installer une colonne (ou plusieurs). Elle doit posséder une faible inertie thermique pour permettre une montée en température rapide et contrôlée (maximum : 100 °C/min, voire jusqu'à 1 200 °C/min).

Les colonnes

Il existe deux types de colonnes :

- les colonnes remplies (ou colonnes à garnissage) ;
- les colonnes capillaires.

◆ *Les colonnes remplies*

La phase stationnaire est immobilisée par imprégnation ou par réaction chimique. Ces colonnes, d'un diamètre de 3,18 ou 6,35 mm et de 1 à 3 mètres de long, sont fabriquées à partir d'un tube d'acier ou de verre.

Elles supportent un débit de gaz vecteur allant de 10 à 40 ml/min et contiennent un support poreux et inerte. Ces supports sont des solides qui possèdent une surface spécifique de 2 à 8 m^2/g, qui se présentent sous la forme de grains sphériques d'environ 0,2 mm de diamètre. Ils sont obtenus à partir de diatomites, silicates fossiles (dont le squelette est chimiquement comparable à de la silice amorphe) et d'un liant. Le plus connu porte le nom de Chromosorb®.

Ces colonnes possèdent des performances moins élevées que les colonnes capillaires. Elles sont cependant encore utilisées pour des analyses de routine normalisées.

◆ *Les colonnes capillaires*

Elles sont en silice fondue, d'une qualité très pure. Le diamètre interne de la colonne est de 10 à 530 µm, sa longueur peut varier de 5 à 100 m. Ces colonnes sont rendues moins fragiles par l'emploi d'un revêtement extérieur : polymère thermiquement stable (polyimide, température maximum = 370 °C), ce qui permet de les enrouler autour d'un support.

La phase stationnaire recouvre la paroi interne sur une épaisseur contrôlée de 0,05 à 5 µm. Il peut s'agir d'un simple dépôt ou, mieux, d'un greffage par des liaisons covalentes. Ce dépôt est obtenu soit par évaporation d'une solution, soit par polymérisation *in situ* au contact de la paroi.

Les phases actuelles correspondent à deux principaux types de composés : les polysiloxanes et les polyéthylèneglycols. Ces deux catégories peuvent faire l'objet de modifications structurales mineures.

Toutes ces phases (liquides à la température d'utilisation) sont utilisables entre deux températures : une minimale, au-dessous de laquelle les équilibres de concentration sont trop lents à se faire ; une maximale, qui définit la limite supérieure sans dégradation de la colonne.

– Les polysiloxanes

Les polysiloxanes correspondent à la répétition d'un motif de base comportant deux chaînes carbonées par atome de silicium.

Il existe plus d'une vingtaine de compositions avec des chaînes alkyles ou aryles pouvant, en plus, comporter diverses fonctions (cyanopropyle, trifluoropropyle...).

Exemples de polysiloxanes greffés :

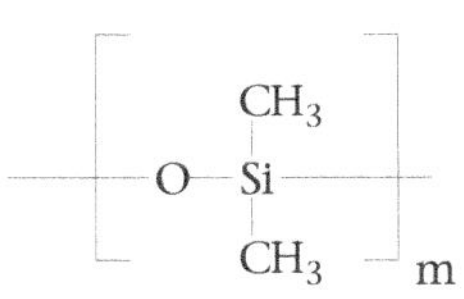

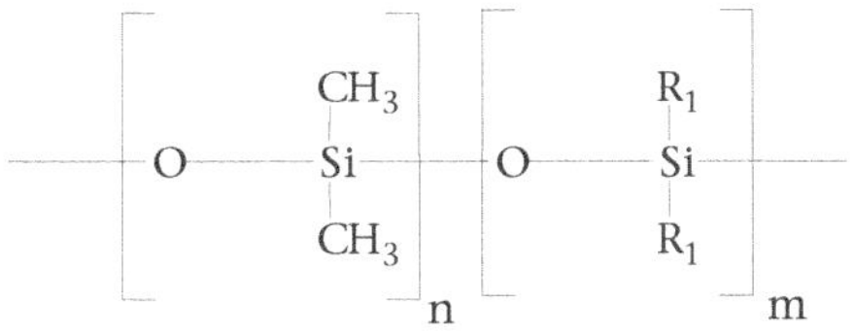

R_1 = Ph   m = 5 % et n = 95 %

– Les polyéthylèneglycols (PEG)

Les représentants les plus connus de cette famille sont les Carbowax®, polymères polaires qui peuvent être utilisés en mode déposé, imprégné ou greffé (40 < T < 240–260 °C).

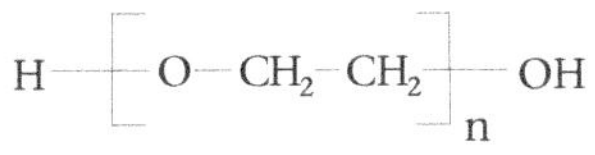

Carbowax

– Les phases stationnaires chirales

Ce sont généralement des phases polysiloxanes contenant entre 10 à 20 % en masse de cyclodextrine modifiée (α, β, ou γ, le plus souvent β).

Les détecteurs

Il existe un grand nombre de détecteurs. Certains sont universels, c'est-à-dire qu'ils sont sensibles à pratiquement tous les composés élués ; d'autres sont spécifiques, ils sont plus sensibles à un type de molécules.

◆ *Détecteur à ionisation de flamme (FID)*

Il est considéré comme pratiquement universel pour les composés organiques. C'est le détecteur par excellence de la CG actuelle.

En sortie de colonne, le courant gazeux pénètre dans une flamme créée par un brûleur alimenté par un mélange H_2/air. L'échantillon est brûlé, détruit, et la combustion produit des ions et des particules chargées. Ces particules sont responsables du passage d'un courant ionique extrêmement faible (10^{-12} A). Le signal est alors amplifié par un électromètre en une tension mesurable.

Pour les composés organiques, l'intensité du signal (aire sous la courbe) est sensible au débit massique de l'échantillon, sachant que la présence de certains éléments comme les halogènes peut modifier la réponse.

◆ *Détecteur à conductibilité thermique (TCD)*

Ce détecteur universel est moins sensible que le FID. Son principe repose sur les variations de conductibilité thermique des mélanges gazeux.

Le détecteur à conductibilité thermique détecte la différence en conductivité thermique entre les effluents de la colonne (gaz vecteur + composés élués) et un flux de référence (gaz vecteur seul). Il produit un signal proportionnel à cette différence. Le TCD moderne possède un seul filament pour examiner alternativement toutes les 200 ms le flux de gaz vecteur de référence et le flux sortant de la colonne. Son avantage réside dans le fait qu'il n'est pas destructif, à l'inverse du FID qui brûle et détruit les molécules. Il est donc tout à fait possible de coupler un autre détecteur (sniffer, MS, ECD, IR...) ou un collecteur de fractions.

◆ *Détecteurs spécifiques*

En dehors de ces détecteurs universels, il existe de nombreux détecteurs spécifiques qui permettent l'analyse de certains composés. Les plus intéressants dans le domaine des arômes et parfums sont ceux pour les composés soufrés et azotés.

– Détecteur thermoïonique (NPD)

Ce détecteur est très sensible aux composés organiques phosphorés et azotés. Il utilise un mode de collecte des ions différent de celui du détecteur FID. Les composés contenant des atomes d'azote ou de phosphore sont plus fortement ionisés que les autres molécules présentes. La sensibilité est de 0,1 pg/s[1] pour l'azote.

1. pg/s = picogramme par seconde.

– Détecteur à photométrie de flamme (FPD)

Le détecteur à photométrie de flamme est spécifique des composés contenant du soufre ou du phosphore. Les composés, issus de la colonne, sont brûlés dans une flamme qui provoque une excitation des éléments, traduite sous la forme d'une émission lumineuse, qui est détectée par un photomultiplicateur. La limite de détection est d'environ 1 ng/s[1] pour l'élément soufre.

Le couplage avec la spectrométrie de masse[2]

Les détecteurs précédents ne donnent pas d'informations sur la nature des composés élués, même si certains sont sélectifs.

En adaptant en sortie de colonne un détecteur de masse, on obtient le spectre de fragmentation de chacun des composés élués. À partir du courant ionique total (TIC), on peut tracer le chromatogramme représentatif des composés élués. Bien que cette méthode conduise à une sensibilité moindre qu'avec les détecteurs classiques, elle est devenue irremplaçable dans un grand nombre d'analyses.

En sortie de colonne, le composé élué est bombardé par un faisceau d'électrons de haute énergie. La molécule s'ionise et se fragmente en différents ions. Ces ions sont séparés selon leur rapport masse/charge (m/z). Cette séparation se fait dans le quadripôle. Tout le processus a lieu sous vide afin d'éliminer toutes les entités non chargées positivement et d'augmenter la durée de vie des ions formés (Figure 3).

Le quadripôle est constitué de quatre barreaux sous tension. Les ions entrant à une extrémité voyagent à vitesse constante dans la direction parallèle aux pôles. Ces ions sont alors soumis à des oscillations complexes. Il existe une « oscillation stable » qui permet à un ion particulier de sortir du quadripôle sans heurter les pôles. Cette oscillation dépend du rapport m/z de l'ion. Tous les autres ions auront des oscillations instables, entreront en collision avec les pôles et seront perdus.

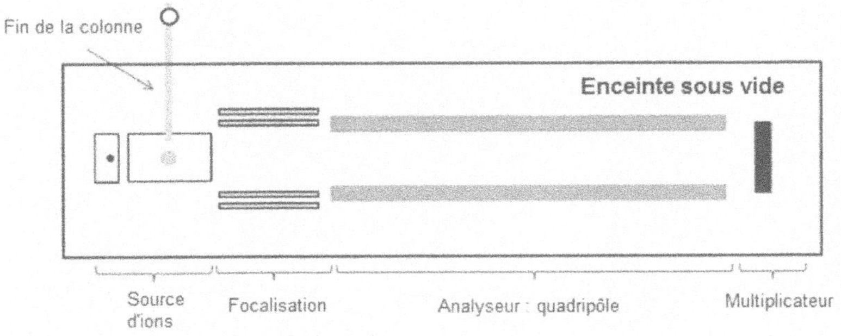

Figure 3. Schéma d'un spectromètre de masse quadripolaire.

1. ng/s = nanogramme par seconde.
2. Nous ne nous intéresserons ici qu'à la spectrométrie de masse utilisant une source à ionisation électronique (EI) ainsi qu'un analyseur de type simple quadripôle (Q).

◆ *La fragmentation*

La fragmentation est initiée par l'impact électronique. La probabilité de clivage d'une liaison particulière est reliée à la force de cette liaison et à la stabilité des fragments chargés et non chargés formés dans le processus de fragmentation.

Certaines règles générales permettent de prévoir les pics majeurs d'un spectre. Elles peuvent être écrites en utilisant des concepts de base de la chimie organique.

◆ *Le spectre de masse*

Les spectres de masse s'obtiennent en routine avec un faisceau d'électrons de 70 eV. L'événement le plus simple est l'enlèvement, par des électrons de ce faisceau, d'un électron d'une molécule en phase gazeuse formant l'ion moléculaire, qui est un radical cation (M^+). L'observation du rapport masse/charge de cet ion permet de déterminer la masse moléculaire du composé.

Plusieurs de ces ions moléculaires se désintègrent rapidement (10^{-10} à 10^{-3} s). Un certain nombre d'ions fragments sont ainsi formés, et chacun d'eux peut se scinder pour donner des fragments plus petits. L'ensemble de ces fragments ainsi que leurs intensités constitue une « empreinte » de la molécule qui permet de la caractériser. La figure 4 donne un exemple de spectre de masse (acétate de benzyle).

Chaque composé présentera donc un spectre de masse qui lui est propre. L'utilisation de bibliothèques de spectres permet alors par comparaison d'identifier les composés présents dans un mélange. Cependant, il arrive fréquemment qu'un composé inconnu ne soit pas présent dans les bibliothèques disponibles, et ne soit donc pas identifié.

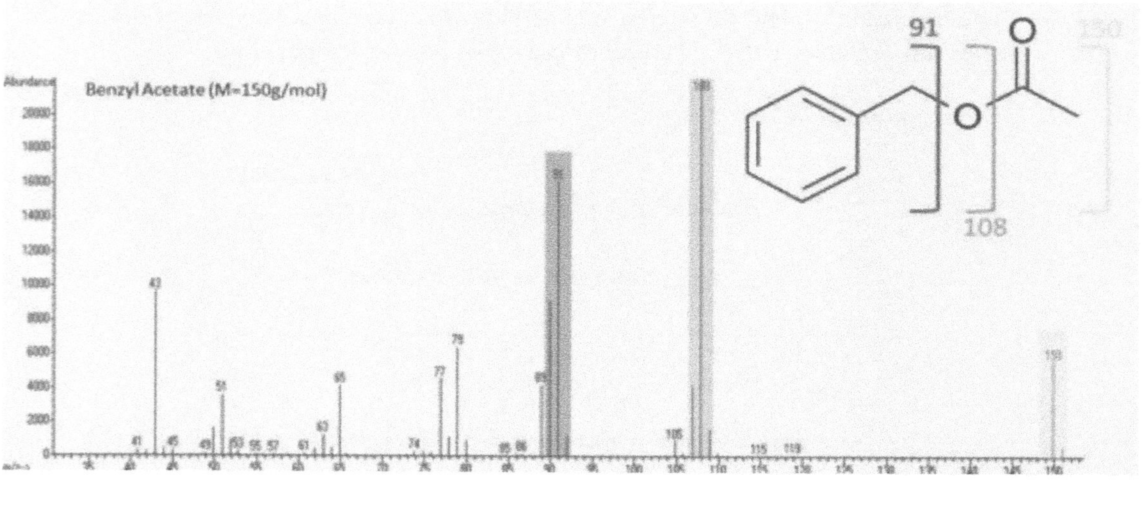

Figure 4. Spectre de masse de l'acétate de benzyle (EI, 70 eV).

Outre la masse moléculaire du composé, l'étude du spectre de masse et des différents fragments qui le constituent peut apporter un grand nombre d'informations sur sa structure : c'est l'étude de la fragmentation.

Le chromatogramme

Comme explicité précédemment, la GC est basée sur la partition des analytes entre la phase stationnaire (solide ou, plus généralement, liquide) et la phase mobile gazeuse. Cette répartition se fait selon les règles physico-chimiques de partition dans le cas de la chromatographie gaz-liquide ou d'adsorption pour la chromatographie gaz-solide.

Chaque composé du mélange va parcourir la colonne et sortir à des temps différents (**temps de rétention t_R**). Cette élution se fait selon ses propriétés physico-chimiques (volatilité et polarité, essentiellement), selon le type de colonne (nature de la phase stationnaire, longueur, diamètre interne, épaisseur de phase) et les conditions analytiques (débit du gaz vecteur, température…).

Le temps de rétention va donc caractériser un composé donné dans des conditions bien déterminées.

La figure 5 présente un exemple de chromatogramme pour une huile essentielle de lavande (*Lavandula angustifolia* Miller). Chaque constituant est caractérisé par son temps de rétention et l'aire du pic. Ce paramètre, proportionnel à la quantité de chaque constituant, est utilisé pour les analyses quantitatives.

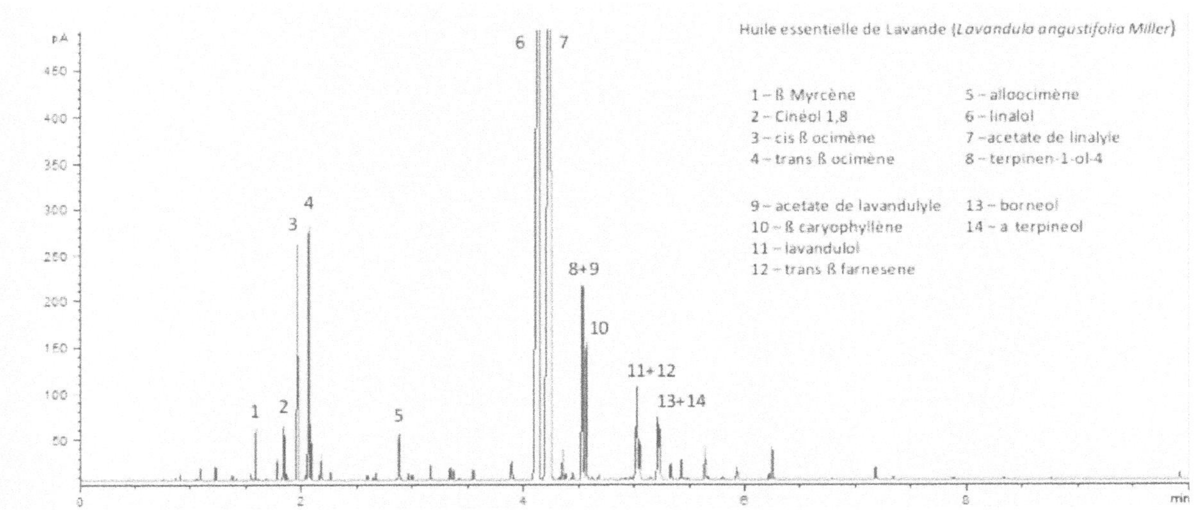

Figure 5. Profil d'une huile essentielle de lavande obtenue par GC-FID (Tinj = 250 °C, programmation de température de 60 °C à 250 °C à 10°C/min, clonne polaire type Carbowax).

Le temps de rétention, grandeur caractéristique de chaque constituant, peut donc être utilisé pour l'analyse qualitative. Il dépend néanmoins de nombreuses conditions opératoires qui rendent son emploi délicat pour l'étude de mélanges complexes comme les huiles essentielles.

Dans ce cas, il est préférable de se servir des indices de rétention qui permettent de s'affranchir de cette variabilité. En effet, pour un composé donné, **l'indice de rétention (IR)** ne dépend que de la nature de la phase stationnaire et non pas des conditions chromatographiques. Il est alors possible d'utiliser des bases de données pour tenter d'identifier le constituant. Plusieurs de ces bases de données sont tout spécialement dédiées à l'analyse des huiles essentielles [5-8] sur différents types de phases stationnaires.

Initialement développé par Kovats [9] en isotherme (température du four constante), le calcul a évolué pour tenir compte de la programmation de température. La formule développée par Van den Dool et Kratz [10] est basée sur les temps de rétention de deux alcanes ou esters méthyliques (à n et n+1 atomes de carbones) dont les temps de rétention encadrent celui du composé inconnu (X) sur le chromatogramme.

Exemple :

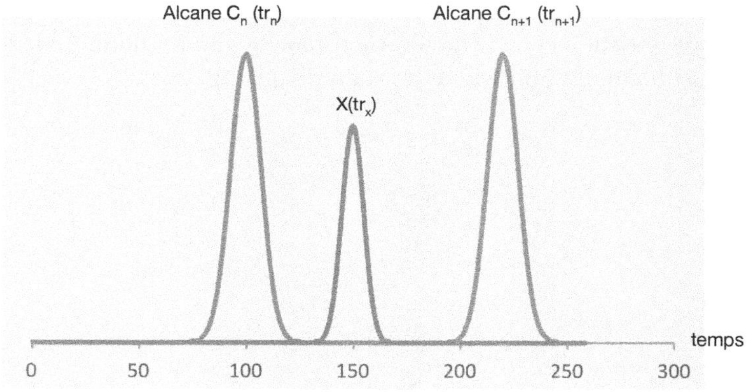

$$R_x = 100 \times \frac{tr_x - tr_n}{tr_{n+i} - tr_n} + 100 \times n$$

Analyses quantitatives

Les mesures physico-chimiques – l'indice de réfraction, la densité et le pouvoir rotatoire (voir chapitre 3.1) – ne donnent accès qu'à des informations globales et ne permettent donc pas de rechercher la cause d'un écart ou d'une non-conformité. Seule l'analyse de la composition qualitative et quantitative par GC de ces mélanges complexes apporte une vision suffisamment fine pour mettre en évidence des défauts de qualité.

Nous détaillerons ici les méthodes quantitatives à la disposition des laboratoires de contrôle qualité pour analyser les huiles essentielles qui leur sont soumises.

La normalisation interne

Bien que simpliste, la méthode de quantification par normalisation interne est extrêmement usitée pour contrôler les huiles essentielles. Son emploi nécessite néanmoins d'en connaître les limites afin d'en justifier l'application.

Le principe est simple : la somme des aires sous les pics est mesurée et le pourcentage relatif de chaque pic est déterminé en effectuant le rapport entre l'aire du pic et l'aire totale du chromatogramme (Figure 6).

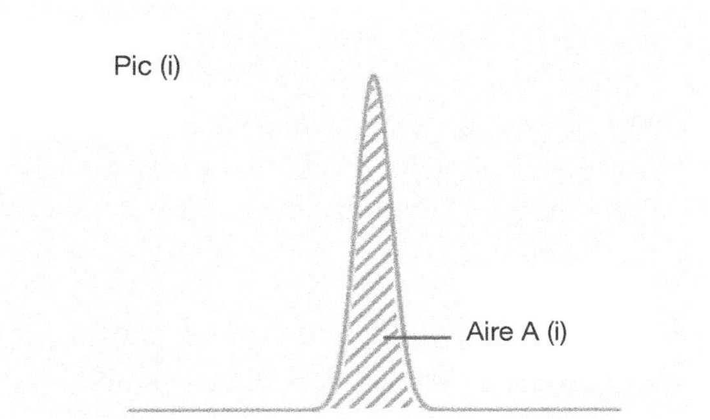

$A_T = \Sigma^{n}_{i=1} A_i$, avec A_T = aire totale du chromatogramme, A_i = aire sous le pic (i) et n le nombre de pics intégrés

$\%\, i = (A_i/A_t) \times 100$, avec % i = pourcentage relatif du pic (i)

Figure 6. Représentation d'un pic chromatographique et de son aire.

Les principaux avantages de cette technique sont sa simplicité, son faible coût et sa rapidité. En effet, il s'agit uniquement d'un traitement mathématique, elle ne nécessite donc aucune préparation de produits de référence.

Bien que très pratique, la méthode de normalisation interne possède des défauts majeurs, la rendant inapplicable dans de nombreux cas :

1°) Le principe même du calcul de pourcentage se base sur le postulat que **l'intégralité de l'échantillon est visible** sur le profil chromatographique. Dans le cas précis des huiles essentielles, cette condition peut être considérée comme valide, puisque les constituants de ces produits sont en grande majorité volatils. Cette simplification est loin d'être valable pour des extraits contenant des produits semi-volatils, voire non volatils (comme peuvent l'être les huiles essentielles obtenues par expression), pour lesquels l'aire totale ne peut plus être considérée comme représentant l'intégralité (100 %) de l'échantillon. Ainsi, les pourcentages relatifs des pics visibles sont majorés.

2°) La seconde simplification – la plus grossière dans le cas des huiles essentielles – est **la non-prise en compte des facteurs de réponse** de chacune des molécules du mélange analysé. Chaque détecteur (FID, MS, ECD, TCD...) transforme, *via* un processus physico-chimique et une amplification électronique, une quantité de produit en signal électrique lui-même enregistré par un logiciel d'acquisition. Le rapport entre la quantité analysée et le signal obtenu est appelé facteur de réponse et est spécifique du couple détecteur/analyte. Ainsi, une même quantité de linalol, par exemple, ne fournira pas la même intensité de signal sur un spectromètre de masse, un FID ou un TCD. Afin de pallier cette spécificité, l'ajout d'un facteur de correction dans la formule précédente est nécessaire.

$$\%_i = \frac{\alpha_i A_i}{\sum_{i=1}^{n} \alpha_i A_i} \times 100\,, \quad \text{avec } \alpha_i = \text{facteur de réponse}$$

Ces coefficients étant propres à chaque couple détecteur/constituant, il n'existe pas de table de référence pour ces valeurs. Celles-ci sont donc déterminées de façon empirique à l'aide de courbes de calibration (voir § méthode d'étalonnage).

Exemples d'application

1°) Comparaison de deux lots d'huiles essentielles à une norme internationale

Dans le cadre de l'analyse de routine des huiles essentielles, les laboratoires de contrôle qualité se servent des profils obtenus en GC-FID[1] pour comparer les différents lots d'extraits.

L'inspection consiste, d'une part, à repérer l'apparition ou la disparition de pics sur le chromatogramme et, d'autre part, à comparer les pourcentages relatifs afin d'apprécier si leur différence est significative pour le produit analysé. Cette pratique est d'autant plus justifiée que les profils comparés sont issus de la même variété botanique. Ainsi, identifier une variation de pourcentage sur un pic donné (même facteur de réponse) représente effectivement une différence de quantité relative entre les deux produits analysés. Par contre, cette technique ne donne qu'une approximation de la quantité réelle d'un composant présent dans l'échantillon contrôlé. La figure 7 représente les profils chromatographiques obtenus pour des huiles essentielles de semences de persil (*Petroselinum sativum* Hoffm.)

La lecture directe des pourcentages issus de la normalisation interne (Tableau 1) permet de différencier ces deux huiles essentielles pourtant issues de la même variété botanique. Ainsi, le lot#1 possède une très forte teneur en 1,2,3,4-tétramethox-5-allylbenzène et une faible teneur en α-pinène. Le lot#2 est conforme à la qualité normalisée[2], mais pas le lot#1. Le contrôle par simple lecture du chromatogramme permet de rejeter le lot#1 d'huile essentielle de semences de persil.

---

1. Le FID étant préféré aux autres détecteurs pour son universalité, sa gamme de linéarité importante (cinq ordres de grandeur) et sa facilité d'entretien.
2. AFNOR (NF ISO 3527).

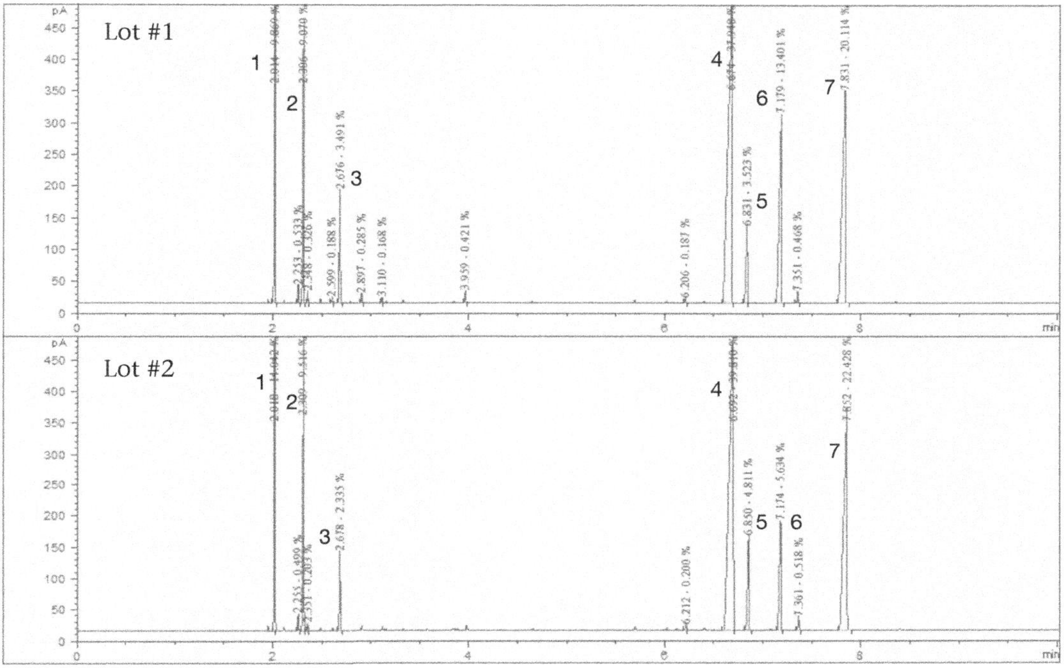

Figure 7. Profil GC-FID d'huiles essentielles de semences de persil.

Tableau 1. Pourcentages des principaux constituants obtenus par normalisation interne.

#	Composants	% lot#1	% lot#2	Fourchette AFNOR (%)
1	α-pinène	9,9	14,0	10 - 22
2	β-pinène	9,1	9,5	7 – 15
3	β-phellandrène	3,5	2,4	-
4	Myristicine	37,9	39,8	25 - 50
5	Elèmicine	3,5	4,8	1 – 12
6	1,2,3,4-Tetraméthoxy-5-allylbenzène	13,4	5,6	1 - 12
7	Apiole	20,1	22,4	5 – 35

2°) Adultération d'une huile essentielle par des composés naturels identiques

La présence de pics surnuméraires indique, dans de nombreux cas, un défaut de qualité dû à l'ajout d'un ingrédient étranger ou d'origine différente de la variété botanique analysée. L'analyse comparative des deux huiles essentielles de bergamote Italie (*Citrus aurantium L. ssp Bergamia Engl.*) suivantes montre la présence d'un composant en quantité plus importante sur l'échantillon #2, identifié comme étant du

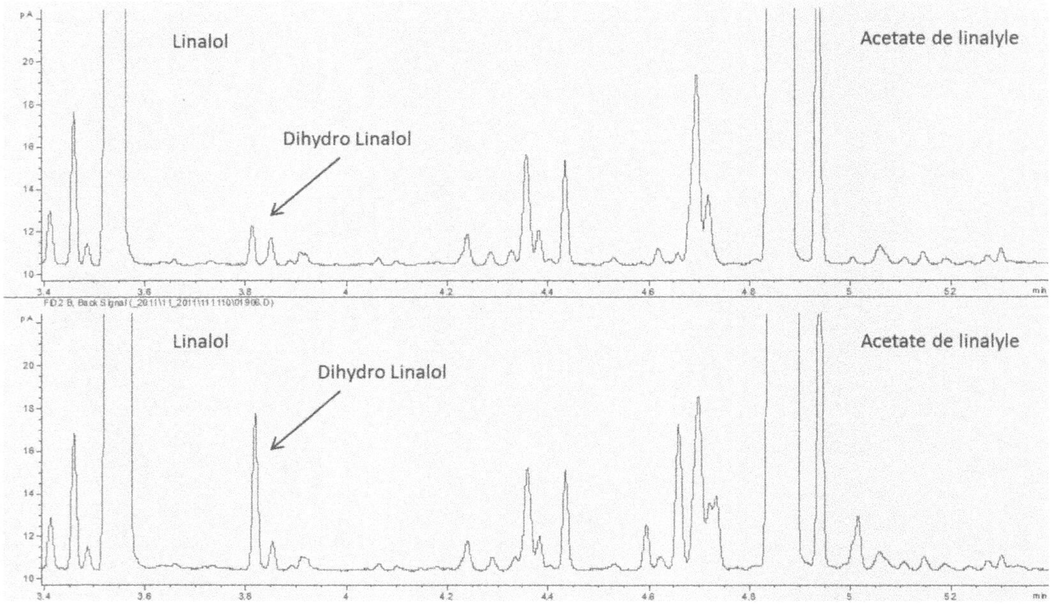

Bergamote Italie échantillon # 1 (profil du haut).
Bergamote Italie échantillon # 2 (profil du bas).

Figure 8. Analyse comparative des deux huiles essentielles de bergamote Italie (*Citrus aurantium L. ssp Bergamia Engl.*).

dihydrolinalol[1] (Figure 8). Cette molécule, bien que d'occurrence naturelle, n'est pas connue pour entrer dans la composition de l'huile essentielle de bergamote à des teneurs aussi importantes, mais est une impureté identifiée dans certaines qualités de linalol de synthèse [11]. À l'aide de cette simple superposition de profils, nous pouvons conclure à un probable ajout de produit synthétique dans l'échantillon #2 de bergamote Italie.

La teneur en dihydrolinalol du linalol de synthèse du fournisseur X est de 1,2 %. Or l'échantillon de bergamote contient 0,10 % (lecture directe corrigée par la valeur du blanc) de cet ingrédient, soit une adultération de 8,3 % en linalol synthétique dans l'échantillon #2 de bergamote Italie.

3°) Adultération d'une huile essentielle par un ingrédient non volatil

Nous venons de voir par des exemples simples que la lecture directe des informations présentes sur une analyse chromatographique permet dans de nombreux cas d'écarter des produits de qualité litigieuse. Nous allons montrer comment l'absence de signal peut également être un révélateur d'adultération d'huile essentielle.

1. 3,7-dimethyloct-6-en-3-ol (CAS 18479-51-1).

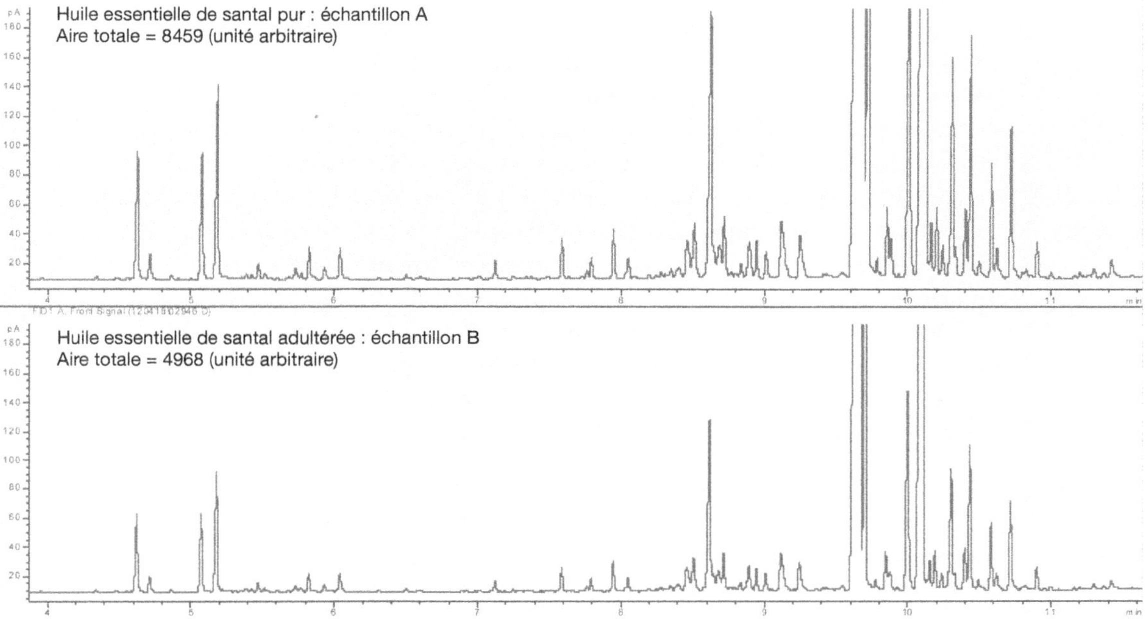

Figure 9. Analyse comparative des deux huiles essentielles de santal Indes (*Santalum album*).
Les deux profils sont à la même échelle.

Les extraits de santal Indes (*Santalum album*) font partie des produits naturels les plus recherchés et les plus chers de la planète. Ils font donc naturellement l'objet de trafics et d'adultérations afin d'en augmenter le volume. Ainsi, l'ajout de 10 % de matières étrangères à une huile essentielle dont le prix oscille entre 1 500 et 2 000 € le kilo permet d'en diminuer le prix de revient de 200 € par kilo, ce qui, ramené à la consommation mondiale de santal [12], représente quelque 8 M€ ! Il semble donc impératif de s'assurer de la qualité des produits achetés, surtout s'ils le sont à la source.

La comparaison des deux profils, bien que ne faisant apparaître aucune différence, montre une faible décroissance des aires mesurées pour chaque pic sur l'échantillon, et ce bien que les pourcentages restent identiques. Le rapport des aires totales mesurées (somme des aires unitaires) est égal à 1,70. Comme seuls les composés volatils sont pris en compte dans une analyse en chromatographie en phase gazeuse, on peut supposer l'addition d'un composant non volatil à l'échantillon B de l'ordre de 40 % du poids total. Cette hypothèse devra être confirmée par des analyses physico-chimiques (variation de la densité ou de l'indice de réfraction), voire par une analyse HPLC ou HPTLC, afin d'identifier et de quantifier l'ajout de la substance non volatile.

4°) Analyse chirale de lavandin (*Lavandula hybrida*)

L'application de la normalisation interne trouve également une utilisation dans l'analyse des composés chiraux. En effet, dans ce cas, le but de l'analyse est de déterminer le rapport énantiomérique entre deux énantiomères. La lecture directe de l'aire mesurée pour chaque isomère apporte directement le résultat voulu. L'analyse énantiomérique du linalol dans l'huile essentielle de lavandin suivante conforte l'origine naturelle de cet échantillon (Figure 10) [13]. Attention : la décision quant à la naturalité d'un produit repose sur un faisceau de présomptions ; l'ensemble des analyses et mesures réalisées sur un extrait permet d'émettre au mieux un avis et non un jugement absolu.

L'introduction des moyens modernes d'analyse chromatographique a mis un frein à l'adultération des extraits naturels. Toutefois, certaines ressources restant très rares et chères, la tentation est parfois grande d'adultérer ces produits en employant des moyens techniques avancés parfois difficiles à mettre en évidence. Seule une

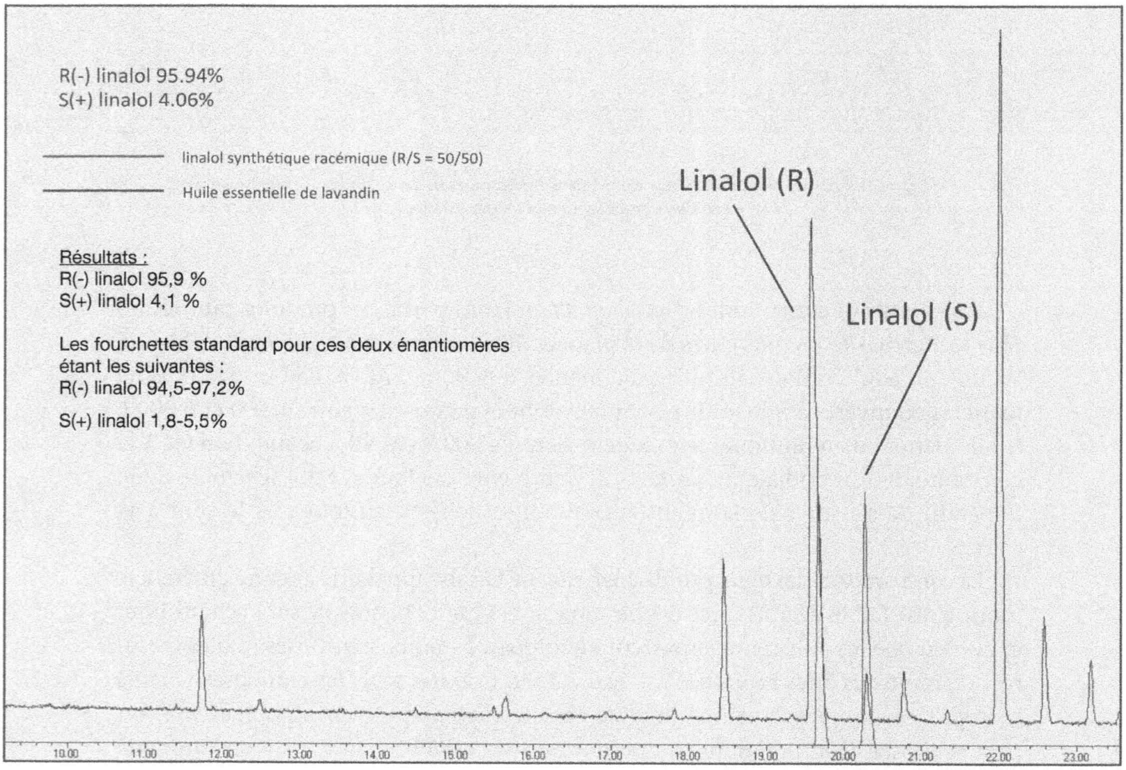

Figure 10. Chromatogramme d'une huile essentielle de lavandin obtenu sur colonne chirale béta cyclodextrine (25 m x 250 µm x 0.25 µm).

analyse fine et un analyste expérimenté permettent de percer à jour de telles fraudes.

Nous allons voir par la suite les techniques avancées de quantification utilisant les méthodes de calibration.

Quantification par étalonnage externe[1]

Pour pallier les principaux défauts de la méthode de quantification par normalisation interne, l'injection de standards de référence de concentrations connues est nécessaire afin de déterminer les coefficients de réponse des composés à doser. Cette technique implique l'existence d'échantillons de référence de pureté connue et suffisante (> 95 %). À défaut, une molécule de structure et de comportement proches pourra être choisie.

La quantification se déroule en deux étapes

1°) Le passage d'une gamme de calibration

Cette dernière devra être suffisamment large pour contenir les concentrations en produits d'intérêt des échantillons à doser. Pour contourner cet inconvénient, la dilution de l'échantillon dans un solvant adéquat pourra permettre de ramener la concentration de l'échantillon dans la plage de calibration utile.

L'évaluation des coefficients de réponse passe par la représentation graphique de la réponse du détecteur en fonction de la quantité (en masse) ou de la concentration (p/p) injectée.

$$[X_i] = f(R(X_i))$$

X_i = concentration de l'analyte i

$R(X_i)$ = réponse de l'analyte i (aire, coûts, unité arbitraire...)

f = fonction permettant le passage de Xi à R(Xi)

La relation la plus couramment obtenue entre ces deux grandeurs est linéaire, c'est-à-dire que les points expérimentaux se répartissent sur une droite (Figure 11). La linéarité des détecteurs utilisés en chromatographie en phase gazeuse est fonction de l'intervalle de concentration utilisé. Ainsi, un FID permettra un dosage sur une gamme linéaire de cinq ordres de grandeur, alors qu'un spectromètre de masse (MS) ne le permettra que sur trois. Il convient donc, avant de déterminer une gamme de calibration, de s'assurer que cette dernière correspond à une zone de linéarité du détecteur employé. Le paramètre statistique généralement utilisé par les analystes est le coefficient de corrélation[2] (R^2), qui donne une appréciation mathématique de l'écart moyen entre les points réels et le modèle utilisé. Ce dernier devra être le plus proche possible de la valeur unitaire, typiquement > 0,995 *a minima*. En pratique, les logiciels de retraitement calculent automatiquement cette valeur en fonction du modèle mathématique choisi.

---

1. En anglais, on parle de quantification par ESTD (*External STanDardisation*).
2. Cet ouvrage n'ayant pas pour objectif de détailler les subtilités de l'analyse statistique des résultats analytiques, nous vous conseillons de vous reporter aux ouvrages de référence en la matière.

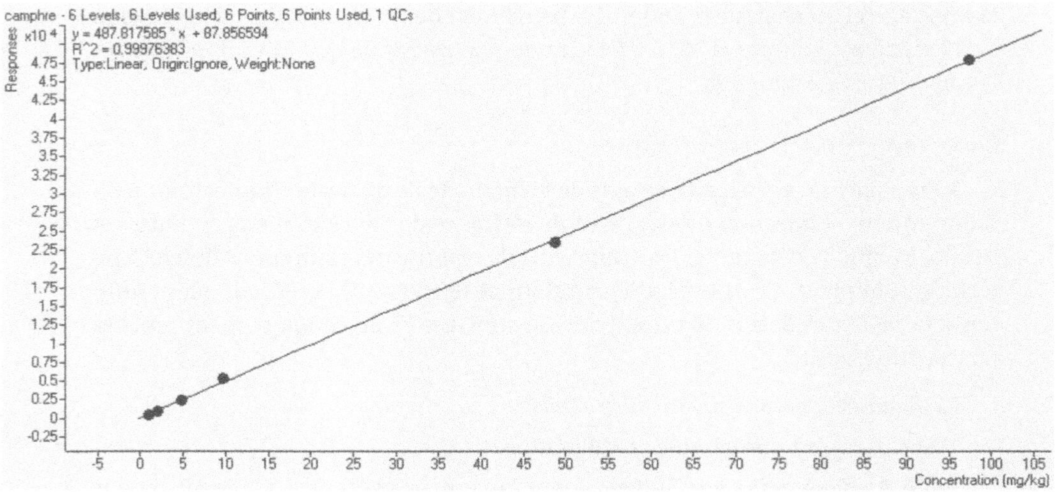

Figure 11. Relation dose/réponse du camphre en GC/MS/MS sur la plage 1- 100 mg/kg.

2°) L'analyse des échantillons réels

L'échantillon à étudier sera analysé dans les mêmes conditions que les points de gamme de la calibration (même méthode d'acquisition, même équipement, même méthode de retraitement...). La réponse relevée sur l'échantillon permettra, *via* l'application du coefficient de réponse, d'accéder à la concentration réelle de l'échantillon.

Exemple :

L'application de cette technique au sein des laboratoires est extrêmement courante. Ainsi, dans le cas des huiles essentielles, les dosages de molécules actives telles que la nicotine, la caféine, la béta-asarone, la myristicine, le safrole, les irones (alpha, beta et gamma)... recourent à cette méthode.

Au travers de l'exemple du dosage d'un pesticide, le diphényle (molécule employée comme fongicide), nous allons illustrer les différentes étapes à suivre pour déterminer la concentration de ce produit phytosanitaire dans des échantillons de noix de muscade (*Myristica fragrans Houtt.*).

Les concentrations utiles dans le dosage des produits phytosanitaires se situent dans la gamme 0,01 ppm à 10 ppm[1] (Tableau 2). Pour obtenir un dosage fiable à des seuils aussi bas, il est nécessaire de recourir à la spectrométrie de masse. Ainsi, nous avons choisi de nous servir d'un équipement de type GC/MS simple quadripôle en mode SIM[2]. Le rapport m/z = 154 est sélectionné pour quantifier le diphényle, car présent en abondance dans le spectre de fragmentation de ce composé (Figure 12) et permettra ainsi d'atteindre le maximum de sensibilité.

1. Règlement européen n° 396/2005.
2. SIM = *Single Ion Monitoring.*

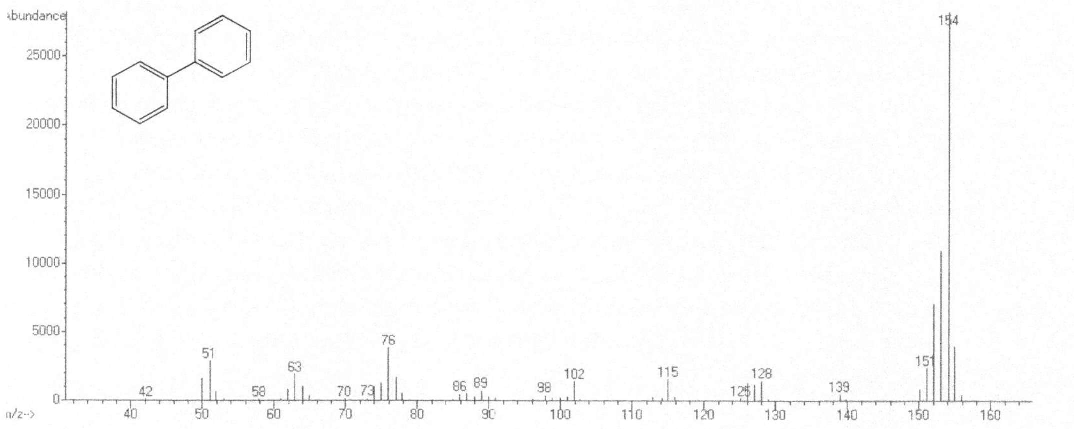

Figure 12. Spectre de fragmentation du diphényle.

Tableau 2. Concentrations utilisées pour l'établissement de la courbe de calibration.

Concentration (ppm)	aire ion 154
0,1	3716
0,2	8235
0,5	17972
1	38726
2	77250
5	159103
10	330255

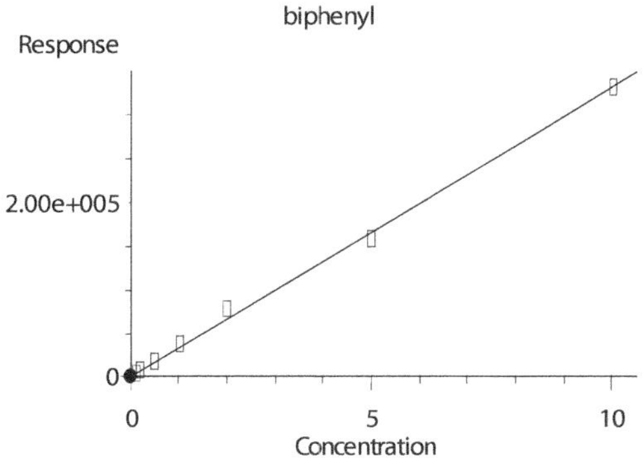

Figure 13. Courbe de calibration obtenue pour le dosage du diphényle, R^2=0.998.

Une fois la relation dose/réponse déterminée, il suffit ensuite d'injecter dans les mêmes conditions les échantillons dilués ou non et de mesurer l'aire obtenue pour le composé cible afin d'en déterminer la concentration dans l'échantillon.

Bien que très employée et simple à mettre en œuvre, cette technique possède un défaut majeur : elle ne tient pas compte de la différence qui existe entre les solutions de calibration et les échantillons réels, ce qui dans certains cas peut aboutir à un dosage erroné. Il est donc indispensable de vérifier l'absence de biais sur les échantillons pour valider une méthode utilisant une calibration par étalonnage externe. Ceci peut être réalisé en évaluant le pourcentage de récupération après dopage à l'aide d'une quantité connue du composé cible d'un échantillon type. À défaut, il faudra se tourner vers une procédure plus complexe et plus lourde : la calibration par étalonnage interne.

Quantification par étalonnage interne

Dans bien des cas, le comportement des standards de référence dilués dans un solvant compatible avec une analyse en chromatographie en phase gazeuse est différent de celui des mêmes solutés dans un mélange aussi complexe qu'une huile essentielle. L'ensemble de ces phénomènes est appelé « effets de matrice », ces derniers jouent directement sur le coefficient de réponse des molécules à doser et sont propres à chaque matrice. Les causes en sont multiples : différenciation ou ségrégation lors de la phase d'injection, compétition au sein de la colonne sur la phase stationnaire, suppression de signaux au niveau du détecteur par accumulation de matière... Dans certains cas, l'étude de ces phénomènes peut permettre de minimiser ou de supprimer ces interférences et ainsi d'envisager l'utilisation d'une calibration par étalonnage externe. Mais bien souvent la nature même du mélange à analyser impose de réaliser une quantification à l'aide de la méthode de calibration par étalonnage interne.

Cette dernière permet, d'une part, de corriger les effets de matrice, mais également de pallier la variabilité du volume d'injection due à un procédé manuel ou à un automate (ce qui est relativement rare avec les injecteurs automatiques modernes dont l'écart type de reproductibilité du volume prélevé est de l'ordre de 5 %). Plus contraignante que l'ESTD, l'ISTD[1] nécessite l'ajout systématique d'un ou de plusieurs composés choisis de concentrations fixes et connues aux solutions de calibration ainsi qu'à tous les échantillons. Ce(s) composé(s) serviront à évaluer les effets de matrice et à corriger les facteurs de réponse.

L'étape cruciale de cette technique réside dans le choix du ou des étalons internes, ces derniers devront répondre à certains critères qui décideront si la méthode est adaptée ou non au dosage envisagé.

---

1. En anglais, on parle de quantification par ISTD (Internal STanDardisation).

Critères principaux

- Non-présence stricte dans les échantillons à analyser ; il sera bon de vérifier ce point sur un échantillon témoin réel. Dans le cas d'extraits naturels, le choix d'une molécule artificielle peut s'avérer judicieux.
- Propriétés et comportement chromatographiques les plus proches possibles des molécules à doser. Ce critère impose bien souvent de choisir un étalon interne de structure proche des molécules à doser.

Critères secondaires

- Disponibilité commerciale de tels composés. Même si une synthèse est envisageable, l'accès à une source fiable et contrôlée d'étalon interne est un gage de réussite.
- Pureté importante > 95 %, et idéalement > 99 %, validée par un certificat, ou vérification interne au sein du laboratoire en utilisant une méthode telle que la RMN.

Les molécules marquées (deutérium ^{2}D, carbone 13 ^{13}C, azote 15 ^{15}N, oxygène 18 ^{18}O et autres) à l'aide d'isotopes stables sont bien souvent une solution idéale au problème du choix de l'étalon interne. Toutefois, leur rareté et leur coût important sont des contraintes qui peuvent limiter leur utilisation systématique.

Protocole

Comme pour la procédure d'étalonnage externe, une gamme de calibration (incluant la fourchette de concentration à doser si possible) est préparée à l'aide de standards de référence de pureté suffisante (> 95 %). À chacune de ces solutions, un ajout systématique du ou des étalons internes est réalisé afin d'obtenir un dopage identique. La concentration de l'étalon interne devra être choisie au sein de la gamme de calibration (idéalement, la plus proche possible des concentrations à doser).

Ces solutions sont ensuite injectées et les résultats utilisés pour déterminer la relation entre la quantité injectée et la réponse du détecteur. Contrairement à la méthode de l'ESTD, où la quantité ou la concentration est représentée en fonction de la réponse du détecteur, les valeurs sont toutes normalisées par celles de l'étalon interne. Ainsi, on représente le rapport des quantités des molécules cibles et de la quantité d'étalon interne en fonction du rapport de la réponse des molécules cibles et de la réponse de l'étalon interne, soit :

$$\frac{[X_i]}{[EI]} = f\left(\frac{R(X_i)}{R(EI)}\right)$$

Xi = concentration de l'analyte i
R(Xi) = réponse de l'analyte i
EI = concentration de l'étalon interne
R(EI) = réponse de l'étalon interne

La fonction f, modèle mathématique représentant la dépendance de la concentration (ou de la quantité) en fonction de la réponse, est dans la très grande majorité des cas affine. Le choix de la gamme de calibration est crucial afin de se placer dans une zone de linéarité. Toutefois, il se peut que la dépendance puisse prendre des formes plus complexes, comme des modèles polynomiaux (ordre 2 ou plus) ou logarithmique. Il est conseillé toutefois d'opter pour un modèle linéaire, si ce dernier est envisageable.

Le fait de normaliser tous les résultats et concentrations par les valeurs obtenues pour l'étalon interne a pour effet de corriger les effets de matrice et défauts d'injection.

Les échantillons à doser sont préparés de façon similaire aux solutions standard avec ajout de l'étalon interne à la même concentration que précédemment. Ainsi, *via* le modèle utilisé, la déduction du rapport de concentration est directe et, connaissant la concentration d'étalon interne, la valeur de la concentration inconnue à mesurer déterminée. Cette méthode est ainsi appliquée, par exemple, pour le dosage des phtalates ou des allergènes dans les huiles essentielles.

Méthode des ajouts dosés

Certaines techniques d'analyse utilisant des méthodes d'injection particulière comme l'espace de tête (*headspace* dynamique ou statique, extraction en phase solide, thermo-désorption, SPME...) sont extrêmement dépendantes de la matrice analysée. Ainsi, la détermination des courbes de calibration exige soit de posséder une matrice « vierge » soit d'ajouter des standards dans le produit à analyser. Cette technique est appelée « méthode des ajouts dosés ». Bien plus consommatrice en échantillon et en temps, son utilisation est plus limitée mais inévitable dans certains cas que nous décrirons plus loin.

Principe

Une gamme de calibration est réalisée par ajout du composé à doser dans l'échantillon à travailler. Les échantillons sont ensuite analysés et les réponses enregistrées afin de tracer la courbe de concentration en fonction de la réponse. L'intersection de cette droite avec l'axe des ordonnées (ordonnée à l'origine) donne l'opposé de la concentration initialement présente et donc la valeur recherchée (Figure 13), il s'agit virtuellement de la quantité à enlever pour « annuler » la réponse de l'échantillon initial.

Cette technique impose de pouvoir homogénéiser de façon « parfaite » la matrice initiale afin d'incorporer l'ajout au sein du produit de départ. L'effet de matrice ne pourra être considéré comme négligeable que si et seulement si les ajouts se « comportent » comme la quantité de produit initialement présente.

En plus de la lourdeur des préparations liées à cette technique, cette dernière possède des limites pratiques importantes : le composé à ajouter doit être disponible commercialement, l'échantillon à tester disponible en grande quantité. De plus, il est impératif de connaître approximativement la concentration initiale du produit à doser afin de réaliser des ajouts cohérents avec la quantité contenue dans le produit à analyser.

Exemple : dosage du toluène dans l'essence de lavandin.

Le dosage des solvants résiduels, tels que le toluène, dans les extraits naturels comme les huiles essentielles peut être réalisé à l'aide de la technique HS-GC-FID. L'obtention d'une matrice vierge (ne contenant pas de toluène) est difficile, voire impossible, et ne permet donc pas de réaliser un étalonnage classique (ISTD ou ESTD). Seule l'utilisation de la méthode des ajouts dosés permet dans ce cas d'accéder à la quantité de toluène présente dans ce type d'extrait. Ainsi, des ajouts de 20, 40, 60 et 80 ppm (ppm = µg/mL) ont été réalisés sur quatre échantillons de 2 mL d'essence de lavandin (*Lavandula hybrida*). La droite suivante (Figure 13) a pu être réalisée et nous permet de vérifier la linéarité entre la dose injectée et la réponse du détecteur (ici, un FID). La quantité initialement présente a pu être déterminée en résolvant l'équation suivante :

$$0 = 0{,}2822 * [ajout] + 7{,}8876$$

Soit [ajout] = –27,95 ppm. Ainsi, l'essence de lavandin analysée contenait 28 ppm (arrondi au ppm près) de toluène.

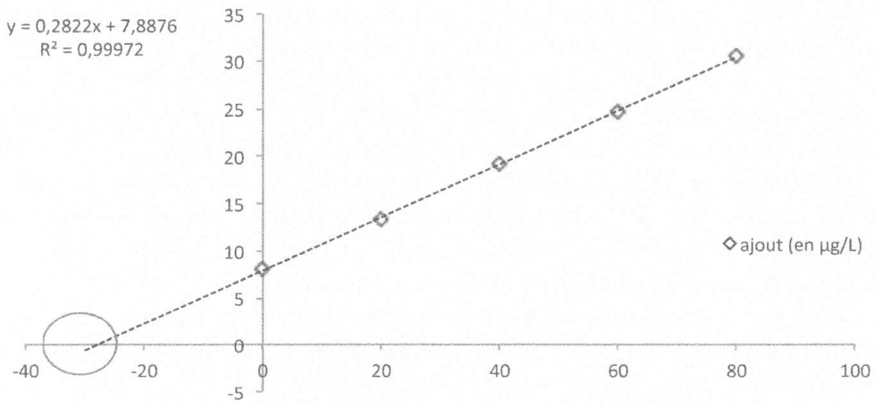

Figure 13. Exemple de droite de calibration par ajouts dosés.

Autres techniques chromatographiques

Bien que la chromatographie en phase gazeuse soit la technique chromatographique la plus adaptée à l'analyse des huiles essentielles, d'autres techniques chromatographiques peuvent s'avérer utiles et complémentaires. Il s'agit principalement de la chromatographie sur couche mince (CCM, HPTLC) et de la chromatographie liquide haute performance [14].

La chromatographie sur couche mince

La Chromatographie sur Couche Mince (CCM, *Thin Layer Chromatography*, TLC en anglais) est une technique chromatographique apparue en 1938 avec la séparation d'extraits végétaux sur une plaque d'oxyde d'aluminium par Ismailov et Schaiber. Depuis, elle s'est rapidement imposée comme méthode d'analyse et de contrôle et a même été adoptée par la pharmacopée. Le développement de l'HPTLC (*High Performance Thin Layer Chromatography*) a marqué une avancée majeure. L'utilisation de plaques « haute performance » avec des phases stationnaires de granulométrie plus fine a permis de meilleures séparations tout en augmentant la reproductibilité.

En CCM, un faible volume d'extrait est déposé sur une plaque chromatographique (plaque en verre ou en aluminium sur laquelle est déposé un adsorbant sur 0,1 à 0,25 mm d'épaisseur) dont la partie inférieure est immergée dans un solvant. Celui-ci monte par capillarité le long de la plaque et entraîne les composés du mélange à des vitesses différentes. Les principaux mécanismes mis en jeu sont la partition et l'adsorption. Ces analytes ainsi séparés sont alors rendu visibles par l'emploi d'un révélateur.

L'analyse s'effectue en trois grandes étapes : le dépôt, l'élution, puis la révélation. Le dépôt peut se faire par capillarité en utilisant un simple capillaire ou une seringue, mais on se sert de plus en plus du dépôt par spray. Pour cela, il est nécessaire d'employer un déposeur adapté qui puisse s'automatiser. Il permet la vaporisation d'un échantillon de façon très précise à l'aide d'un courant d'azote.

La phase stationnaire la plus utilisée est la silice (phase normale), mais depuis une trentaine d'années, des phases greffées (alkyle, amino, cyano... phase inverse) se sont développées et commercialisées. À la phase stationnaire est souvent ajouté un pigment fluorescent pour permettre une détection des produits à la lumière UV (254 nm ou 366 nm). À cette longueur d'onde, la phase stationnaire émet une lumière (généralement verte), sauf aux endroits où un produit absorbe le rayonnement UV, ce qui provoque l'apparition de taches sombres.

Les systèmes de migration ont aussi beaucoup évolué. Les cuves en verre sont maintenant remplacées par des systèmes de migration automatisés (Figure 14). Ces instruments permettent le contrôle de tous les paramètres jouant sur l'élution : taux d'humidité relative, temps de saturation et de préconditionnement, distance de migration, temps de séchage de la plaque. Cela permet des gains d'efficacité et de reproductibilité. Il est même maintenant possible de réaliser des développements séquentiels en utilisant un mode gradient.

Un autre avantage de la chromatographie sur couche mince est le grand nombre de révélateurs pouvant être utilisés. Les composés colorés sont visibles directement et ceux qui ne le sont pas sont révélés par réaction de dérivation. Le résultat obtenu avec plusieurs révélateurs peut être observé à l'œil, ce qui peut être très utile pour les analyses qualitatives. Le développement des scanners spectrodensitométriques

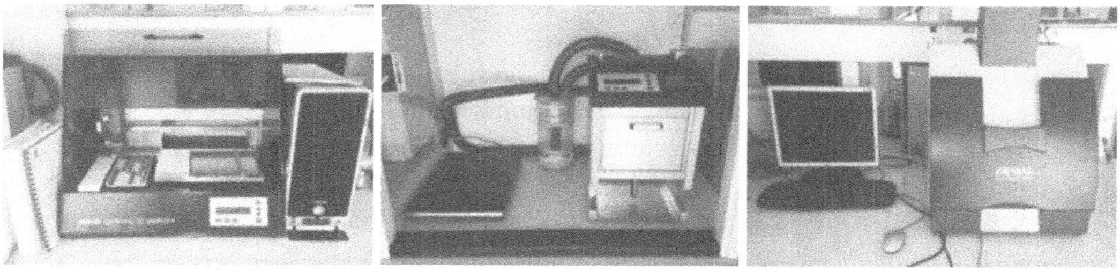

Figure 14. Principaux modules employés en HPTLC.

De gauche à droite : déposeur automatique par spray, cuve de migration, système de visualisation de plaque.

permet une détection plus précise. Il est ainsi possible de détecter les composés qui absorbent dans l'UV-visible ou qui sont fluorescents, et de réaliser des analyses quantitatives.

Pour l'analyse d'extraits naturels comme les huiles essentielles, les révélateurs spécifiques peuvent se montrer particulièrement utiles. Ils ne réagissent qu'avec certaines familles de composés. Il est même possible de réaliser des révélations par activité biologique, comme l'activité antioxydante ou antifongique [15].

Dans le cas de l'analyse des huiles essentielles, l'HPTLC se montre particulièrement efficace pour les analyses de contrôle qualité ou pour mettre en évidence des adultérations (Figure 15).

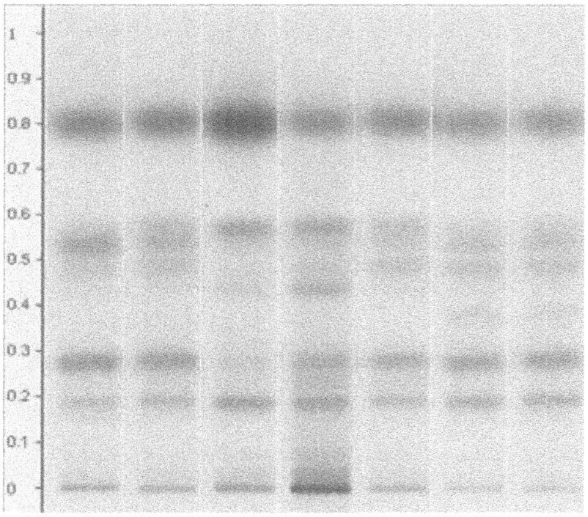

1, 2 : ylang I ; 3 : ylang III ; 4, 5 : ylang extra ; 6, 7 : ylang extra super

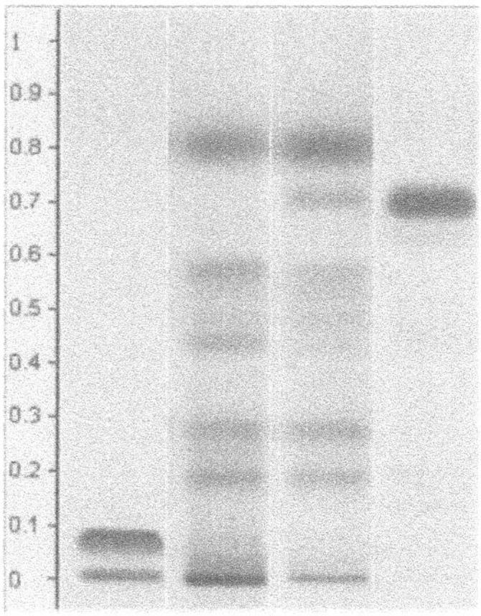

1 : acide linoléique ; 2 : ylang extra Comores non adultérée ; 3 : ylang extra Comores adultérée à l'huile végétale ; 4 : huile de tournesol

Figure 15. Exemple d'application de la CCM dans l'analyse des huiles essentielles.

À gauche, contrôle de la qualité d'huiles essentielles d'ylang-ylang des Comores. À droite, mise en évidence de l'adultération de l'huile essentielle d'ylang-ylang extra. Plaque HPTLC silice, toluène-acétate d'éthyle (95-5) ; révélation : anisaldéhyde/acide sulfurique.

La chromatographie liquide

La chromatographie liquide à haute performance (HPLC) est une technique d'analyse et de quantification d'un grand nombre de molécules. La phase mobile est un solvant ; cette technique est donc adaptée à l'analyse des composés thermolabiles et/ou de masse moléculaire élevée et/ou polaire.

La séparation des analytes est effectuée par l'interaction spécifique de l'analyte avec la phase stationnaire. Ces derniers seront plus ou moins retenus en fonction de leurs propriétés physico-chimiques (taille, polarité, charge...).

La nature de phase de la phase stationnaire et de la phase mobile liquide est dictée par les propriétés des composés cibles. Le mode de séparation est alors choisi entre l'adsorption, le partage, l'échange d'ions, les paires d'ions ou encore l'exclusion stérique.

De par la nature des constituants des huiles essentielles, l'HPLC est utilisée dans de très rares cas. Il s'agit généralement de l'analyse de composés thermolabiles et/ou très polaires ou de composés peu volatils dans les essences de citrus (Figure 16) [16].

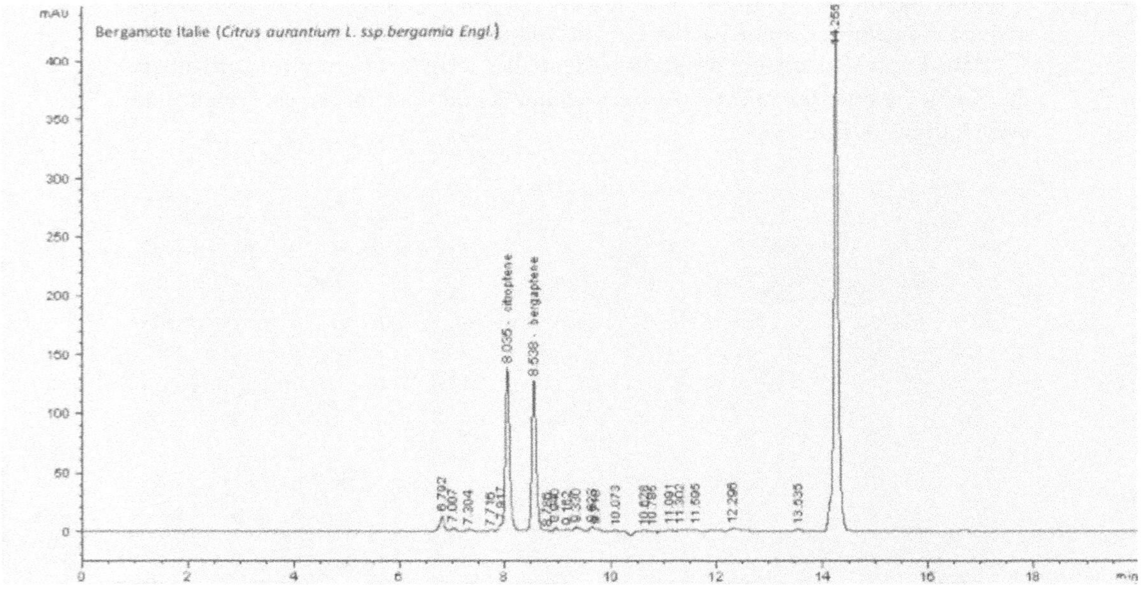

Figure 16. Profil LC-UV d'une essence de bergamote Italie, λ = 315 nm ; colonne Synergi 4µ Polar – RP 80A ; débit 1 mL/min ; mode gradient A 70 % à 10 % en 15 min ; A = eau + 0,8 % acide acétique ; B = acétonitrile.

Un système HPLC est constitué de différents modules schématisés dans la figure 17.

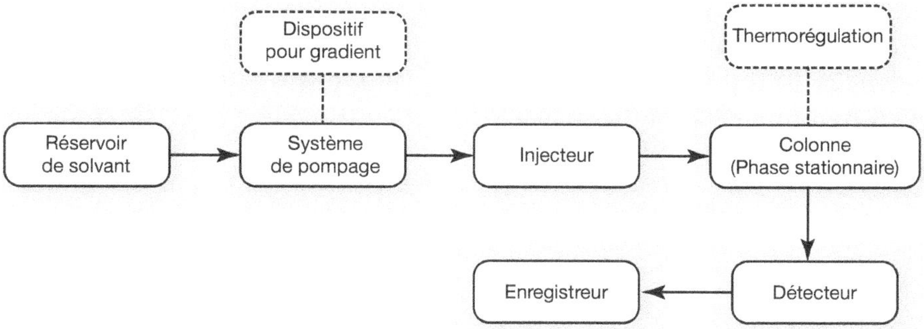

Figure 17. Représentation schématique d'un système HPLC.

Ainsi, on distingue :

- le/les réservoir(s) de solvant(s) (éluant(s)) qui contiennent la/les phase(s) mobiles ;
- le système de pompage, généralement équipé d'un dégazeur, et muni d'un système de gradient permettant le réglage de la nature du solvant ou du mélange de solvants. Il permet de travailler selon deux modes :
  - le mode isocratique : 100 % du même éluant est utilisé durant toute l'analyse,
  - le mode gradient : variation de la concentration des constituants du mélange de solvant éluant.

Le système d'injection permet l'introduction de l'échantillon, en solution, dans l'instrument. Pour les injections manuelles, on se sert d'une boucle d'injection dont le volume est généralement de l'ordre de 20 µL. Ce type de dispositif permet une bonne répétabilité des volumes injectés, donc des analyses quantitatives. Cependant, on recourt de plus en plus à des injecteurs automatiques.

La colonne est le centre de la préparation. C'est un cylindre construit dans un matériau inerte aux produits chimiques (généralement, de l'inox), de 10 à 30 cm de longueur et d'un diamètre compris entre 4 et 20 mm. Pour des longueurs supérieures à 30 cm, les pertes de charge seraient trop importantes et nécessiteraient des pressions trop élevées.

Plusieurs types de phases stationnaires peuvent être utilisés, mais les plus importantes sont :

- les phases normales : elles sont composées de gel de silice (très polaire). La phase mobile doit être peu polaire, lors de l'élution. Les composés apolaires éluent en premier alors que les composés polaires sont plus fortement retenus ;
- les phases inverses : elles sont essentiellement composées de silices greffées avec des chaînes alkyles de 8 ou 18 atomes de carbone. C'est une phase apolaire, qui nécessite une phase mobile polaire. L'ordre d'élution est inversé par rapport à la phase normale. Ainsi, ce sont les composés polaires qui seront élués en premier.

Plusieurs types de détecteurs peuvent être utilisés. Ils permettent de visualiser la séparation. Les plus performants peuvent apporter des informations sur les coélutions ou la structure des solutés. Il en existe de nombreux, fondés sur des principes différents. Néanmoins, contrairement au FID chromatographie en phase gazeuse, il n'existe pas de détecteurs sensibles et universels.

Le système le plus employé est le détecteur UV-visible. Il est basé sur le principe de la spectroscopie UV/visible (loi de Beer Lambert) et nécessite donc que les composés doivent absorber à la longueur d'onde sélectionnée. Le détecteur à barrette de diode (DAD) est plus puissant. Il permet de balayer tout le domaine de l'UV/visible. Ainsi, par analyse spectrale, il est possible d'effectuer des calculs de pureté des pics [17].

Le détecteur évaporatif à diffusion de lumière (DEDL) de par son universalité est de plus en plus utilisé dans l'analyse des extraits naturels. Il est basé sur l'évaporation partielle de l'effluent de façon à obtenir un brouillard de particules solides ou liquides du soluté qui traverse un faisceau lumineux. La lumière diffusée sous un angle déterminé est détectée par un photomultiplicateur.

La démocratisation du couplage HPLC/MS a conduit à une utilisation plus importante mais qui reste encore peu répandue dans l'analyse des huiles essentielles.

Références bibliographiques

1. Normes Françaises : Analyse par chromatographie en phase gazeuse sur colonne remplie. NF T 75-400, **1985**, 1-12.
2. Normes Françaises : Analyse par chromatographie en phase gazeuse sur colonne capillaire. NF T 75-401, **1985**, 1-12.
3. P. Arpino, A. Prévôt, J. Serpinet, J. Tranchant, A. Vergnol, P. Witier, *Manuel pratique de chromatographie en phase gazeuse*, 5e édition, Paris, Masson, **1995**.
4. J. Trachant, « Chromatographie en phase gazeuse », *Techniques de l'Ingénieur*, **1982**, P 1485.
5. ESO 2000, « The complete database of essential oil », Boelens Aroma Chemical Information Service, Huizen, The Netherlands, **1999**.
6. R. P. Adams, *Identification of essential oil components by gas chromatography/mass spectroscopy*, Carol Stream, Allured Publishing Corp., **1995**.
7. W. Jennigs, T. Shibamoto, *Qualitative analysis of flavor and fragrance volatiles by glass capillary gas chromatography*, New York, Academic Press, **1980**.
8. N. W. Davies, « Gas chromatographic retention indexes of monioterpenes and sesquiterpenes on methyl silicone and Carbowax 20M phases », *J. Chromatogr.*, **1990**, *503*, 1-24.
9. E. Kovats, « Gas chromatographic characterization of organic compounds. I. Retention Indexes of aliphatic halides, alcohols, aldehydes, and ketones », *Helv. Chim. Acta*, **1958**, *41*, 1915-1932.

10. H. Van den Dool, P. D. Kratz, « A generalization of the retention index system including linear temperature programmed gas-liquid partition chromatography », *J. Chromatogr.*, **1962**, *11*, 463-471.
11. B. Lawrence, « Progress in essential oils », *Perfum. Flav.*, **2002**, *27*, 46.
12. FAO – Food and Agriculture Organization of United Nations. NON-WOOD FOREST PRODUCTS, 1992, 1.
13. B. Lawrence, « Progress in essential oils », *Perfum. Flav.*, *19*, **1994**, 84.
14. C. Turek, F. C. Stintzing, « Application of high-performance liquid chromatography diode array detection and mass spectrometry to the analysis of characteristic compounds in various essential oils », *Anal. Bioanal. Chem.*, **2011**, *400*, 3109-3123.
15. G. Horvath, N. Jambor, A. Vegh, A. Boszormenyi, E. Lemberkovics, E. Hetthelyi, K. Kovacs, B. Kocsis, « Antimicrobiol activity of essential oils : the possibilities of TLC-bioautography », *Flav. Fragr. J.*, **2010**, *25*, 178-182.
16. R. Costa, P. Dugo, M. Navarra, V. Raymo, G. Dugo, L. Mondello, « Study on the chemical composition variability of some processed bergamot (*Citrus bergamia*) essential oils », *Flav. Fragr. J.*, **2010**, *25*, 4-12.
17. A. S. Pedro, C. Detoni, D. Ferreira, E. Cabral-Albuquerque, B. Sarmento, « Validation of a high-performance liquid chromatography method for the determination of (-)-α-bisabolol from particulate systems », *Biomed. Chrom.*, **2009**, *23*, 966-972.

Chapitre 3.3

Vers la découverte de nouveaux composés. Méthodes modernes d'analyse

Xavier Fernandez[1], Katharina Breme[2]

Introduction

Que cela soit pour des raisons de contrôle-qualité, de sécurité du consommateur, pour répondre à des exigences de clients ou encore pour des besoins en recherche, l'analyse qualitative et quantitative des huiles essentielles est de plus en plus exigeante et est devenue un enjeu des sciences analytiques [1].

Pour les huiles essentielles, les principaux objectifs sont la quantification des substances réglementées et l'identification des composés d'intérêt olfactif.

La grande difficulté dans l'analyse des composés odorants est la dualité fréquente entre concentration et seuil de perception. Ces deux paramètres caractérisent ces composés et il n'est pas rare que des composés soient peu odorants ou que des constituants présents à de très faibles concentrations soient très puissants olfactivement et donc d'une importance capitale. Leur caractérisation nécessite très souvent des méthodes utilisant l'analyse sensorielle et, tout particulièrement, le couplage GC/Olfactométrie.

Au vu des nouvelles contraintes réglementaires et de la complexité chimique des huiles essentielles, il est de plus en plus souvent nécessaire d'identifier et/ou de quantifier :

- des composés présents à l'état de traces, parfois en dessous des limites de détection des techniques classiques (GC, GC/MS) ;
- des composés présents en faibles concentrations qui co-éluent avec des composés plus abondants ;
- de réaliser de très nombreuses analyses dans des temps très courts.

---

1. Institut de chimie de Nice (ICN), UMR 7272, Université de Nice-Sophia-Antipolis, CNRS, parc Valrose, 06108 Nice Cedex 2, France.

2. Agroscope Liebefeld-Posieux Research Station ALP-Haras, 3003 Berne, Suisse.

Pour répondre à ces besoins, la chimie analytique a beaucoup progressé et propose de très nombreuses solutions au niveau de la préparation d'échantillon ou de l'analyse. Ces deux stratégies ont pendant longtemps été opposées. En effet, la préparation d'échantillon (techniques d'enrichissement et d'isolement) qui permet d'éliminer les interférents ou de concentrer voire isoler les composés d'intérêt, a souvent été présentée comme peu coûteuse, mais longue et génératrice d'artéfacts. Au contraire, les techniques modernes d'analyse (chromatographie en phase gazeuse rapide et ultra-rapide, chromatographies à deux dimensions (GC-GC et GC×GC), couplages GC/Olfactométrie, GC/Spectrométrie de masse haute résolution...) étaient caractérisées comme rapides et fiables, mais plus onéreuses. Cela a beaucoup changé, particulièrement pour les techniques de préparation d'échantillon qui se sont automatisées et ont progressé en fiabilité et simplicité mais avec des coûts plus élevés.

Ce chapitre a pour objectif de décrire les principales innovations dans le domaine de l'analyse des huiles essentielles.

La préparation d'échantillon

L'intervention sur l'échantillon avant l'analyse peut se montrer particulièrement efficace pour concentrer un analyte (une famille d'analytes) ou éliminer certains constituants.

Cela est réalisé depuis longtemps en se servant des différentes propriétés physico-chimiques des constituants et, plus particulièrement, de la température d'ébullition (distillation fractionnée), de la polarité (chromatographie sur colonne), de l'acido-basicité (lavages) ou encore de la solubilité (partition).

Ces techniques utilisées depuis fort longtemps ont énormément évolué pour pouvoir se miniaturiser (microdistillation), requérir de plus faibles quantités d'échantillon ou s'automatiser (chromatographie sur colonne « flash »). Cela a permis de gagner beaucoup de temps et de limiter la génération d'artéfacts. Outre son automatisation, la chromatographie sur colonne a vu le nombre de phases augmenter avec des tailles de particules plus faibles et plus homogènes, ce qui conduit à des gains de sélectivité et d'efficacité non négligeables.

Les techniques de l'espace de tête

Les techniques de l'espace de tête utilisant des phases stationnaires de sélectivités variables peuvent se révéler particulièrement efficaces pour simplifier un échantillon ou concentrer un analyte. En effet, ces techniques se montrent de plus en plus simples, pratiques, facilement automatisables, et elles ne nécessitent pas de grandes quantités d'échantillon et limitent l'observation d'artéfacts.

Ces techniques reposent sur l'extraction des composés volatils émis par l'échantillon (liquide ou solide) placé dans un flacon hermétiquement clos par un septum.

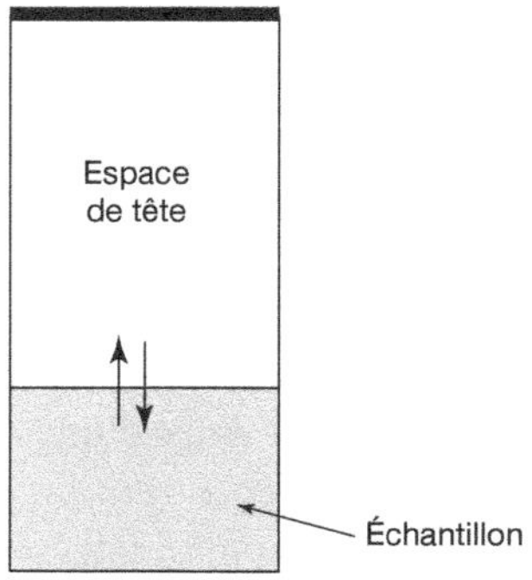

Figure 1.
Représentation schématique de l'espace de tête.

Après l'établissement d'un équilibre, la phase gazeuse est extraite pour être analysée, le plus souvent par GC (Figure 1). De nombreux paramètres vont avoir une influence sur la composition de la phase gazeuse (composition et concentration en analytes). Il s'agit essentiellement de la température, du temps d'incubation, du volume d'échantillon et de phase gazeuse, du *pH*, de la force ionique, de l'agitation…

Bien qu'il soit possible de prélever un volume de phase gazeuse (espace de tête statique), on se trouve vite limité par des problèmes de sensibilité et confronté à la difficulté d'introduire de grands volumes de gaz dans l'injecteur du chromatographe.

L'emploi de phases stationnaires pour piéger sélectivement les composés organiques volatils se montre particulièrement efficace. L'espace de tête dynamique (D-HS), bien que très sensible, est de moins en moins utilisé de par son coût (nécessité de se servir d'un désorbeur thermique et d'un injecteur PTV) et sa complexité, au profit de la MicroExtraction sur Phase Solide (HS-SPME) ou des techniques apparentées.

La SPME en mode espace de tête est une technique d'extraction par adsorption ou sorption des analytes sur/dans une phase polymérique déposée sur une fibre en silice ou en acier inoxydable (sur 1 à 2 cm de long). La fibre peut se rétracter à l'intérieur d'une aiguille, qui est placée dans un support (Figure 2). La méthode s'automatise très bien et de nombreuses fibres polaires, apolaires ou mixtes sont actuellement disponibles commercialement. Elles peuvent être réutilisées jusqu'à cinquante fois selon leur nature. De par la sélectivité de la phase stationnaire, la SPME en mode espace de tête permet de concentrer des analytes d'intérêt ou d'éliminer des interférents. Ainsi, l'analyse d'une huile essentielle de gomme-résine de benjoin Siam par injection directe de l'huile essentielle diluée dans un solvant conduit à l'identification de vingt composés représentant plus de 99 % de l'aire totale du chromatogramme. Cela est dû à la très forte concentration en benzoate de benzyle qui, de par son signal important dans le chromatogramme, rend les autres signaux très peu

Tableau 1. Exemple de nouvelles techniques d'espace de tête par enrichissement.

Nom	Nature du dispositif	Illustration(s)	Références
HSSE : HeadSpace Sorptive Extraction	Barreau magnétique recouvert de phase stationnaire	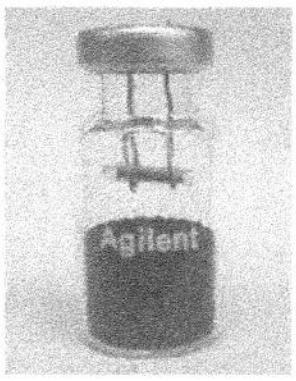 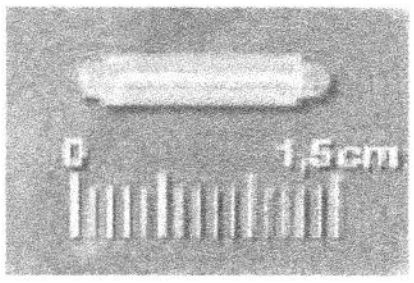	2, 3
SPDE : Solid Phase Dynamic Extraction ; Extraction dynamique sur phase solide	Aiguille creuse tapissée de phase stationnaire	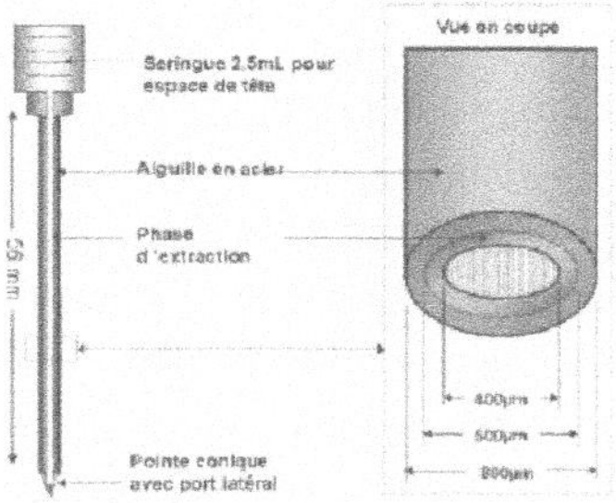	4, 5
INDEX : Inside-needle Dynamic Extraction ; Extraction dans l'aiguille	Aiguille remplie de phase stationnaire	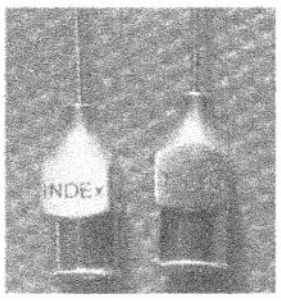 	6
ITEX : In Tube Extraction ; Extraction dans un tube	Faible quantité de phase stationnaire surmontant l'aiguille d'une seringue espace de tête	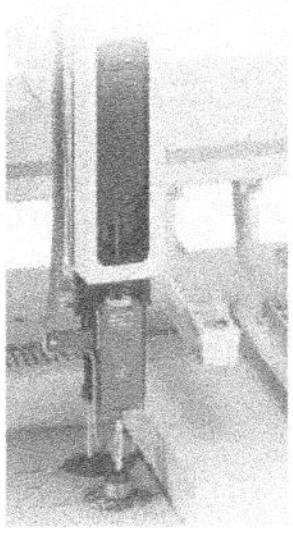 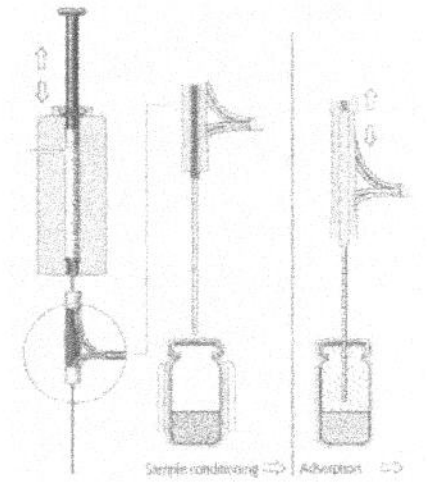	7
MonoTrap	Extraction sur/dans un tube/disque polymérique	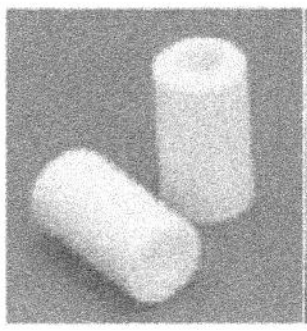 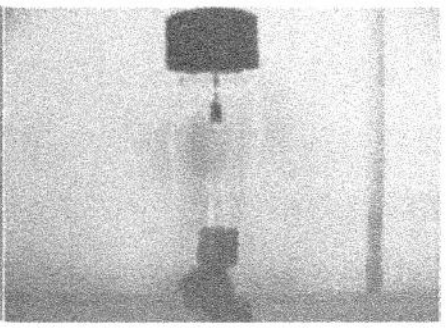	8

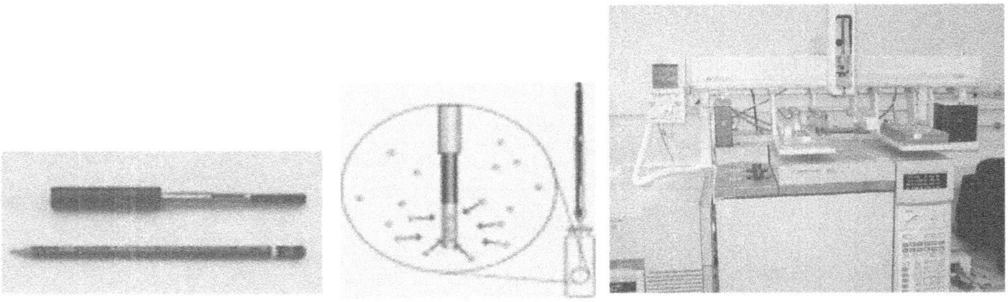

Système d'extraction manuel — Le principe de l'extraction — Extraction automatisée

Figure 2. La microextraction en phase solide (SPME).

visibles – il « écrase » le signal des autres constituants. L'extraction de 1 g d'huile essentielle par HS-SPME à l'aide d'une fibre en Carbowax/Divinylbenzène (CW/DVB) permet de minimiser l'extraction du benzoate de benzyle et conduit ainsi à l'identification de 37 constituants, soit 17 de plus que par l'analyse classique [2].

Pour améliorer la sensibilité, la sélectivité, la robustesse... de la méthode, plusieurs techniques basées sur le même principe ont été développées et sont présentées sommairement dans le tableau 1.

Plusieurs de ces techniques sont très récentes et peu d'études ont été publiées, en particulier pour l'analyse d'huiles essentielles.

L'extraction sur phase solide

L'extraction sur phase solide, ou SPE, est une technique d'extraction particulièrement efficace pour la concentration d'analytes cibles et/ou l'élimination d'interférents. Elle se montre très intéressante dans le cas d'études quantitatives de composés réglementés présents en faibles concentrations, comme les pesticides.

Cette technique repose sur l'emploi de phases de natures variées (silice, silice greffée C8 ou C18 principalement, copolymères apolaires, carbone poreux, résines échangeuses d'ions...) disponibles sous différents formats (disques, cartouches, microplaques).

Les composés sont fixés sur la phase par percolation de l'échantillon d'huile essentielle. Les interférents sont éliminés par passage d'un solvant qui n'est pas suffisamment éluant pour entraîner les composés cibles. Ils sont ensuite récupérés par percolation d'un solvant de force éluante adaptée.

La SPE est utilisée dans l'analyse des huiles essentielles pour concentrer des fractions d'intérêt dans le cas d'une analyse qualitative [9,10] ou enrichir/purifier des composés à doser [11].

Innovations en chromatographie en phase gazeuse

Les nouvelles exigences réglementaires et la nécessité d'innover demandent des techniques d'analyse de plus en plus puissantes. Ces dernières années, la chromatographie en phase gazeuse a énormément progressé. Cela s'est traduit par des techniques de plus en plus résolutives et des limites de détection repoussées.

Chromatographies en phase gazeuse rapide et ultrarapide

Les contraintes réglementaires ainsi que les exigences des clients ou des consommateurs conduisent à la multiplication des analyses à effectuer pour le contrôle des huiles essentielles. Afin de ne pas multiplier le nombre d'instruments nécessaires, le temps d'analyse est devenu un critère d'importance dans le développement de méthodes.

Trois paramètres sont pris en compte dans le développement d'une méthode chromatographique :

- le temps d'analyse : temps nécessaire à l'élution du composé le plus retenu ;
- l'efficacité : capacité à séparer les analytes ;
- la capacité : quantité maximale d'échantillon pouvant être analysée.

Pour développer une méthode, il est souvent nécessaire de trouver un compromis entre ces trois facteurs. Si l'on veut réduire le temps d'analyse et conserver l'efficacité, il est nécessaire de diminuer le diamètre intérieur de la colonne, mais cela se fait au détriment de la capacité. Cela est parfaitement illustré par le tableau 2.

Tableau 2. Diamètre et longueur de colonne pour une efficacité donnée de 100 000 plateaux théoriques.

Diamètre intérieur (mm)	Longueur nécessaire (m)
0,53	63
0,32	38
0,25	30
0,1	12

La diminution de la longueur des colonnes et de l'épaisseur de phases stationnaires pour diminuer le temps d'analyse a conduit au développement de la chromatographie rapide et ultrarapide.

- En chromatographie classique, les colonnes sont généralement d'une longueur de 15 à 50 m, 0,25 mm de diamètre interne et 0,25–2 µm d'épaisseur de film. Une programmation de la température de 2 à 10 °C/min conduit à des durées d'analyse de 20 à 240 min.

- En chromatographie rapide (*fast-GC*), les colonnes sont de 5 à 10 m, 0,10 mm de diamètre interne et 0,1 µm d'épaisseur de film. La programmation de la température de 15 à 50 °C/min conduit à des durées d'analyse de 5 à 15 min.
- En chromatographie ultrarapide (*ultrafast-GC*), les colonnes sont de 5 m, 0,10–0,05 mm de diamètre interne et 0,1–0,02 µm d'épaisseur de film. La

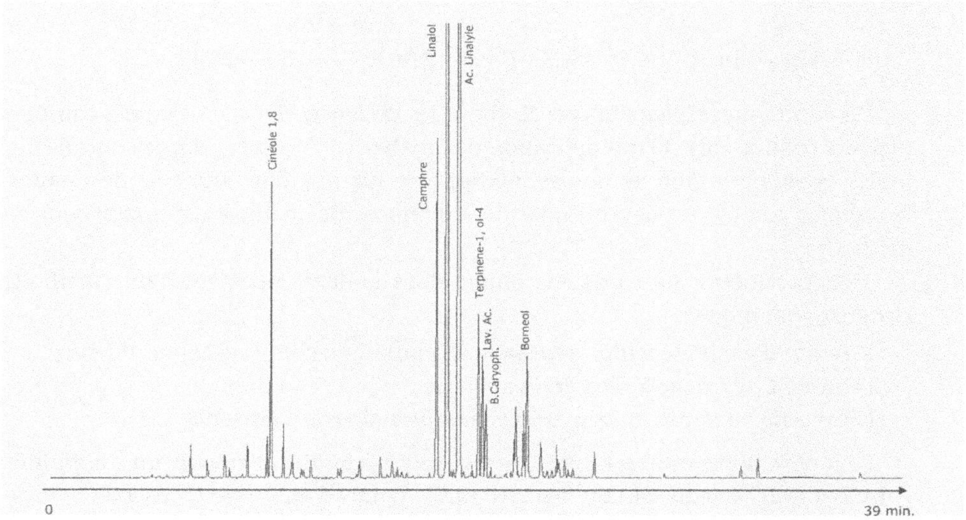

Huile essentielle de lavandin, GC classique (Innowax, 50 m x 0,2 mm x 0,2 µm).

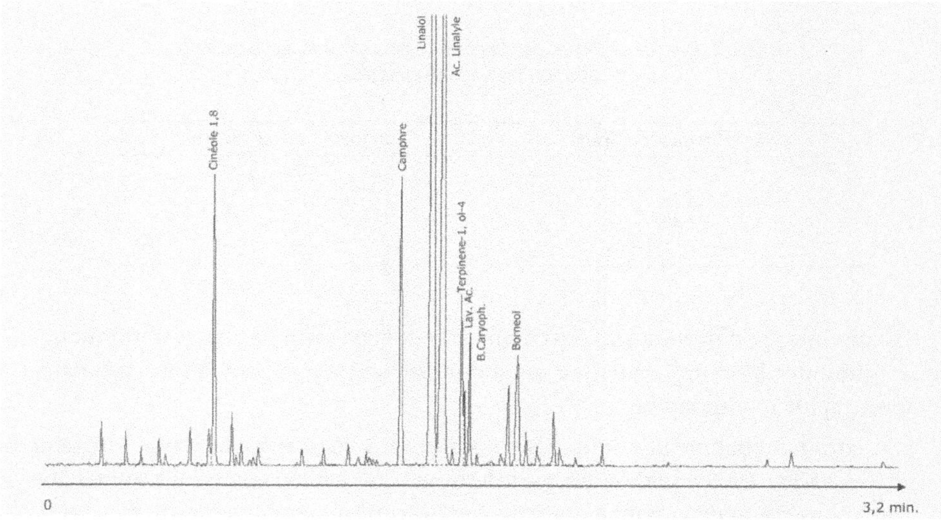

Huile essentielle de lavandin, GC ultrarapide (Innowax, 5 m x 0,1 mm x 0,1 µm).

Figure 3. Analyse d'une huile essentielle de lavandin par GC conventionnelle et ultrarapide.

programmation de la température est de 50 à 1 200 °C/min, ce qui conduit à des durées d'analyse de 1 à 5 min [12]. Il est néanmoins nécessaire d'utiliser dans ce cas un système adapté pour chauffer la colonne. Il s'agit d'une résistance placée tout le long de cette dernière [13].

Ces techniques permettent de gagner beaucoup de temps, mais la faible capacité des colonnes utilisées limite les quantités d'analyte pouvant être injectées [14].

Le couplage chromatographie en phase gazeuse/olfactométrie

Les systèmes de détection physique classiques, qu'ils soient universels ou spécifiques, permettent d'obtenir de nombreuses informations, mais ils ne fournissent aucune donnée sur l'odeur et l'impact olfactif des constituants d'un mélange. Le couplage GC/Olfactométrie (GC/O) utilise le nez humain en tant que détecteur analytique parallèlement à un détecteur physique, et permet ainsi de cibler les composés odorants (Figure 4). Il évite alors l'isolement fastidieux de composés sans intérêt olfactif, car seule une petite partie des constituants d'un extrait naturel contribue réellement à l'odeur de ce dernier [1, 15, 16, 17].

La GC/O permet d'établir un lien entre la composition chimique et l'odeur d'un extrait. Certains des composés contribuant à l'odeur globale sont des composés odorants présents à l'état de traces. En conséquence, ils sont parfois présents à des quantités inférieures aux limites de détection de la plupart des systèmes physiques, mais peuvent néanmoins être mis en évidence par le nez humain grâce à leur faible seuil de perception et à la sensibilité des récepteurs olfactifs humains pour un grand nombre d'odorants. La GC/O peut être employée en tant que méthode uniquement

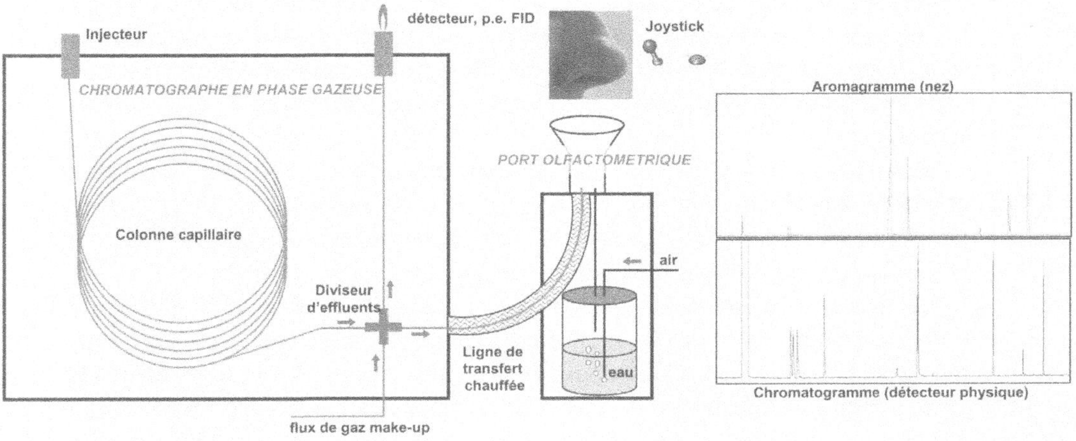

Figure 4. Principe du couplage GC/Olfactométrie.

descriptive (*GC/Sniffing* : le panéliste décrit seulement un stimulus olfactif), mais peut également fournir des informations sur l'impact olfactif des constituants lorsque l'on suit une méthodologie adaptée. Ces méthodologies sont généralement divisées en trois grands groupes : les méthodes de dilution, les méthodes de fréquence de détection et celles d'intensité. Mais il en existe également d'hybrides [1, 15, 16, 17].

Les méthodes de dilution permettent d'évaluer la puissance ou l'activité olfactive relative d'un composé dans un mélange et sont souvent utilisées en tant que méthodes de dépistage avec deux panélistes seulement. Elles consistent à analyser des dilutions successives d'un échantillon jusqu'à ce que le panéliste ne perçoive plus aucune odeur. Deux méthodes principales de dilution ont été développées : l'AEDA (*Aroma Extract Dilution Analysis*) et la méthode CHARM (*Combined Hedonic of Aromatic Response Measurement*) [17].

L'AEDA se sert du nombre de dilutions afin d'évaluer l'activité odorante d'un composé dans un mélange. L'échantillon est dilué successivement par un facteur constant *d*, et chaque dilution analysée par GC/O jusqu'à ce que le juge ne perçoive plus d'odeur. Le juge indique à un temps de rétention donné la présence/absence d'une odeur et la nature de cette dernière, mais ne prend pas en compte la durée de la perception olfactive. Pour chaque composé perçu, la dernière dilution dans laquelle l'odorant est toujours perçu est relevée. On accède ainsi au facteur de dilution appelé *Flavour Dilution Factor* (*FD*) qui évalue la puissance olfactive relative de la molécule en question dans le mélange : plus le facteur *FD* est élevé, plus l'impact olfactif relatif du constituant sur le mélange est important. L'AEDA présente l'avantage d'être simple à mettre en œuvre, car elle ne nécessite que deux panélistes et ne présente pas de contraintes informatiques et de traitement de données, car les résultats peuvent facilement être traités à l'aide d'un tableur comme Microsoft Excel® [17]. La méthode CHARM est basée sur les mêmes principes que l'AEDA, mais tient également compte de la durée du stimulus olfactif. Ainsi sont obtenus, après traitement informatique par un logiciel particulier, des pics dont les aires représentent les valeurs *CHARM* (sans unité). Comme l'AEDA, la méthode CHARM est simple à mettre en œuvre, mais nécessite un logiciel particulier afin de pouvoir tenir compte de la durée du stimulus [17].

Contrairement aux méthodes de dilution, celles de fréquence de détection et celles d'intensité mesurent l'impact odorant pour un seul échantillon, sans passer par des étapes de dilution. Elles ne sont donc pas basées sur des seuils de perception et font appel à un panel de huit à douze personnes.

La fréquence de détection enregistre le nombre de juges capables de détecter un odorant à un temps de rétention précis. Plus le nombre de juges à détecter une même odeur est élevé, plus l'importance relative du composé en question est grande. Cette importance relative est donnée soit en valeur *NIF* (*nasal impact frequency*) ou *SNIF* (*surface nasal impact frequency*). La fréquence de détection est simple à utiliser et à retraiter, et les juges n'ont pas besoin d'être spécialement entraînés (une bonne familiarisation avec le monde des odeurs va de soi) [17].

Lors d'une analyse en méthode d'intensité, les panélistes indiquent l'intensité perçue sur une échelle déterminée au préalable. La méthode d'intensité « OSME » (*Odour Specific Magnitude Estimation*) demande à ce que les juges enregistrent de façon continue l'intensité odorante en faisant bouger le curseur d'une résistance variable en fonction de l'intensité. Lors d'une analyse en intensité postérieure, le juge évalue l'intensité du stimulus une fois ce dernier terminé. Le « *Finger-Span Cross Modality Matching* » (FSCM) évalue l'intensité à travers un mouvement intuitif de la main du panéliste lors de la perception odorante : il évalue l'intensité odorante en écartant le pouce et l'index. Pour toute méthode d'intensité, un panel de huit à douze personnes ainsi qu'un entraînement important de ces dernières s'imposent afin de produire des résultats répétables et fiables [17].

Le choix de la méthode dépend des informations que l'on souhaite obtenir, mais également des ressources, surtout humaines, du laboratoire, car certaines méthodes nécessitent un nombre considérable de panélistes. De plus, l'analyse d'un extrait est d'une durée comprise généralement entre 30 et 60 minutes, et on conseille aux juges de ne pas sentir plus de 20 à 30 minutes d'affilée pour éviter une perte de sensibilité due à la fatigue. Le Tableau 3 compare les méthodes concernant leurs différences principales [1, 15, 16, 17].

Tableau 3. Tableau comparatif des méthodologies GC/O.

Méthode	Informations obtenues (nombre de juges requis)	Avantages	Inconvénients
Méthodes de dilution	Contribution relative des odorants (2)	Simples Peu de panélistes Traitement données : simple	Longues (étapes de dilution) Intensité stimulus exclue
Fréquence de détection	Recherche de tous les composés olfactivement actifs (8)	Simple Rapide Résultats fiables (panel)	Manque de précision Minimum 8 juges Fréquence liée à l'intensité
Méthodes d'intensité	Recherche de tous les composés olfactivement actifs (8)	Précise Résultats fiables (panel)	Entraînement des juges Minimum 8 juges
Méthodes hybrides	Recherche de tous les composés olfactivement actifs en fonction des méthodes combinées (8)	Combinent les avantages des méthodes « sources » : simplicité, rapidité, précision Résultats fiables (panel)	Minimum 8 juges Échelles à discuter

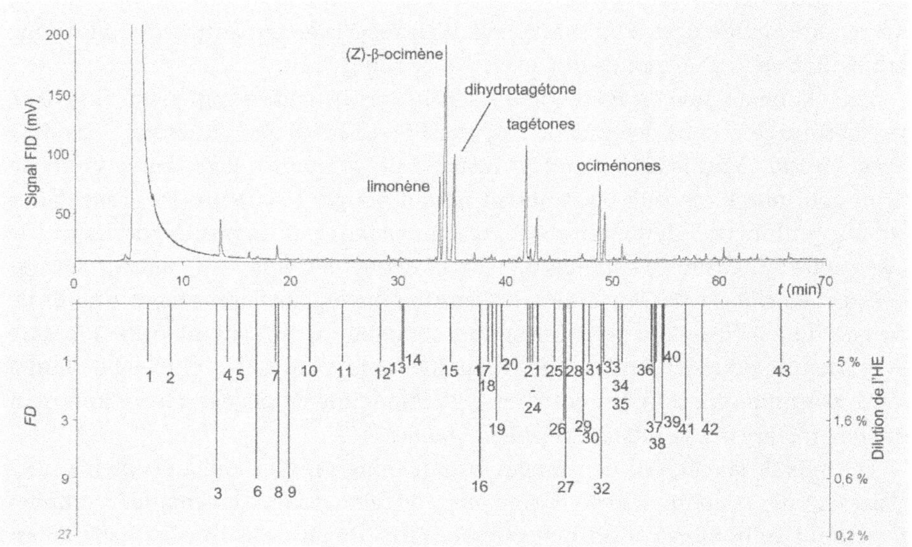

Figure 5. Chromatogramme GC-FID (en haut) et résultats AEDA (en bas) de l'huile essentielle de *Tagetes minuta* L.

1 : buténone/butanone (odeur : beurre, brûlé) ; 3 : 2-méthylpropanoate d'éthyle (fruité, fraise) ; 4 : 2-méthylbutanoate de méthyle (fruité) ; 5 : hexanal (vert, herbe coupée) ; 6 : 3-méthylbut-2-én-1-thiol[t] (chou, bière, soufre) ; 7 : 2-méthylbutanoate d'éthyle (fruité, pourri, banane) ; 8 : 3-méthylbutanoate d'éthyle (fruité, ananas, fraise) ; 9 : 2-méthylfuran-3-thiol[t] (noix) ; 12 : oct-1-én-3-one[t] (champignon, métallique) ; 13 : octanal (poussière, aldéhyde) ; 14 : myrcène (géranium, plastique, citron) ; 16 : inconnu (épicé, curry) ; 18 : non-1-én-3-ol[t] (champignon) ; 19 : linalol (thé, parfumé) ; 21 : allocimène (citronné) ; 22 : (*E*)-tagétone[t] (géranium, amer, vert) ; 24 : (*Z*)-tagétone[t] (agrumes, amer, écorce citron) ; 26 : terpinén-4-ol (vert, frais) ; 27 : inconnu (vert, amer, plastique) ; 29 : décanal (noix, citronné) ; 31 : acétate d'octyle (pourri, floral) ; 32 : (*E*)-tagéténone[t] (citronné, parfumé) ; 33 : (*Z*)-tagéténone[t] (menthé, frais). Huile essentielle de 2006. Colonne DB-1 50 m, huile essentielle diluée à 5 %, *d* = 3.

L'huile essentielle de tagète est utilisée en parfumerie fine, mais également dans l'industrie des arômes et dans l'industrie agroalimentaire (sodas, boissons alcoolisées, desserts surgelés, bonbons). Plus que 220 composés ont été identifiés dans les différentes huiles essentielles du *T. minuta* produites à partir de différentes parties de la plante (parties aériennes, feuilles, tiges, fleurs). Il s'agit principalement d'esters et de terpénoïdes volatils, et les composés majoritaires sont des monoterpénoïdes tels que le limonène, la (*Z*)-β-ocimène, la dihydrotagétone, les isomères des tagétones et des tagéténones (aussi appelées ociménones) [16, 18].

L'huile essentielle de tagète a été étudiée par GC/MS-FID et par GC/O en appliquant l'AEDA. Cela a permis la mise en évidence de 43 zones odorantes, dont 22 ont pu être identifiées (Figure 5).

L'utilisation du couplage GC/O lors de cette étude a premièrement fourni l'information que malgré la présence de composés largement majoritaires tels que la

(*Z*)-β-ocimène (~30 % de l'aire totale GC-FID), la (*Z*)-tagéténone (11–12 %), la dihydrotagétone (25–28 %), la (*E*)-tagéténone (3–4 %), la (*Z*)-tagétone (5–8 %), l'allocimène (2–4 %) et le limonène (~6 %), l'odeur de l'huile essentielle de tagète est principalement influencée par des esters éthyliques minoritaires comme le 2-méthylpropanoate d'éthyle (pic n° 3, odeur : fruité, fraise ; 0,1 % de l'aire totale GC-FID) et le 3-méthylbutanoate d'éthyle (pic n° 8, odeur : fruité, ananas, fraise ; traces). D'autres esters contribuent également au profil odorant, mais leur influence est mineure. La (*E*)-tagéténone (pic n° 32, odeur : citronné) est le seul composé majoritaire influençant de façon significative l'odeur de l'HE.

Deux composés avec des facteurs *FD* importants de 9 (*tr*= 16,74 et 19,76 min, pics n° 6 et 9) font l'objet d'une tentative d'identification. Ces stimuli olfactifs n'ont pu être attribués à aucun signal chromatographique. Des recherches dans les banques de données basées sur la description odorante et l'*LRI* indiquent pour la première zone odorante (*tr*= 16,74 min ; chou, bière, soufre) le 3-méthylbut-2-én-1-thiol et pour la deuxième (*tr*= 19,76 min ; noix) le 2-méthylfuran-3-thiol. Même si l'injection des composés de référence en GC/O a confirmé leurs *LRI* ainsi que leurs odeurs, ces composés restent à ce jour des tentatives d'identification.

D'une manière générale, cette étude a permis la détection et/ou l'identification de dix composés qui n'ont jamais été reportés dans l'huile essentielle de *Tagetes minuta* auparavant : quatre esters (2-méthylpropanoate d'éthyle, 2-méthylbutanoate de méthyle, 3-méthylbutanoate d'éthyle, acétate d'octyle), trois cétones (but-3-én-2-one, butanone et l'oct-1-én-3-one en tant que tentative d'identification) et deux thiols ainsi qu'un alcool en tant que tentatives d'identification (3-méthylbut-2-én-1-thiol, 2-méthylfuran-3-thiol, non-1-én-3-ol). Le couplage GC/O peut alors fournir un nombre important d'informations par rapport à une simple étude de la composition chimique en GC/MS [18].

La chromatographie en phase gazeuse bidimensionnelle (GC-GC et GC×GC)

L'analyse des mélanges complexes comme les huiles essentielles par chromatographie en phase gazeuse est un réel challenge pour l'analyste. Ces échantillons sont généralement trop complexes pour être entièrement séparés sur une seule phase stationnaire. De plus, très souvent, les composés présents à l'état de traces co-éluent avec des analytes très abondants.

Les travaux de Giddings [19] illustrent parfaitement cela. Les colonnes capillaires actuelles possèdent plus de 100 000 plateaux théoriques. Cependant, si on veut séparer entièrement, avec une probabilité de séparation de 0,99, un mélange de cent constituants (ce qui est très courant pour une huile essentielle), il est alors nécessaire d'employer une colonne de 500 millions de plateaux [20].

L'utilisation de détecteurs spécifiques peut en partie apporter une solution, mais si l'objectif est d'obtenir un spectre de masse sans pollution pour une analyse

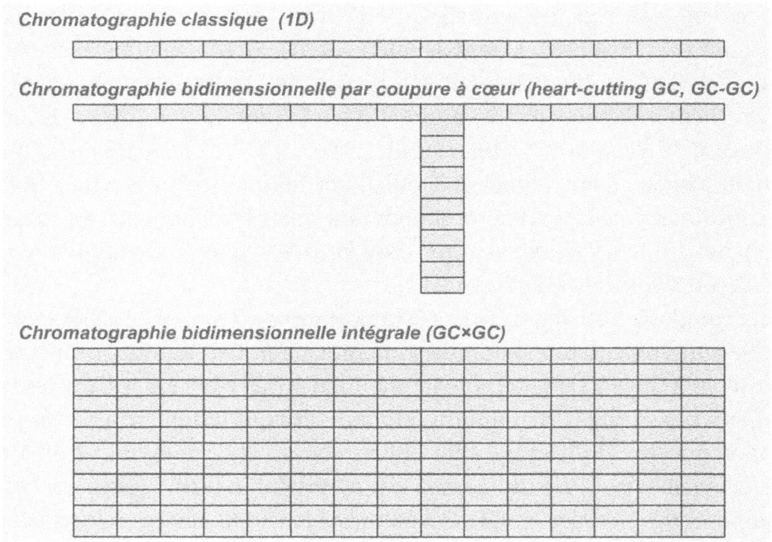

Figure 6. Illustration des principes mis en jeu en chromatographie gazeuse classique (GC-1D) et bidimensionnelle (GC-GC et GCxGC), d'après [21].

qualitative, le problème persiste. Pour résoudre cette difficulté, la mise en place de deux séparations consécutives sur deux colonnes de natures différentes est une alternative intéressante. En effet, quand un mélange est séparé sur deux colonnes différentes, la capacité de pic totale correspond également au produit des capacités de pic des deux colonnes (c'est-à-dire le nombre maximal de composés que chaque colonne peut séparer) $n_{c,TOT} = n_{c1} \times n_{c2}$, ce qui représente évidemment un gain de séparation important (Figure 6). Pour maximiser ce gain, il est donc nécessaire d'utiliser des colonnes où les séparations sont basées sur des phénomènes physico-chimiques différents, on emploie alors le terme de « colonnes orthogonales ».

La plus ancienne technique de chromatographie bidimensionnelle est apparue dans les années 1960 [22]. Elle consiste à transférer une ou plusieurs fractions cibles parmi les analytes séparés sur la première colonne vers une seconde colonne. Cette technique est nommée GC par « prélèvement du cœur », plus communément « *heart-cut two-dimensional GC* », et se note GC-GC.

Le dispositif permet généralement de recueillir une fraction non résolue à l'issue de la première colonne pour la réinjecter dans la seconde. La GC-GC emploie la méthode du « *heart-cutting* » [23], c'est-à-dire que la fraction mal résolue de l'échantillon dans la première colonne sera prélevée pour être séparée dans la seconde. Cette technique nécessite donc l'installation, entre les deux colonnes, d'un système complexe de vannes, de circuits de contre-pression ou de trappes cryogéniques permettant de

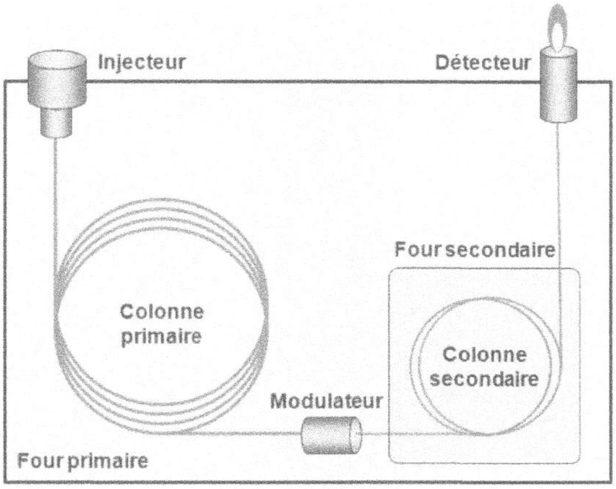

Figure 7. Schéma général d'un système GCxGC.

Le détecteur à ionisation de flamme représenté ici peut également être remplacé par un spectromètre de masse, d'après [21].

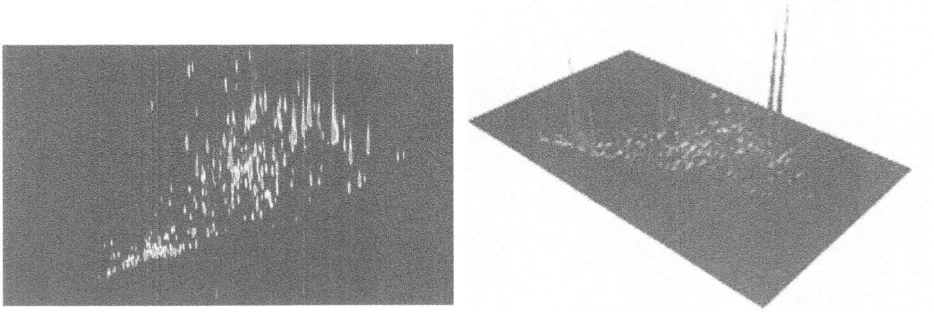

Figure 8. Exemple d'analyse par GCxGC : huile essentielle de vétiver (origine Haïti) ; carte 2D (gauche), chromatogramme 3D (droite) ; logiciel de traitement : GC Image (Zoex Corp.), d'après [21].

dévier la ou les fractions sélectionnées vers la seconde colonne. La GC-GC permet le plus souvent d'améliorer grandement le pouvoir de séparation et la résolution des pics dans les fractions sélectionnées. En revanche, cette technique est limitée à l'analyse de quelques régions critiques du chromatogramme, et le temps d'analyse est rallongé en conséquence.

De nouveaux développements dans le domaine de la GC-GC ont permis d'aboutir, au début des années 1990, au développement de la chromatographie gazeuse bidimensionnelle intégrale, (GCxGC) par Phillips et Liu [24]. L'amélioration majeure provient du fait que la totalité de l'échantillon est soumise aux potentiels de séparation des deux colonnes chromatographiques. C'est probablement l'une des avancées les plus prometteuses dans le domaine de la chromatographie en phase gazeuse depuis la découverte des colonnes capillaires.

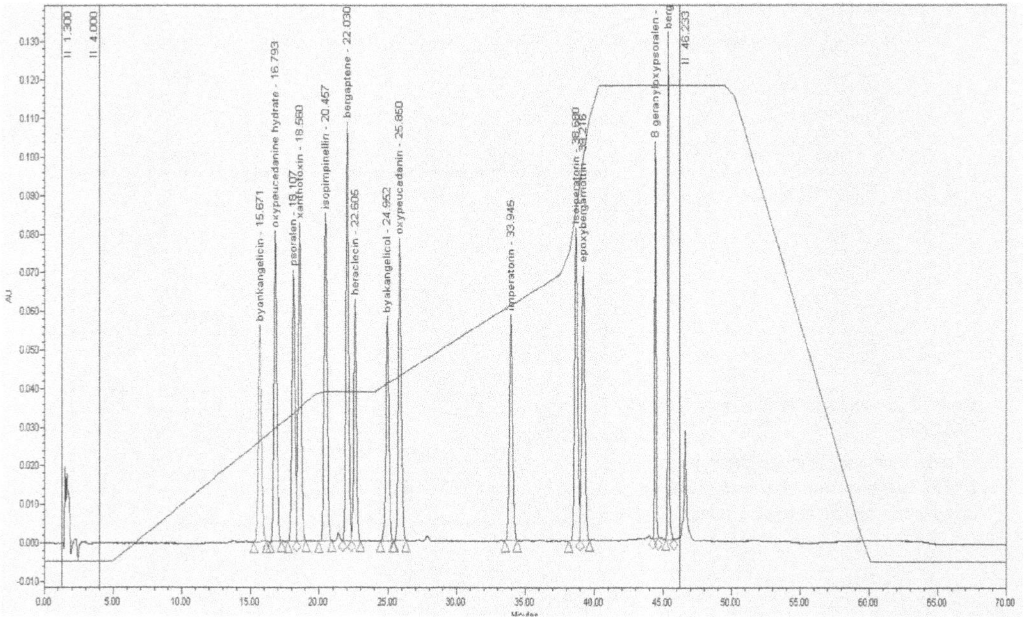

Analyse de furocoumarines en HPLC (standards 25 mg/L ; 5 µL injectés), colonne MS Uptisphere (3 µm × 2,1 × 150 mm). Gradients de solvants : Eau/ACN/THF (85/10/5) et ACN/MEOH/THF (65/30/5). Détection UV 310 nm ; débit : 300 µL/min. Temps d'analyse 70 min.

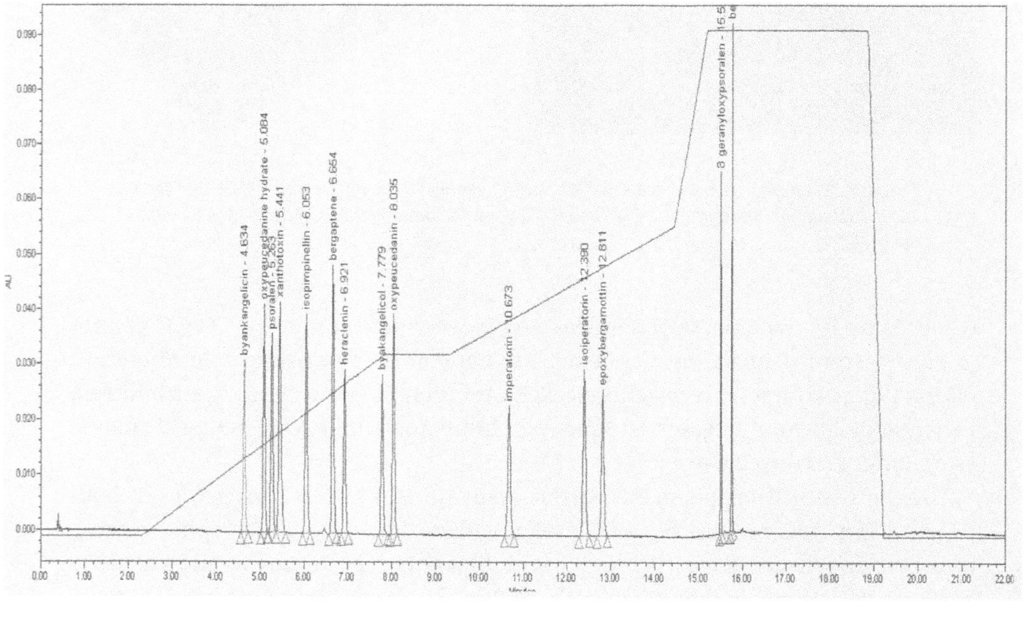

Analyse de furocoumarines en UPLC (standards 25 mg/L ; 1 µL injecté), colonne HSS T3 (1,8 µm × 2,1 × 100 mm). Gradients de solvants : Eau/ACN/THF (85/10/5) et ACN/MEOH/THF (65/30/5). Détection UV 310 nm, débit : 600 µL/min. Temps d'analyse 22 min. (Reproduit avec l'accord de la société Waters.)

Figure 9. Apport de l'UPLC dans l'analyse des furocoumarines.

Innovations en chromatographie liquide haute performance et chromatographie sur couche mince

Chromatographie liquide à haute performance (HPLC)

L'HPLC est une technique d'analyse puissante, polyvalente et très répandue. Néanmoins, si on la compare à la GC, elle manque d'efficacité. Pour améliorer cette dernière, il existe plusieurs solutions :

- travailler à plus haute température, ce qui diminue la viscosité de la phase mobile et conduit à une diffusion plus rapide. Cela permet de minimiser la perte de charge et donc d'augmenter l'efficacité ;
- se servir de colonnes monolithes (plus de limitations de perte de charge) ;
- utiliser des phases stationnaires composées de particules < 2 µm (pour les colonnes classiques, elles sont généralement de 3 à 5 µm). C'est l'U-HPLC ou UPLC (nom donné par la société Waters qui l'a lancée en 2004).

De tels diamètres de particules permettent de travailler avec des gammes de débits plus larges. Il est ainsi possible d'augmenter le débit, et donc la vitesse d'analyse, et cela sans altérer la séparation chromatographique (Figure 9).

Le développement de l'U-HPLC a néanmoins nécessité plusieurs développements instrumentaux, en particulier pour limiter les volumes morts et augmenter la gamme de pression entre 500 et 1 000 bars (pour 150-400 bars en HPLC). Cependant, cette augmentation de pression nécessite des maintenances plus fréquentes et réduit la durée de vie des colonnes.

La détection a également beaucoup progressé dans le domaine de l'HPLC. Ainsi, le Détecteur Évaporatif à Diffusion de Lumière (DEDL), bien plus universel que le détecteur à barrettes de diodes (DAD), s'est beaucoup développé.

Mais c'est surtout le couplage avec la spectrométrie de masse qui s'est démocratisé. Cela permet d'apporter une autre dimension à la chromatographie liquide. Le couplage HPLC/MS est ainsi devenu accessible et a beaucoup progressé techniquement.

Le couplage en tandem (HPLC/MS/MS) pour les analyses quantitatives et la spectrométrie de masse haute résolution (HPLC/HRMS) pour la détermination des formules brutes et l'identification structurale a également progressé.

Chromatographie sur couche mince haute performance (HPTLC)

La chromatographie sur couche mince a également connu de nombreux progrès ces dernières années, lesquels se sont principalement portés sur les phases stationnaires et la détection.

Les phases stationnaires caractérisées par des tailles de particules plus faibles (4-5 µm) et plus homogènes se sont développées. Cela permet d'augmenter la résolution et la reproductibilité. De même, de nouvelles phases comme des phases chirales sont maintenant commercialisées. Récemment, l'UTLC (*Ultra Thin Layer Chromatographie*) s'est développée (Tableau 4). Elle est caractérisée par une phase stationnaire plus fine (de l'ordre de 10 µm) et des tailles de particules plus faibles (3-4 nm) [25].

Les systèmes de détection ont également connu un essor considérable. La CCM (chromatographie sur couche mince) peut être couplée avec des systèmes de détection très puissants : spectrométrie de masse, spectroscopie infrarouge ou Raman [26, 27].

Tableau 4. Les différents types de plaques en chromatographie sur couche mince.

	CCM (TLC)	HPTLC	UTLC
Dimensions de la plaque (LxH) en cm	20 × 20	20 × 20 10 × 10	6 × 3,6
Épaisseur de phase (mm)	0,1-0,25	0,1-0,2	0,001
Taille de particules (µm)	10-12	4-6	Homolithique
Distributions des particules (µm)	5-20	4-8	
Limites de détection UV-visible (ng) Fluorescence (pg)	 1-5 50-100	 0,1-0,5 5-10	 0,5 5

Références bibliographiques

1. C. Castel, K. Breme, X. Fernandez, « Stratégies modernes d'identification des composés odorants », *Annales de Falsifications, de l'expertise chimique & toxicologique*, **2011**, *973*, 24-38.
2. X. Fernandez, L. Lizzani-Cuvelier, A.-M. Loiseau, C. Perichet, C. Delbecque, « Volatile constituents of benzoin gums : Siam and Sumatra. Part 1 », *Flavour Fragr. J.*, **2003**, *18*, 328-333.
3. C. Bicchi, C. Cordero, E. Liberto, P. Rubiolo, B. Sgorbini, P. Sandra, « Impact of phase ration, polydimethylsiloxane volume and size, and sampling temperature and time on headspace sportive extraction recovery of some volatile compounds in the essential oil field », *J. Chrom. A*, **2005**, *1071*, 111-118.
4. M. Kamphoff, T. Thiele, B. Kunz, « Influence of different extraction parameter on a solid-phase dynamic extraction for the gas chromatographic determination of d-limonene degradation products by using a fractional factorial design », *J. AOAC Int.*, **2007**, *90*, 1623-2627.
5. C. Bicchi, C. Cordero, P. Rubiolo, « A survey on high-concentration-capability headspace sampling techniques in the analysis of flavors and fragrances », *J. Chrom. Sci.*, **2004**, *42*, 402-409.
6. C. Duan, Z. Shen, D. Wu, Y. Guan, « Recent development in solid-phase microextraction for on-site sampling and sample preparation », *TRAC, Trends Anal. Chem.*, **2011**, *30*, 1568-1574.

7. L. Niu, J. Bao, L. Zhao, Y. Zhang, « Odor properties and volatile compounds analysis of *Torreya grandis aril* extracts », *J. Essent. Oil Research*, **2011**, *23*, 1-6.

8. A. Sato, K. Sotomaru, M. Takeda, T. Sawada, « A novel approach for sample adsorption and extraction using a monolithic hybrid adsorbent as a new generation medium », *LC-GC Europe*, **2009**, 31-32.

9. A.L. Dawidowicz, M.P. Dybowski, « SPE isolation of low-molecular oxygen compounds from essential oils », *J. Sep. Sci.*, **2010**, *33*, 3213-3220.

10. A. Antonelli, C. Fabbri, « Essential oils. SPE fractionation », *Chromatographia*, **1999**, *49*, 125-130.

11. S. Barrek, O. Paisse, M.-F. Grenier-Loustalot, « Analysis of pesticides residues in essential oils of citrus by GC-MS and HPLC-MS after solid-phase extraction », *Anal. Bioanal. Chem.*, **2003**, *376*, 157-161.

12. L. Mondello, R. Shellie, A. Casilli, P.Q. Tranchida, P. Marriott, G. Dugo, « Ultra-fast essential oil characterization by capillary GC on a 50 µm ID column », *J. Sep. Sci.*, **2004**, *27*, 699-702.

13. C. Bicchi, C. Brunelli, C. Cordero, P. Rubiolo, M. Galli, A. Sironi, « Direct resistively heated column gas chromatography (Ultrafast module-GC) for high-speed analysis essential oils of differing complexities », *J. Chrom. A.*, **2004**, *1024*, 195-207.

14. P.Q. Tranchida, R. Costa, P. Dugo, G. Digo, L. Mondello, « Micro-bore column fast gas chromatography-mass spectrometry in essential oil analysis », *Nat. product. Commun.*, **2008**, *3*, 1161-1164.

15. X. Fernandez, K. Breme, V. Varlet, « Couplage chromatographie en phase gazeuse/olfactométrie (GC/O) et applications », *Techniques de l'Ingénieur* Paris, Éditions T.I., **2009**, p. 1-18.

16. K. Breme, *Analyse d'extraits naturels parfumants par GC/Olfactométrie. Application à des extraits de Brassicales et d'Astérales* (édition française*)*, Saarbrücken, Éditions Universitaires Européennes, **2010**, 280 p.

17. C.M. Delahunty, G. Eyres, J.-P. Dufour, « Gas chromatography-olfactometry », *J. Sep. Sci.* **2006**, 29, 2107-2125.

18. K. Breme, P. Tournayre, X. Fernandez, U.J. Meierhenrich, H. Brevard, D. Joulain et J.-L. Berdagué, « Identification of Odor Impact Compounds of *Tagetes minuta* L. essential oil. Comparison of two GC- Olfactometry methods », *J. Agric. Food Chem.* **2009**, 57, 8572-8580.

19. J.C. Giddings, « Maximum number of components resolvable by gel filtration and other elution chromatographic methods », *Anal. Chem.*, **1967**, *39*, 1027-1028.

20. K.D. Bartle, « Multidimensional Chromatography », *in* L. Mondello, A.C. Lewis, K.D. Bartle (dir.), New York, John Wiley & Sons, **2002**, 3-13.

21. X. Fernandez, J.-J. Filippi, M. Jeanville, « Chromatographie en phase gazeuse à deux dimensions : GC-GC, GC×GC », *Techniques de l'Ingénieur*, **2011**, P 1489, 1-27.

22. D.R. Deans, « A new technique for heart cutting in gas chromatography », *Chromatographia*, **1968**, *1*, 18-22.

23. W. Bertsch, « Two-dimensional gas chromatography. Concept, instruments, and applications. Part 1 : Fundamentals, conventional two dimensional gas chromatography, selected applications », *J. High Resolut. Chromatogr.*, **1999**, *22*, 647-665.

24. Z. Liu, J.B. Phillips, « Comprehensive two-dimensional chromatography using an on-column thermal modulator interface », *J. Chromatogr. Sci.*, **1991**, *29*, 227-231.
25. H. E. Hauck, M. Schulz, « Ultra thin-layer chromatography », *Chromatographia*, **2003**, *57*, S/313-S/315.
26. M. Sajewicz, L. Wojtal, M. Natic, D. Staszek, M. Waksmundzka-Hajnos, T. Kowalska, « TLC-MS versus TLC-LC-MS fingerprints of herbal extracts. Part I. Essential oils », *J. Liq. Chrom. Related Technol.*, **2011**, *34*, 848-863.
27. S.-C. Cheng, M.-Z. Huang, J. Shiea, « Thin-layer chromatography/laser-induced acoustic desorption/electrospay ionization mass spectroscopy », *Anal. Chem.*, **2009**, *81*, 9274-8281.

Chapitre 4.1

Applications des huiles essentielles dans le domaine des arômes et parfums

Carole André[1], Marie-Laure Bettenfeld[2]

Parfums et cosmétiques : réglementation et marché

Introduction

Les huiles essentielles sont des ingrédients appréciés autant des parfumeurs que des cosméticiens. Elles ont cette particularité d'être des substances à la fois actives et odorantes.

Le 1er janvier 2009, un règlement cosmétique européen (RCE) a été édicté. Ce règlement n° 1223/2009 a été définitivement adopté le 30 novembre 2009. Il est appelé à remplacer strictement la directive cosmétique européenne 76/768/CEE à partir du 11 juillet 2013 (article 38 du RCE).

Définition légale d'un produit cosmétique

La parfumerie et la cosmétique sont souvent considérées comme deux domaines d'activité bien distincts. Cependant, elles sont réglementées par le même texte de loi : le Règlement cosmétique européen. Ce règlement définit concrètement ce qu'est un produit cosmétique :

Article 2-1)-a du Règlement cosmétique européen :

« Aux fins du présent règlement, on entend par "produit cosmétique" toute substance ou tout mélange destinés à être mis en contact avec les parties superficielles du corps humain (épiderme, systèmes pileux et capillaire, ongles, lèvres et organes génitaux externes) ou avec les dents et les muqueuses buccales en vue, exclusivement ou principalement, de les nettoyer, de les parfumer, d'en modifier l'aspect, de les protéger, de les maintenir en bon état ou de corriger les odeurs corporelles. »

La frontière entre cosmétique et médicament est floue, même pour les experts en toxicologie chargés d'évaluer la sécurité d'usage des produits cosmétiques. La place des

1. IRIS CONSULTING, 137 boulevard de Lattre de Tassigny, 06700 St-Laurent-du-Var.
2. ASFO Grasse, 46 avenue Riou Blanquet, 06130 Grasse.

huiles essentielles est discutable. Certes leur zone d'application et leurs usages correspondent à la définition d'un produit cosmétique selon le Règlement n° 1223/2009, mais la plupart d'entre elles franchissent la jonction dermo-épidermique [1] et sont également utilisées dans des préparations médicales. Il convient donc de les manipuler avec précaution, et la formulation de produits cosmétiques incluant des huiles essentielles requiert une bonne connaissance de la composition moléculaire de ces dernières et, surtout, des effets indésirables potentiels.

Pour cela, il existe plusieurs textes de référence. L'ANSM (Agence nationale de sécurité du médicament) a publié un document intitulé « Recommandations relatives à l'évaluation du risque lié à l'utilisation des huiles essentielles dans les produits cosmétiques », en date du 25 novembre 2010 [2]. Ce document récapitule l'ensemble des restrictions et interdictions d'usage réglementaires.

Il faut également tenir compte du dosage en substances allergisantes pouvant mener à un étiquetage spécifique (liste des vingt-six substances allergènes – L26 – de la directive 2003/15/CEE, applicable depuis le 11 mars 2005).[1]

En effet, les allergies causées par certains constituants des huiles essentielles sont des allergies de contact [3]. Pour informer et protéger les consommateurs, le septième amendement de la directive cosmétique impose aux fabricants d'inscrire sur l'emballage des produits les composés allergisants quand la concentration en ces derniers est supérieure à 0,001 % dans les produits non rincés (lait corporel, crème visage, par exemple) et 0,01 % dans les produits rincés (gel douche, shampoing, par exemple).

Les composés allergisants ont été mis en évidence par le Comité scientifique des produits de consommation (SCCS) et sont au nombre de vingt-six. Certaines substances sont naturelles et peuvent donc être retrouvées dans les huiles essentielles ; d'autres sont d'origine synthétique, c'est-à-dire fabriquées par l'industrie chimique [4].

Parmi ces vingt-six substances, le tableau 1 présente les allergènes pouvant être retrouvés dans les huiles essentielles.

Ces substances allergisantes sont apportées dans le produit fini soit directement par les huiles essentielles incluses dans la formulation cosmétique, soit par la composition parfumante susceptible de contenir des huiles essentielles.

Dans les deux cas, le formulateur doit se rapprocher de son fournisseur d'huiles essentielles ou de bases parfumantes qui est tenu de lui fournir un bulletin d'analyse complet portant sur le dosage des vingt-six substances concernées.

Tableau 1 (page suivante). Composés naturels reconnus comme allergènes par le SCCP, dont l'étiquetage a été rendu obligatoire par le 7e amendement de la directive cosmétique si leur concentration est supérieure à 0,001 % dans les produits rincés et à 0,01 % dans les produits à enlever par rinçage.

1. Cette liste est actuellement revue par le SCCS (Scientific Committee on Consumer Savety) qui préconise de l'étendre à 179 substances et extraits.

Composé	N° CAS[1]	Structure
alcool benzylique	100-51-6	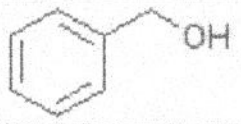
alcool cinnamique	104-54-1	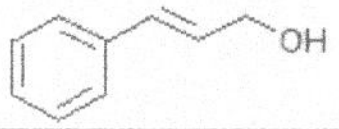
citral	5392-40-5	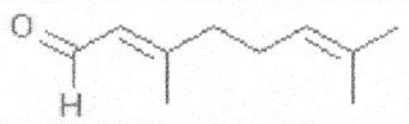
eugénol	97-53-0	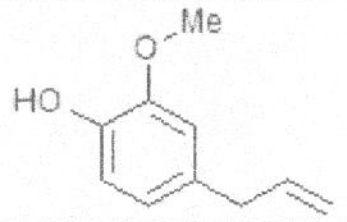
isoeugénol	97-54-1	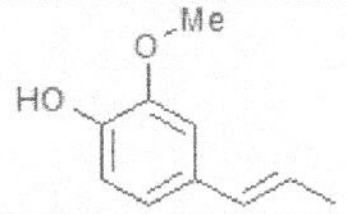
salicylate de benzyle	118-58-1	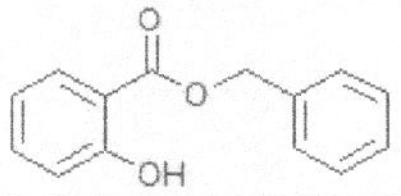
cinnamaldéhyde	104-55-2	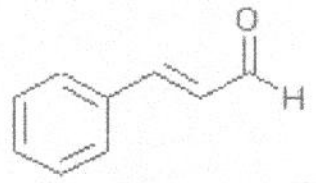
coumarine	91-64-5	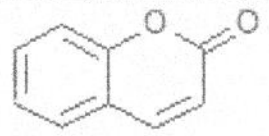
géraniol	106-24-1	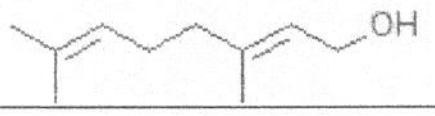
alcool 4-méthoxybenzylique	105-13-5	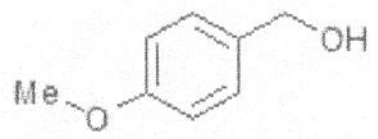
cinnamate de benzyle	103-41-3	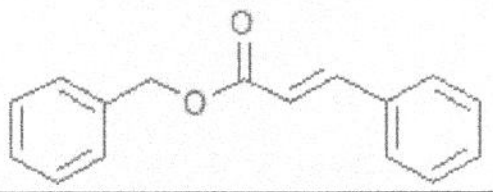
farnesol	4602-84-0	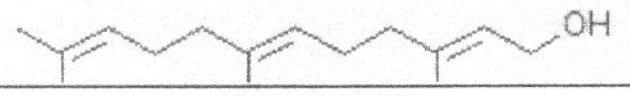
linalol	78-70-6	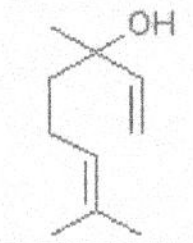
benzoate de benzyle	120-51-4	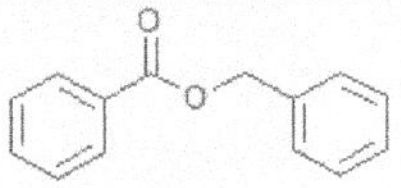
citronellol	106-22-9	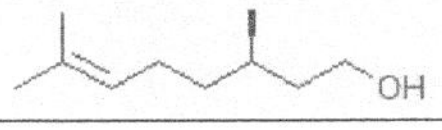

1. Numéro CAS (*Chemical American Society*).

Les restrictions et interdictions d'usage obligatoires. Exemples

L'annexe III du RCE (Règlement cosmétique européen) nous donne une « liste des substances que les produits cosmétiques ne peuvent contenir en dehors des restrictions prévues ».

Prenons pour exemple le numéro d'ordre 102 concernant le méthyl eugénol.

Plusieurs huiles essentielles en contiennent naturellement, telles que celle de basilic, *Ocimum basilicum*, ou celle d'ylang-ylang, *Cananga odorata*.

La présence du méthyl eugénol dans un produit cosmétique ou un parfum implique les contraintes réglementaires énoncées dans le tableau 2.

Tableau 2. Contraintes réglementaires imposées au méthyl eugénol.

N° d'ordre	Nom chimique / DCI	Dénomination commune du glossaire des ingrédients	Numéro CAS	Numéro CE	Type de produit, parties du corps	Concentration maximale dans les préparations prêtes à l'emploi
102	4-allylvératrole	méthyl eugenol	93-15-2	202-223-0	Parfums fins	0,01 %
					Eaux de toilette	0,004 %
					Crèmes parfumantes	0,002 %
					Dans les autres produits sans rinçage et produits bucco-dentaires	0,0002 %
					Produits à rincer	0,001 %

Règles de formulation fortement conseillées mais pas obligatoires : le guide de l'IFRA

L'IFRA (International Fragrance Association, www.ifraorg.org) est un organisme non gouvernemental ayant la mission de mener des études et de collecter des informations sur les ingrédients de la parfumerie. Ces informations concernent la sécurité d'emploi de ces ingrédients et sont issues des résultats de laboratoires privés, publics ou universitaires, au niveau européen.

Tous les ans, voire deux fois par an, l'IFRA met à jour ces informations sous forme d'amendements. Il faut bien noter le caractère facultatif de ces recommandations d'usage. Cependant, la plupart des fabricants de parfums et de cosmétiques les suivent, notamment pour répondre au mieux aux exigences des toxicologues chargés d'évaluer la sécurité d'emploi de toute nouvelle formule destinée à être mise sur le marché, ainsi qu'en application d'un principe de précaution quasi systématiquement exigé par les clients.

L'IFRA émet trois types de recommandations : les restrictions (« R »), les spécifications (« S ») et les proscriptions (« P »).

Il est fréquent que le législateur intègre des recommandations de l'IFRA dans le Règlement cosmétique européen, comme nous le verrons ci-après pour l'exemple de proscriptions, « P ».

– *Restrictions, « R », exemple*

Ces restrictions s'appliquent en fonction de la catégorie de produits finis dans laquelle la substance concernée va être appliquée.

Par exemple, le citral, composant de l'huile essentielle de citron, devrait être présent au dosage maximum de 0,6 % dans une crème parfumante (Catégorie 4).

– *Spécifications, « S », exemple*

Le d-limonène fait partie des produits à spécification : l'IFRA recommande l'ajout d'un antioxydant lors de l'utilisation et de vérifier que le dosage en péroxyde n'excède par 20 mmoles/L.

– *Proscriptions, « P », exemple*

La note olfactive de la feuille de verveine est très appréciée, notamment dans les eaux de Cologne. Cependant, l'huile essentielle de verveine est proscrite par l'IFRA pour des raisons de potentiel sensibilisant et un profil phototoxique. Cette recommandation est également intégrée au Règlement cosmétique européen [5].

Usage des huiles essentielles en parfumerie

Les huiles essentielles, ou essences, comme les nomment souvent les parfumeurs, font partie intégrante des ingrédients de la parfumerie.

Leur emploi historique le plus notable a été dans l'eau de Cologne, créée par Jean-Marie Farina vers 1714. Sa composition s'appuyait sur plus de 70 % d'essences d'agrumes et d'aromates (Tableau 3), complétée par quelques extraits de fleurs [6].

Tableau 3. Exemple de formule d'eau de Cologne contemporaine de Jean-Marie Farina.

Ingrédients	Onces	Grains
H.E. de fleurs d'orange	5	4
H.E. de cédrat	–	11
H.E. de romarin	–	4
H.E. de lavande	–	4
H.E. de thym	–	10
H.E. de bergamote	–	10
Eau de mélisse	–	12
H.E. de rose double	–	5
Extrait de jasmin	–	5

(L'once valant environ 30 g et le grain environ 53 mg.)

Tableau 4. Exemple de formule d'eau de Cologne dite « extra » datant des années 1930.

Ingrédients	Quantités (grammes)
H.E. de bergamote	240
H.E. de citron	340
H.E. de limette	60
H.E. de mélisse	40
H.E. de lavande	50
H.E. orange douce du Portugal	50
H.E. de thym blanc	20
H.E. de romarin	40
H.E. de verveine	20
H.E. de petit-grain pays	60
H.E. de néroli pétales	15
Cinnamate de méthyle	5
Ionone alpha	60
TOTAL	1000

Chaque famille olfactive compte plusieurs huiles essentielles à son actif ; la palette de senteurs disponibles est considérable.

Voici quelques exemples d'huiles essentielles par famille oflactive, listés par temps d'évaporation croissant [7, 8].

Notes de tête, les plus éphémères :

- famille hespéridée : essence de citron, essence de bergamote ;
- famille aromatique : huile essentielle de lavande, huile essentielle de romarin.

Notes de cœur :

- famille fleurie : huile essentielle de rose, huile essentielle de néroli (fleur d'oranger) ;
- famille verte : huile essentielle de galbanum.

Notes de fond, les plus rémanentes :

- famille épicée : huile essentielle de cannelle, huile essentielle de poivre ;
- famille boisée : huile essentielle de santal, huile essentielle de patchouli.

La provenance de la plante joue un rôle crucial dans la qualité olfactive ; la notion de terroir est primordiale. Par exemple, pour la racine de vétiver, *Vetiveria zizanioides*, l'huile essentielle extraite de la plante poussant en Indonésie (Java, principalement) présente un caractère olfactif boisé, gras et rond rappelant la cacahuète ou la noisette, tandis que celle en provenance de Haïti développe une note boisée, fumée, presque cuirée.

Pour le parfumeur, la qualité d'une huile essentielle réside exclusivement dans ses caractéristiques olfactives ; l'aspect cosmétique n'est pas abordé.

Comme toutes les productions d'origine végétale, celle des huiles essentielles est soumise aux aléas climatiques, ce qui peut avoir un impact fort sur le prix de la matière première.

Un exemple remarquable est celui de l'huile essentielle de géranium, *Pelargonium graveolens* : le prix au kilo a triplé en quelques mois, suite à la grande période de sécheresse qu'a connue la Chine durant l'hiver 2010 et le printemps 2011.

Ce sont souvent des considérations de coût qui limitent l'emploi des huiles essentielles dans la parfumerie.

Tableau 5. Exemples d'huiles essentielles contenues dans des parfums célèbres.

Parfums	Huiles essentielles
Pour un homme™, CARON	lavande
Samsara™, GUERLAIN	santal
CACHAREL™ pour l'homme	noix de muscade
Shalimar™, GUERLAIN	bergamote
CHANEL N° 19™	ylang-ylang, iris
Aromatics Elixir™, CLINIQUE	patchouli
Féminité du bois™, SERGE LUTENS	cèdre, cannelle
Paris™, YVES SAINT LAURENT	rose

Usage des huiles essentielles en cosmétique

Les huiles essentielles bénéficient de la demande croissante de naturalité dans les produits cosmétiques.

Les marques de cosmétiques naturels et « bio » les utilisent largement, et dans un même temps, les produits de cosmétique conventionnelle les intègrent de plus en plus.

Nous avons évoqué le « défaut » réglementaire des huiles essentielles, puisqu'elles traversent la barrière cutanée. Mais du point de vue de l'efficacité cosmétique, cela peut être un avantage inavoué et inavouable. La limite entre cosmétique et aromathérapie est de plus en plus floue.

Il est également délicat de trouver des éléments précis sur l'activité biologique ayant un intérêt en cosmétique des huiles essentielles, étayés par des études scientifiques. Celles-ci sont réalisées en interne par les grandes sociétés de cosmétique, ou par des laboratoires indépendants mandatés par ces sociétés, et les résultats font souvent l'objet de brevets.

Certaines sont néammoins bien connues. On peut constater une récurrence d'usage pour celles-ci. En voici quelques exemples :

- l'huile essentielle de carotte, *Daucus carotta,* riche en carotol, est préconisée dans les soins anti-âge pour les peaux matures et pour lutter contre la sécheresse cutanée ;
- l'huile essentielle de géranium, *Pelargonium graveolens,* est souvent utilisée dans les soins agissant sur la microcirculation sanguine, pour les peaux sensibles, réactives, ou encore le soin des jambes lourdes ;

– l'huile essentielle de lavande vraie, *Lavandula angustifolia*, est connue pour ses propriétés apaisantes et purifiantes, idéale dans les soins des peaux à problèmes.

La formulation cosmétique avec les huiles essentielles

Nous allons aborder ici quelques questions fréquentes sur la formulation.

Comment intégrer les huiles essentielles sans les dénaturer ?

Les huiles essentielles sont fragiles et se détériorent rapidement sous l'effet de différents facteurs : la chaleur, la lumière, le dioxygène de l'air.

Il est nécessaire d'adapter leur mode d'incorporation au produit fini. La plupart des fabrications cosmétiques nécessitent une chauffe importante, de l'ordre de 75 °C. Il devient alors nécessaire d'attendre le refroidissement final pour incorporer l'huile essentielle, idéalement à une température inférieure à 40 °C [9].

Certaines sociétés développent des méthodes de micro-encapsulation des huiles essentielles, ce qui les isole de tous les facteurs ayant une action négative [10, 11].

Comment stabiliser un cosmétique riche en HE ?

Lors du développement d'un nouveau produit cosmétique, il y a une étape incontournable d'étude de la stabilité physique dans le temps. Lorsqu'une formule est jugée satisfaisante d'un point de vue organoleptique, elle est placée en étuve chauffée, à 42 °C en moyenne, pour réaliser un vieillissement accéléré, pendant trois mois minimum. Durant cette période, l'échantillon est régulièrement comparé à un témoin conservé à température ambiante.

Les instabilités les plus couramment observées sont des déphasages, des colorations ou décolorations, des modifications importantes de viscosité, de pH ou encore de la note olfactive.

Les cosmétiques contenant une forte proportion d'huiles essentielles sont particulièrement exposés à ces instabilités. L'ajout de filtres UV chimiques et d'antioxydants se révèle efficace et incontournable.

Il faut également tenir compte de la volatilité des huiles essentielles. Un dosage pour déterminer la teneur résiduelle en huiles essentielles à l'issue de la période de vieillissement accéléré est fortement conseillé. Cela peut se traduire par le dosage de certains composants significatifs contenus dans la ou les huiles essentielles uniquement, pas dans le reste des ingrédients de la formule.

Plus la formule contiendra de corps gras, plus la tenue des huiles essentielles dans le temps sera performante.

Enfin, il ne faut pas non plus négliger les interactions contenu-contenant, certains matériaux s'altèrent très rapidement au contact des huiles essentielles, dénaturant tout le produit. Le verre reste le matériau à privilégier, mais pose des problèmes de fragilité et de poids conséquent dans le contexte d'une expédition.

Les huiles essentielles, ingrédients aux divers usages

Les huiles essentielles sont principalement utilisées en tant qu'actifs cosmétiques, mais elles peuvent également servir dans la construction de l'excipient.

En effet, la plupart d'entre elles présentent des fonctions intéressantes telles que :

- agent anti-oxydant (ex. : huile essentielle de romarin) ;
- agent anti-fongique (ex. : huile essentielle d'arbre à thé) ;
- agent anti-microbien (ex. : essence de pamplemousse).

Quelle qualité d'huile essentielle choisir ?

À l'inverse du parfumeur, le cosméticien va être attentif à la composition de l'huile essentielle, à sa pureté, et tiendra peu compte de l'aspect olfactif.

La plupart du temps, le cosméticien va favoriser les huiles essentielles chémotypées, c'est-à-dire présentant une composition caractéristique et constante, afin d'assurer un minimum de reproductibilité d'un lot au suivant. Cette démarche devrait se généraliser avec l'application du Règlement cosmétique, dans lequel la caractérisation de l'activité revendiquée est exigée.

Lien fort entre parfum et cosmétique

- *Les HE contenues dans une composition parfumante pour une application cosmétique peuvent-elles avoir une activité ?*

Les huiles essentielles pouvant être utilisées autant comme ingrédients parfumants que comme actifs cosmétiques, certaines marques n'hésitent pas à revendiquer une huile essentielle contenue uniquement dans le parfum, sans en ajouter dans la formule cosmétique en tant qu'actif pur. Le dosage est suffisant pour être détectable en analyse et autorise la revendication, mais bien trop faible pour induire une activité réelle, c'est le « dosage de revendication ».

- *Les HE employées à des fins d'actifs cosmétiques vont induire une note parfumée non négligeable. Comment parfumer le produit ?*

L'emploi d'huiles essentielles dans une formule cosmétique a pour conséquence un fort impact olfactif sur la base, ce qui perturbe le parfumage de ce produit.

Il n'y a malheureusement pas de solution miracle, la seule option étant de travailler en étroite collaboration avec un parfumeur en lui demandant d'intégrer les huiles essentielles dans sa composition parfumante.

Lorsqu'on passe en revue des produits du marché contenant de fortes proportions d'huiles essentielles, on constate que la plupart ne contiennent pas de parfum ajouté en plus des huiles essentielles.

Le marché pour les parfums et cosmétiques à base d'huiles essentielles

Pour les parfums « classiques », vendus en réseau sélectif ou en grande et moyenne surface (GMS) : ils en contiennent une certaine proportion, rarement au-delà de 30 %, mais les marques ne communiquent jamais sur ce sujet.

Pour les parfums se revendiquant naturels et/ou « BIO » : les huiles essentielles sont incontournables et composent la majeure partie de la formule, complétée par des extraits naturels autres, tels les absolues ou les résinoïdes, à condition que ceux-ci soient extraits avec des solvants acceptés par les différents référentiels.

Pour les cosmétiques, quatre cas de figure sont fréquents :

- les marques qui en utilisent mais qui ne les revendiquent pas et ne véhiculent pas une image spécifiquement naturelle. Les huiles essentielles sont alors des ingrédients « comme les autres » ;
- les marques qui en utilisent, les revendiquent mais qui les emploient au même titre que les autres ingrédients, qu'ils soient d'origine naturelle, fossile ou synthétique ;
- les marques qui en utilisent, les revendiquent et affichent un choix de formulation résolument naturelle, avec cependant une petite proportion d'ingrédients d'origine minérale ou synthétique ;
- les marques BIO, qui ne recourent qu'à des ingrédients naturels ou d'origine naturelle, de source végétale principalement, et qui les emploient très largement et les revendiquent.

Depuis longtemps employées en composition parfumée, les huiles essentielles se sont rendues incontournables en formulation cosmétique.

Elles ont cette part de mystère aux accents alchimiques qui entre en résonance avec les aspirations de sublimation de la part des consommateurs.

Usage des huiles essentielles dans le domaine des arômes alimentaires

Les huiles essentielles sont très utilisées dans les arômes alimentaires, que ce soit dans le secteur des arômes sucrés ou salés.

Dans le domaine des arômes salés, une place de choix revient évidemment aux huiles essentielles d'épices et d'aromates. Celles-ci sont également utilisées dans une moindre mesure dans le domaine des arômes sucrés, dans lequel les huiles essentielles d'agrumes sont largement représentées.

Pour mémoire, un arôme naturel est constitué de substances aromatisantes (molécules chimiquement définies) ou de préparations aromatisantes (mélange de molécules chimiquement définies, dont font partie les huiles essentielles) obtenues par des procédés physiques, enzymatiques ou microbiologiques, à partir de matières premières végétales ou animales.

Aspect législatif [12]

Depuis 1999, le Comité scientifique de l'alimentation humaine (CSAH) et ensuite l'Autorité européenne de sécurité des aliments (AESA) ont exprimé leurs opinions respectives sur un certain nombre de substances naturellement présentes dans les matériaux de base d'arômes et les ingrédients alimentaires possédant des propriétés aromatisantes, par exemple les herbes et les épices, qui, selon le Comité d'experts sur les substances aromatisantes du Conseil de l'Europe, soulèvent des préoccupations d'ordre toxicologique. L'appellation commune employée au sein de l'industrie alimentaire est « Principes actifs biologiquement » (surnommés « BAPs ») ou « Principes actifs ». Selon le Conseil de l'Europe, « les principes actifs » sont des substances chimiquement définies.

Selon les termes du Règlement, les substances pour lesquelles une préoccupation d'ordre toxicologique a été confirmée par le CSAH/AESA doivent être considérées comme des substances indésirables d'occurrence naturelle qui ne doivent pas être ajoutées en l'état aux denrées alimentaires. En raison de leur occurrence naturelle dans les plantes, ces substances peuvent être présentes dans les arômes et certains ingrédients alimentaires possédant des propriétés aromatisantes.

Teneurs maximales en certaines substances

La gestion du risque de certaines substances présentes dans certains ingrédients alimentaires possédant des propriétés aromatisantes et/ou arômes est basée sur « l'approche par contributeur majeur ».

Cela veut dire que des teneurs maximales sont établies pour la présence de ces substances indésirables dans les denrées alimentaires considérées comme contribuant le plus à l'exposition humaine en ces substances, en prenant en compte à la fois le besoin de protéger la santé humaine et la présence inévitable de ces substances dans l'alimentation traditionnelle.

- Les teneurs maximales pour certaines substances indésirables d'occurrence naturelle doivent se focaliser sur les denrées alimentaires ou catégories de denrées alimentaires qui contribuent le plus à l'exposition par les aliments.
- Seuls les ingrédients alimentaires possédant des propriétés aromatisantes qui contribuent de manière significative à la présence dans les denrées alimentaires de substances indésirables d'occurrence naturelle sont pris en considération.

Un certain nombre d'huiles essentielles sont concernées par ce problème en raison des molécules qu'elles contiennent.

Liste des substances ne pouvant être ajoutées telles quelles dans les denrées alimentaires

La réglementation établit une liste de molécules qui ne peuvent pas être additionnées aux aliments (y compris les arômes et les ingrédients alimentaires possédant des propriétés aromatisantes). Il s'agit de :

- Acide agarique,
- Aloïne,
- Bêta-asarone,
- Capsaïcine,
- Coumarine,
- Estragole,
- Acide cyanhydrique,
- Hypéricine,
- Menthofurane,
- Méthyleugénol,
- Pulégone,
- Quassine,
- Safrole,
- Teucrine A,
- Thuyone alpha et bêta.

Ces substances chimiquement définies interdites en tant que telles, sont cependant autorisées lorsqu'elles sont apportées à l'arôme par le biais d'une huile essentielle élaborée à partir d'une substance végétale qui en contient naturellement. Il y a cependant des restrictions, variables en fonction des applications (Tableau 6).

Dès lors que l'on utilise une huile essentielle contenant ces molécules dans un arôme, il faut veiller à ce que la formulation tienne compte de leur dosage maximal autorisé dans la denrée finale dans laquelle sera appliqué l'arôme.

Les arômes et/ou les ingrédients alimentaires possédant des propriétés aromatisantes produits à partir des matériaux de base (donc à partir des huiles essentielles correspondantes) listés dans le tableau 7 peuvent être employés seulement dans les applications suivantes.

Tableau 6. Substances interdites pouvant être apportées par des huiles essentielles avec leurs restrictions (en mg/kg).

Substances	**Exemples d'HE en contenant des quantités importantes**	**Denrées alimentaires (en mg/kg)**	**Boissons (en mg/kg)**	**Exceptions et/ou restrictions spéciales**
Aloïne	aloès	0,1	0,1	50 mg/kg dans les boissons alcoolisées.
Bêta asarone	calamus	0,1	0,1	1 mg/kg dans les boissons alcoolisées et les assaisonnements destinés aux biscuits apéritifs (*snack foods*).
Berbérine	argémone mexicaine	0,1	0,1	10 mg/kg dans les boissons alcoolisées.
Coumarine	cannelle de Chine, fève tonka, langue-de-cerf, mélilot, aspérule odorante	2	2	10 mg/kg dans les caramels et les confiseries au caramel. 50 mg/kg dans les gommes à mâcher. 10 mg/kg dans les boissons alcoolisées.
Acide cyanhydrique	amande amère	1	1	50 mg/kg dans les nougats, le massepain et ses succédanés, ou produits similaires. 1 mg/kg par % volume d'alcool dans les boissons alcoolisées. 5 mg/kg dans les conserves de fruits à noyau.
Hypéricine	millepertuis	0,1	0,1	10 mg/kg dans les boissons alcoolisées. 1 mg/kg dans la confiserie.
Pulégone	menthe pouliot	25	100	250 mg/kg dans les boissons aromatisées à la menthe. 350 mg/kg dans la confiserie à la menthe.
Quassine	quassia	5	5	10 mg/kg dans la confiserie sous forme de pastilles. 50 mg/kg dans les boissons alcoolisées.
Safrol et isosafrol	safran et, dans une moindre mesure, basilic, noix de muscade, sauge, thym	1	1	2 mg/kg dans les boissons alcoolisées titrant jusqu'à 25 % en volume. 5 mg/kg dans les boissons alcoolisées titrant plus de 25 % en volume. 15 mg/kg dans les denrées alimentaires contenant du macis et de la noix de muscade.
Santonine	armoise de Judée	0,1	0,1	1 mg/kg dans les boissons alcoolisées titrant jusqu'à 25 % en volume.
Thuyone alpha et bêta	sauge et armoise	0,5	0,5	5 mg/kg dans les boissons alcoolisées titrant jusqu'à 25 % en volume. 10 mg/kg dans les boissons alcoolisées titrant plus de 25 % en volume. 25 mg/kg dans les denrées alimentaires contenant des préparations à base de sauge. 35 mg/kg dans les amers.

Tableau 7. Huiles essentielles limitées à la formulation de certains arômes.

Huile essentielle	Arôme
Quassia	Pour les boissons et les produits de boulangerie (prendre en compte les limitations en quassine)
Polypore officinal	Pour les boissons alcoolisées
Millepertuis	Pour les boissons alcoolisées
Germandrée petit-chêne	Pour les boissons alcoolisées (prendre en compte les limitations en teucrine A)

L'huile essentielle de calamus ne doit pas avoir été élaborée à partir de la forme tétraploïde de l'*Acorus calamus*.

Usage des huiles essentielles dans les arômes salés

Les huiles essentielles d'épices et d'aromates sont très utilisées dans le domaine des arômes salés, que ce soit sous forme de poudre ou liquide. Les utilisations finales de ces arômes sont très variées : sauces, plats cuisinés, biscuits apéritifs, conserves de légumes, huiles végétales...

Épices sur sel et arômes sous forme de poudre

Ce que l'on appelle communément « épices sur sel » correspond à un mélange d'huiles essentielles et d'oléorésine (extraits d'épices obtenus à l'aide d'un solvant, généralement l'éthanol, puis élimination de ce dernier par distillation) dispersé sur une quantité raisonnable de sel (moins de 30 %) et une majorité de supports neutres, comme les maltodextrines. L'« épice sur sel » est évaluée par rapport à l'épice en l'état, et on détermine ainsi une équivalence, par exemple : se servir de cinq fois moins d'épice sur sel que d'épice en l'état. On essaie cependant assez souvent de faire en sorte que l'« épice sur sel » ait une puissance identique à l'épice en l'état.

On ne peut guère mettre en œuvre plus de 5 % de liquides (huile essentielle et oléorésine confondus), sinon l'anti-agglomérant ajouté en fin de mélange pour empêcher la poudre de prendre en masse (en général, du dioxyde de silice E551) n'y suffira pas (il existe à présent des alternatives « *clean label* »). Les arômes sont dans ce cas assez peu protégés de l'action de la lumière et du dioxygène de l'air ; leur durée de vie est de l'ordre de six mois. Pour une meilleure stabilité, le séchage par atomisation peut s'avérer nécessaire. L'huile essentielle et l'oléorésine sont alors mélangées à de l'eau et de la poudre support, et cette émulsion est vaporisée dans l'atomiseur au moyen d'une buse en très fines gouttelettes qui sont séchées instantanément. La partie aromatique étant au final protégée par la poudre, on peut parler d'encapsulation matricielle. La durée de vie de ce type de poudre est de l'ordre de deux ans.

Les huiles essentielles montrent, dans cet exemple, leurs limites d'utilisation. En effet, elles ne contiennent presque que des composés volatils. Des substances intéressantes telles que les molécules sapides du poivre (pipérine), du piment (capsaïcine), ne sont pas entraînées par la vapeur d'eau et manquent donc cruellement aux compositions épicées. De même, les molécules responsables de la couleur – la curcumine du curcuma, la capsanthine du paprika – recherchées pour leur naturalité, ne sont pas non plus présentes dans les huiles essentielles. D'autres procédés d'extraction, à l'aide de solvants organiques volatils, seront nécessaires pour les apporter à l'extrait. C'est donc pourquoi les « épices sur sel » contiennent à la fois des huiles essentielles et des oléorésines.

Tableau 8. Exemple d'épice sur sel « 4 épices ».

Matière première	Quantité (g)
Poivre oléorésine	11,1
Poivre huile essentielle	11,1
Girofle oléorésine	0,5
Girofle huile essentielle	0,2
Cannelle oléorésine	0,7
Cannelle huile essentielle	0,4
Noix de muscade oléorésine	4
Noix de muscade huile essentielle	2
Sel	300
Maltodextrine	650
Antiagglomérant	20

Arômes sous forme liquide

En règle générale, les mélanges d'huiles essentielles d'épices sont dilués sur un support huile végétale, ce qui ne pose aucun problème lors de leur application en produit fini. Il existe cependant des cas pour lesquels il faut réaliser une émulsion, afin que l'aromatisation soit homogène, par exemple dans les produits allégés en matières grasses, contenant de ce fait une quantité d'eau non négligeable.

Utilisation des huiles essentielles dans les arômes sucrés

Les huiles essentielles les plus employées sont : l'anis, la cannelle, l'eucalyptus, le gingembre, le pamplemousse, l'orange, le citron, la limette, le peppermint, le spearmint.

Les huiles essentielles d'agrumes

Elles sont utilisées en confiserie, biscuiterie et, notamment, en boissons.

L'application est fondamentale. Et, dans le cas des boissons non alcoolisées, l'aromatisation à base d'huiles essentielles d'agrumes est problématique. En effet, étant insolubles dans l'eau, il faut leur appliquer un procédé visant à les rendre solubles pour pouvoir les utiliser.

Les solubles (« lavage » de l'huile essentielle)

L'huile essentielle est mise en présence d'un solvant composé d'un mélange éthanol/eau, on brasse énergiquement et le tout est laissé à décanter de 24 à 48 heures. L'huile essentielle, de densité inférieure au mélange alcool/eau, surnage (Figure 1).

1. huile essentielle « lavée »
2. mélange eau/alcool contenant les molécules solubles de l'huile essentielle

Figure 1. Lavage d'une huile essentielle.

On soutire la partie 2. On peut renouveler l'opération et rassembler les deux soutirages. On glace (séjour prolongé au froid positif, entre 4 et 6 °C) le mélange obtenu et on le filtre. Cette opération donne un résultat très équilibré, largement utilisé dans les boissons. On procède de même au niveau industriel avec le matériel approprié.

Les émulsions

Le second procédé utilisé préalablement à l'application des huiles essentielles d'agrumes dans les boissons est l'élaboration d'une émulsion [14, 15].

Une émulsion est un mélange de deux liquides non miscibles, dont l'un forme la phase continue du système et l'autre la phase discontinue. Dans le cas des huiles essentielles, celles-ci forment la phase discontinue, apolaire et lipophile, et l'eau représente la phase continue, polaire. Les huiles essentielles vont être dispersées dans l'eau sous forme de particules de taille comprise entre 0,1 et 100 µm à l'aide d'un homogénéisateur haute pression, qui permet par la réduction de la taille des éléments dispersés de réduire le phénomène de crémage (les gouttelettes d'huile remontent en surface) et de limiter le phénomène de coalescence (les gouttelettes se regroupent au sein du liquide).

On ajoute au mélange huiles essentielles/eau un émulsifiant, de nature amphiphile, qui réduira la tension interfaciale entre les deux phases. On se sert fréquemment de la gomme arabique, qui joue de plus un rôle de stabilisant et d'agent troublant de la boisson dans laquelle l'émulsion sera ajoutée, se rapprochant ainsi de l'aspect visuel des jus de fruits.

Transformation des huiles essentielles et produits dérivés

Rectification des huiles essentielles

On distille (on parle de « rectification ») les huiles essentielles d'agrumes en les déterpénant, éliminant ainsi une partie des terpènes peu intéressants au niveau organoleptique et très fragiles à l'oxydation. L'huile essentielle « déterpénée » est alors enrichie en composés carbonylés qui sont plus déterminants pour la spécificité d'un agrume.

Cette rectification s'effectue généralement par distillation fractionnée sous vide.

D'autres types de rectifications peuvent « corriger » une huile essentielle en en extrayant certaines molécules indésirables.

Par exemple, on enlève les premières fractions de l'huile essentielle de peppermint, car elles sont âcres et trop végétales. On enlève également les dernières fractions qui présentent des notes trop lourdes. On sélectionne ainsi les 80-95 % de molécules qui distillent entre ces deux fractions pour obtenir une huile essentielle débarrassée des notes indésirables.

Produits issus des huiles essentielles

Des molécules intéressantes, d'un point de vue organoleptique, peuvent être extraites des huiles essentielles par distillation fractionnée. On peut alors s'en servir telles quelles en tant que molécules naturelles (puisque obtenues par un procédé physique). On peut citer, par exemple, le linalol extrait du bois de rose, le citral du *Litsea cubeba*, le diosphénol du buchu...

On peut également enlever un composé indésirable : par exemple, la pulégone de la menthe qui fait l'objet de restrictions au niveau réglementaire.

Il est également possible d'utiliser ces molécules en hémisynthèse (par exemple, obtention de vanilline à partir de l'eugénol obtenu par distillation fractionnée de l'huile essentielle de clou de girofle) ou bien se servir de ces molécules comme substrats pour une bioconversion, aboutissant ainsi à une autre molécule naturelle (puisque obtenue par voie biotechnologique).

Les huiles essentielles deviennent donc une source inépuisable de matières premières naturelles de qualité pour la composition d'arômes.

Avantages à employer des huiles essentielles

Ce sont des produits très propres au niveau bactériologique, contrairement aux épices, qui doivent être débactérisées selon différentes méthodes et qui perdent lors de ce traitement une partie de leur saveur.

La tendance est actuellement aux arômes naturels et l'emploi d'huiles essentielles permet de s'y conformer. La teneur en huile essentielle rapportée au pourcentage de la matière première initiale mise en œuvre permet, par exemple, de mettre en avant la plante d'origine sur l'emballage.

Les huiles essentielles étant des produits naturels, elles en possèdent les inconvénients inhérents à leur naturalité, c'est-à-dire des variations de composition en fonction du climat, de l'année, du lieu de récolte... Mais la distillation fractionnée permet de standardiser leur composition si on le désire. Par contre, si le végétal de base connaît des variations en teneur en huile essentielle, celle-ci pourra toujours être utilisée à la même concentration.

Certaines huiles essentielles contiennent des notes caractéristiques d'autres arômes et, de ce fait, peuvent être utilisées, même à l'état de traces, dans des arômes naturels pour renforcer cette caractéristique. Par exemple, l'huile essentielle de coriandre, qui contient du linalol, peut être incorporée dans un arôme naturel abricot ; l'eugénol, isolé du clou de girofle, peut entrer dans la composition des arômes naturels banane [16].

Des huiles essentielles trouvent leur utilisation principale dans les arômes naturels : par exemple, l'huile essentielle de davana qui donne une note jus à de nombreux arômes naturels de fruits, notamment de framboise.

Les huiles essentielles sont des matières premières fondamentales dans la formulation des arômes alimentaires, et devant la demande croissante de naturalité, leur emploi ne pourra que se développer.

Références bibliographiques

1. P. Humbert, G. Marti-Mestres, *Thérapeutique dermatologique*, Flammarion, « Médecine-Sciences », **2001**.
2. Direction de l'évaluation de la publicité, des produits cosmétiques et biocides, Unité d'évaluation toxicologique et microbiologique, Saisine 2008BCT0004, disponible en libre accès sur le site de l'Afssaps, (www.afssaps.fr).
3. R. Tomb, « Hypersensibilité de contact aux mélanges de parfums », *Annales de dermatologie et de vénéréologie*, **2009**, *136*, 85-88.
4. E. Giménez-Arnau, « Qu'est-ce qu'un parfum ? Diversité des allergènes et législation européenne », *Revue française d'Allergologie*, **2009**, *49*, 279-285.
5. N° d'ordre 450, Annexe II, Règlement cosmétique européen.
6. F. Cola, *Le Livre du parfumeur*, **1931** (réédité en 1998), Nice, Éditions Taurus, p. 94 et 463.
7. Société française des parfumeurs, *Classification officielle des parfums, et terminologie*, Paris, Édition SFP, **2010**.
8. X. Fernandez, S. Antoniotti, E. Bussotti, M.-P. Hurel, Parfum, « Chimie et création », *L'Actualité chimique*, **2008**, *323-324*, 42-51.
9. M.-C. Martini, *Cosmétologie*, tome 2, Paris, Masson, **2008**, p. 15.

10. J.-X. Xiao, H.Y. Yu, Y. Jian, « Microencapsulation of sweet orange oil by complex coacervation with soybean protein isolate/gum Arabic », *Food Chemistry*, **2011**, *12*, 1267-1272.
11. B. Luppi, F. Bigucci, T. Cerchiara, « Microencapsulation strategies for essential oils. A review », *Recent Progress in Medicinal Plants*, **2006**, *12*, 307-322.
12. *Guide d'application de l'EFFA sur le règlement européen relatif aux arômes*, **2009**.
13. Committee of experts on flavourings substances, *Active principles (constituents of toxicological concern) contained in natural sources of flavouring*, **2005**.
14. H. Richard, J.-L. Multon, *Les Arômes alimentaires*, Tec & Doc Lavoisier, **1992**.
15. H.B. Heath, G. Reineccius, *Flavour chemistry and technology*, AVI, **1986**.
16. P.R. Ashurst, *Food flavourings*, Blackie and Son, **1991**.

Chapitre 4.2

Activités chimiques et biologiques des huiles essentielles

Farid Chemat[1], Anne-Sylvie Fabiano-Tixier[1], Amina Hellal[2], Chahrazed Boutekedjiret[2], Xavier Fernandez[3]

Les huiles essentielles en tant qu'antioxydants

Les lipides sont très vulnérables à l'action de l'oxydation lipidique et à l'altération autolytique (enzymatique et microbienne). Les réactions d'oxydation lipidique peuvent être accélérées par plusieurs paramètres, comme la présence de radicaux libres oxygénés (RLO), une température élevée, la présence de lumière solaire ou bien encore la trace de métaux de transition. Ces réactions d'oxydation conduisent à des produits de dégradation qui sont responsables des modifications de goût, d'odeur et de couleur au cours des processus de fabrication et de stockage, ce qui conduit par conséquent à la perte de la qualité et de la sécurité des aliments [1, 2]. Afin de limiter ces altérations, les industriels peuvent avoir recours à certaines pratiques physiques telles que la conservation par le froid, la cuisson sous vide, le conditionnement sous atmosphère inerte, ou bien encore l'utilisation de divers conservateurs de synthèse tels que : le BHA (3-tertiobutyl-4-hydroxyanisole), le BHT (3,5-ditertiobutyl-4-hydroxytoluene), le TBHQ (tertiobutyl-hydroquinone) et le PG (gallate de propyle), qui restent des moyens faciles et économiques permettant de remédier aux évolutions oxydatives, principale cause de dégradation. Cependant, l'utilisation de ces antioxydants synthétiques est suspectée d'entraîner à long terme des effets tératogènes, mutagènes et cancérigènes [3]. Au cours de ces dernières années, en raison des préoccupations quant à l'innocuité de ces composés synthétiques et face à l'augmentation de la demande du consommateur en produits « naturels » sans conservateur,

1. Université d'Avignon et des pays de Vaucluse, INRA, UMR408, Sécurité et qualité des produits d'origine végétale, 84000 Avignon, France.

2. Laboratoire des sciences et techniques de l'environnement, École nationale polytechnique, BP 182 El Harrach, 16200 Alger, Algérie.

3. Institut de chimie de Nice (ICN), UMR 7272 Université de Nice-Sophia-Antipolis, CNRS, parc Valrose, 06108 Nice Cedex 2, France.

d'importants travaux de recherche ont conduit l'industrie alimentaire à envisager l'incorporation de substances considérées comme non chimiques au sein de leur préparation.

Dans ce contexte, les huiles essentielles (HE) constituent une source potentielle de molécules naturelles bioactives. Elles font l'objet de nombreuses études concernant leurs éventuelles utilisations en tant qu'antioxydants [4]. Les extraits de plantes aromatiques (c'est-à-dire les huiles essentielles (HE) et leurs composants) généralement utilisés en tant qu'arômes alimentaires sont de ce fait également employés en tant qu'additifs alimentaires [5], et ce d'autant plus facilement qu'ils sont pour la plupart classés « généralement reconnus comme sains » (*generaly recognized as safe*, GRAS) et approuvés comme additifs alimentaires par la Food and Drug Administration (service du gouvernement américain responsable de la pharmacovigilance, c'est-à-dire des études, du contrôle et de la réglementation des médicaments avant leur commercialisation) [6].

Avec l'expansion du commerce des plats cuisinés, les services publics de santé autorisent l'ajout de plus en plus important d'additifs. Cependant, leur utilisation dans les formulations doit apporter une valeur ajoutée aux aliments sans être préjudiciable à la santé humaine.

Les antioxydants sont des composés capables de minimiser efficacement les rancissements, de retarder la peroxydation lipidique, sans effet sur les propriétés sensorielles et nutritionnelles du produit alimentaire. L'antioxydant alimentaire idéal devra donc répondre à un cahier des charges relativement complet en étant soluble dans les graisses, efficace à faible dose, non toxique, n'entraînant ni coloration, ni odeur, ni saveur indésirable. Il devra être résistant aux différents processus technologiques susceptibles d'être appliqués au produit alimentaire et, pour terminer, il devra être stable dans le temps [7].

Afin d'utiliser les HE en tant qu'antioxydants alimentaires [8], il convient d'évaluer l'efficacité antioxydante [9] de ces dernières, afin de limiter leur ajout aux doses strictement indispensables aux objectifs de préservation à atteindre.

Les principales techniques de détermination de l'activité antioxydante des huiles essentielles

Il existe une grande diversité de méthodes physico-chimiques pour évaluer l'activité antioxydante [8-10] des extraits naturels. Cependant, il n'existe pas de test universel. En effet, compte tenu de la nature diversifiée des antioxydants, ainsi que de la complexité des processus d'oxydation, les valeurs de la capacité antioxydante d'un composé diffèrent d'un test à l'autre, ce qui rend impossible la comparaison entre les méthodes et, de ce fait, une certaine standardisation. Le plus souvent, pour avoir une indication aussi précise que possible sur la capacité antioxydante d'un échantillon, il faudra combiner les réponses des tests susceptibles d'être réalisés.

L'activité antioxydante peut être évaluée soit par des méthodes directes en dosant des produits formés (comme par exemple les hydroperoxydes), soit par des méthodes indirectes à l'aide desquelles l'efficacité d'un antioxydant sera révélée en mesurant la capacité de ce dernier à piéger des radicaux libres grâce à l'utilisation d'une sonde intermédiaire.

Détermination de l'indice de peroxyde (IP)

Cette méthode normalisée (AFNOR T60-220, AOCS Cd 8-53) permet de mesurer les produits primaires d'oxydation tels que les peroxydes formés lors de l'oxydation lipidique. Cet indice permet d'évaluer le degré d'oxydation des acides gras insaturés, et de définir par conséquent le rancissement. L'inhibition de leur formation sous l'action d'antioxydants peut être employée comme méthode afin d'évaluer l'activité antioxydante de ce dernier. La méthode utilisée pour déterminer les teneurs en hydroperoxydes est une méthode iodométrique. Celle-ci consiste à mesurer la quantité d'iode produite lors de l'oxydation de l'iodure de potassium par les peroxydes présents. L'iode formé est ensuite dosé par une solution de thiosulfate de sodium à température ambiante. Les résultats obtenus sont exprimés sous forme d'indice de peroxyde (IP = nombre de µg d'O_2 actif contenus dans 1 g de corps gras). Cet indice permet d'évaluer le degré d'oxydation des acides gras insaturés de la matière grasse (rancissement). Plus celui-ci est élevé, plus la matière grasse est oxydée. Cependant, cet indice n'est qu'un indicateur de début d'oxydation : celui-ci augmente pour atteindre un pic, puis diminue en fonction de l'avancement de l'état d'oxydation. Les peroxydes forment alors des composés adéhydiques volatils (ex. : glyoxal ou éthanédial) et non volatils (aldéhydes à longue chaîne carbonée).

Détermination des diènes conjugués

La mesure de l'indice de peroxyde peut être complétée par la mesure de produits intermédiaires d'oxydation, les diènes conjugués, qui apparaissent avec les acides gras comportant au moins deux doubles liaisons selon la norme AOCS Cd 7-58. L'oxydation des acides gras polyinsaturés conduit à la formation de structures conjuguées qui absorbent de façon caractéristique dans l'UV (232-234 nm pour les structures diéniques et 268 nm pour les structures triéniques). Cependant, en raison d'interférences entre les lipides natifs et les diènes conjugués, un fort bruit de fond peut être observé et perturber les mesures. Afin d'essayer de limiter ces interférences, la détermination d'un indice ($I = A_{233nm}/A_{215nm}$) proposé par Klein en 1970 a été mise en place.

Indice *p*-anisidine

La détermination de l'indice d'anisidine permet, quant à lui, de déterminer les composés secondaires d'oxydation. L'indice de para-anisidine (IpA) permet la quantification des composés aldéhydiques, souvent caractéristiques de l'odeur de rance. En solution acétique, les composés aldéhydiques réagissent avec la para-anisidine pour donner un complexe coloré jaune absorbant à 350 nm. Le dosage peut être réalisé selon les normes UICPA 2-504 et ISO 6885.

La connaissance des indices de peroxyde IP et de para-anisidine IpA permet de déterminer la valeur TOTOX (*TOtal OXydation Value*) :

$$\text{TOTOX} = 2\ \text{IP} + \text{IpA}.$$

La valeur TOTOX présente l'avantage de tenir compte à la fois de l'état présent de la matière grasse et de sa potentialité à donner de nouveaux produits d'oxydation.

Méthode de sr-TBA (substance réactive acide thiobarbiturique)

Cette méthode sert également couramment à doser les produits secondaires de l'oxydation des lipides tels que les aldéhydes et, de ce fait, à évaluer l'activité antioxydante d'un composé. L'acide 2-thiobarbiturique (TBA) réagit avec le dialdéhyde malonique (MDA) pour former un complexe de couleur rose détecté par spectroscopie UV-visible à 532 nm (AOCS Cd-19-90). Le mono-aldéhyde (MDA) est un produit secondaire de l'oxydation des acides gras polyinsaturés possédant au moins trois doubles liaisons. L'oxydation est inhibée par l'action des antioxydants et, par conséquent, on peut observer une diminution de l'absorbance.

Méthode TEAC (*Trolox Equivalent Antioxidant Capacity*)

Parmi toutes les méthodes utilisant un radical stable, le test TEAC (*Trolox equivalent antioxidant capacity*) est la plus courante. Il a été décrit pour la première fois en 1993 par Miller *et al.* Cette méthode consiste en une mesure colorimétrique du transfert d'électrons d'un antioxydant vers un accepteur d'électrons de sel d'ammonium de l'acide 2,2'-azinobis-3-éthylbenzothiazoline-6-sulfonique ($ABTS^{\bullet +}$). Il s'agit d'un radical relativement stable de coloration bleu vert possédant une forte absorption dans l'intervalle 600-750 nm, ce qui permet un suivi relativement simple par spectrophotométrie. Par transfert d'électrons, un antioxydant réagit avec l'$ABTS^{\bullet +}$ (en excès) pour redonner l'ABTS incolore. L'activité des composés est exprimée par la Capacité Antioxydante Équivalente Trolox (TEAC), qui correspond à la concentration en Trolox (acide 6-hydroxy-2,5,7,8-tétraméthylchroman-2-carboxylique), molécule de structure similaire à celle de la vitamine E (2,2'-azobis-3-éthylbenzothiazidine), donnant la même capacité antioxydante qu'une concentration de 1 mM du composé testé. Ainsi, plus la valeur TEAC est élevée, plus l'antioxydant est efficace.

FRAP (*Ferric Reducing Antioxidant Power*)

L'évaluation du potentiel antioxydant est basée sur l'étude de la réduction de l'ion ferrique (Fe^{3+}) en ion ferreux (Fe^{2+}). Cette méthode permet d'évaluer le pouvoir réducteur des composés. À pH faible et à 37 °C, le complexe tripyridyltriazine ferrique

(TPTZ-Fe^{3+}) incolore est ajouté à l'échantillon. Les antioxydants présents réduisent le complexe en sa forme Fe^{2+}, d'un bleu intense, ce qui permet une quantification par spectrophotométrie à 593 nm. Ainsi, la formation de ce complexe indiquera un pouvoir réducteur et déterminera la capacité d'un composé à se comporter comme un antioxydant. Les valeurs sont obtenues en comparant à 594 nm l'absorbance d'un mélange réactionnel contenant l'échantillon à tester, à celle d'un mélange réactionnel contenant une concentration connue en Fe^{2+}.

DPPH

Ce test permet de mettre en évidence de façon relativement simple le pouvoir antiradicalaire d'un antioxydant ou d'un extrait antioxydant. Cette méthode mesure la capacité réductrice d'un antioxydant en présence d'un radical libre, le $DPPH^{\bullet}$ (2,2-diphényl-1-picrylhydrazyl). Ce radical est un radical libre très stable à l'état cristallin et en solution, de coloration violette, présentant une bande d'absorption maximale à 515 nm dans le méthanol. La réduction du radical $DPPH^{\bullet}$ par un donneur d'atome H (AH) conduit à la 2,2-diphényl-1-picrylhydrazine incolore (DPPH-H) et au radical A°.

$$DPPH^{\bullet} + AH \longrightarrow DPPH\text{-}H + A^{\circ}$$

Plus un composé aura de facilité à céder son atome d'hydrogène, plus celui-ci sera jugé efficace en tant qu'antioxydant. Le potentiel donneur d'un atome d'hydrogène d'un échantillon est le plus souvent exprimé par le paramètre EC_{50}, qui correspond à la concentration d'antioxydant nécessaire pour réduire de 50 % la concentration initiale de $DPPH^{\bullet}$. Plus l'EC_{50} est petite, plus la molécule est antioxydante.

Les absorbances mesurées à 517 nm servent à calculer le pourcentage d'inhibition du radical DPPH, qui est proportionnel au pouvoir antiradicalaire de l'échantillon. Donc, en présence d'un antioxydant, la réduction du DPPH s'accompagne de la diminution de la coloration qui peut être suivie par spectrométrie. Ce test est, en fait, un test très complet qui permet de déterminer un certain nombre de paramètres permettant de réaliser ainsi une comparaison entre différents antioxydants :

Il est donc possible d'obtenir :

- l'EC_{50} correspondant au rapport molaire $MR = n_{antiox} / n_{DPPH}$ nécessaire pour réduire de 50 % l'absorbance du DPPH initial ;
- le pouvoir antiradicalaire égal à $1/EC_{50}$. Plus ce dernier est grand, plus le composé a un pouvoir antioxydant ;
- le nombre de DPPH° réduit. Il s'agit du nombre de moles de DPPH réduites par une mole d'antioxydant. Ce paramètre est déduit de la valeur de l'EC_{50} de l'antioxydant, par la relation suivante : $NRD = \frac{1}{2 * EC_{50}}$;
- le $t(EC_{50})$ qui représente le temps mis par l'antioxydant au rapport molaire $MR = EC_{50}$ pour atteindre l'état d'équilibre, c'est-à-dire un palier. Ce paramètre a été introduit par Sanchez-Moreno *et al.* en 1998.

Test de blanchissement du β-carotène

Ce test est basé sur l'oxydation couplée du β-carotène et de l'acide linoléique solubilisés dans une solution aqueuse de tensioactifs Tween-40. Il consiste à mesurer la décoloration du β-carotène (λmax= 470 nm) résultant de son oxydation par les radicaux peroxyles issus de l'acide linoléique. L'addition d'un antioxydant dans ce système retarde la décoloration du β-carotène. Ce test permet de déterminer un pourcentage d'inhibition. L'auto-oxydation de l'acide linoléique n'étant pas toujours répétable, une amélioration est apportée en utilisant l'AAPH (le 2,2'-azobis(2-aminopropane)dihydrochlorure) comme amorceur de péroxydation lipidique.

La cinétique de décoloration de l'émulsion en présence et en absence d'antioxydant est suivie à une longueur d'onde de 470 nm pendant des intervalles de temps réguliers. Une émulsion est préparée contenant du β-carotène et de l'acide linoléique, puis elle est solubilisée dans une solution aqueuse de Tween-40. L'antioxydant (solubilisé dans le MeOH) est ajouté, et la solution est portée à 50 °C pendant 120 min. Le β-carotène est un antioxydant lipophile qui protège les acides gras de l'oxydation. Or l'ajout d'un second antioxydant va permettre sa préservation, et c'est cette protection qui va être mesurée. Ainsi, l'absorbance du β-carotène est mesurée à 470 nm avec et sans antioxydant. Une activité antioxydante (AA) est calculée pour chaque antioxydant à une concentration donnée : AA= (A antiox 120-A témoin 120) / (A antiox 0-A témoin 120). Avec respectivement A antiox 0 et A antiox 120, les absorbances de la solution en présence d'antioxydant à 0 et 120 min et A témoin 120, l'absorbance de la solution sans antioxydant à 120 min.

Folin-Ciocalteu

La méthode de Folin-Ciocalteu, simple et sensible, est habituellement utilisée pour doser les polyphénols totaux d'un échantillon. Elle peut également représenter une mesure de la capacité réductrice d'un échantillon et, par conséquent, être représentative de son activité antioxydante. Les teneurs en polyphénols totaux sont déterminées au moyen du réactif de Folin-Ciocalteu. Ce dernier est constitué par un mélange d'acide phosphotungstique et d'acide phosphomolybdique qui est réduit, lors de l'oxydation des phénols, en mélange d'oxydes bleus de tungstène et de molybdène présentant une absorption maximale aux environs de 750 nm. Cette dernière est proportionnelle au taux de composés phénoliques. La quantité de polyphénols totaux présente dans un extrait est déterminée grâce à l'utilisation d'une gamme étalon réalisée avec un acide phénolique de référence, comme par exemple l'acide gallique. Cette quantité est exprimée en milligrammes d'équivalent acide gallique par gramme de matière sèche.

ORAC (*Oxygen Radical Absorbance Assay*)

La méthode ORAC (capacité d'absorption des radicaux oxygénés) est basée sur la décroissance de la fluorescéine en présence d'un oxydant chimique : l'AAPH (un radical peroxyle très stable). Les radicaux ROO°, issus de la décomposition thermique de l'AAPH (2,2'-azobis(2-amidinopropane)dihydrochloride), oxydent la fluorescéine en des produits non fluorescents. Le produit à tester doit être capable de protéger la fluorescéine et de la préserver ainsi de l'oxydation induite par le radical peroxyle. Il possède alors un pouvoir antioxydant. La méthode est réalisée en mesurant, en parallèle, le déclin de la fluorescéine au cours du temps en présence de concentrations croissantes de Trolox, et d'échantillons à tester, eux-mêmes à différentes concentrations. Les données sont calculées en aire sous une courbe et standardisées par rapport à des concentrations connues de Trolox. Les résultats sont donc exprimés en TEAC (*Trolox Equivalent Antioxydant Capacity*) et permettent d'obtenir une mesure globale de la capacité antioxydante.

TRAP (*Total Radical Trapping Antioxidant Parameter*)

La méthode TRAP a été développée par Wayner en 1985 et est basée sur la mesure d'oxygène consommé lors d'une réaction de peroxydation lipidique. Dans ce test, l'AAPH (2,2'-azobis(2-amidinopropane)dihydrochloride) est solubilisé en milieu aqueux avec l'antioxydant et un indicateur qui devient luminescent lorsqu'il est oxydé à 37 °C. La capacité des antioxydants à bloquer l'oxydation de l'indicateur est comparée à celle du Trolox donnant une valeur TRAP. Cette réaction d'oxydation est, en fait, induite par la décomposition thermique de l'AAPH (dichlorhydrate de 2,2'-azobis-2-méthyl-propanimidamide) qui permet de générer un radical peroxyle *in situ*. La méthode TRAP se base sur l'accroissement de chimioluminescence induite par la réaction des radicaux peroxyles avec le luminol. Les résultats sont exprimés en µmoles de radicaux peroxyles captés par litre de milieu étudié.

RPE (Résonance Paramagnétique Électronique)

La résonance paramagnétique électronique RPE est une technique relativement nouvelle pour effectuer l'étude de l'activité antioxydante de divers composés ainsi que celle de l'oxydation lipidique. Cette méthode est la seule méthode directe qui permette de mesurer la présence de radicaux libres. Elle utilise pour cela la propriété paramagnétique du radical libre, ce qui signifie qu'elle décèle le magnétisme émis par l'électron célibataire du radical libre. La RPE permet de détecter spécifiquement les radicaux libres impliqués dans l'auto-oxydation. Elle permet ainsi d'étudier l'effet des antioxydants sur ces radicaux. En théorie, pour évaluer le potentiel antioxydant d'un composé, il suffit de mesurer la quantité de radicaux libres dégradée par ce dernier. Cependant, ce n'est pas aussi simple d'un point de vue pratique, en raison de leur durée de vie très courte, comme celle du radical peroxyle (10^{-9} s). Pour éviter ce problème, des piégeurs de spin qui réagissent avec les radicaux libres pour former des radicaux de durée de vie plus longue, sont ajoutés au milieu et permette ainsi de réaliser une mesure à l'aide de cette technique. Les piégeurs de spin qui sont généralement utilisés sont des radicaux nitroxydes ou des nitrones qui sont habituellement employés dans des systèmes biologiques. La RPE mesure donc la capacité d'un composé antioxydant à capter les radicaux par rapport à la molécule utilisée en tant que piégeur de spin. Cette technique très prometteuse et très sensible devrait permettre de mesurer des concentrations de radicaux libres formés durant un processus d'oxydation.

Application des huiles essentielles en tant qu'antioxydants en agroalimentaire

L'oxydation des lipides est un problème récurrent [11] dans l'alimentation, en particulier parce qu'elle implique des altérations organoleptiques. Habituellement, pour éviter l'oxydation, les industriels rajoutent à leur recette différents conservateurs de synthèse. Cependant, ces derniers sont de plus en plus impopulaires auprès des consommateurs.

Ainsi, les industriels, suite aux propositions faites par des chercheurs, ont recouru aux huiles essentielles en tant qu'antioxydants en alimentaire. Voici quelques exemples d'utilisation d'huile essentielle (Tableau 1).

Un certain nombre de recherches ont déjà été effectuées sur l'utilisation des antioxydants naturels en agroalimentaire. Les chercheurs ont travaillé sur l'effet antioxydant des HE extraites de plantes ou de fruits. Actuellement, ils sont en mesure de conclure que certaines huiles essentielles peuvent jouer un rôle essentiel pour limiter l'oxydation des lipides, en particulier dans la viande et autres produits gras. Cet effet peut toutefois être différent selon le type d'aliment, selon les conditions d'élevage des animaux (pour la viande), mais également selon les conditions de stockage.

Application des huiles essentielles en tant qu'antioxydants en cosmétique

La conservation des produits cosmétiques est un enjeu capital de ce secteur d'activité. Il est, en effet, indispensable de protéger les formules de la contamination microbienne et de l'oxydation pour garantir au produit une durée de vie suffisante.

Suite à plusieurs problèmes de santé publique ou suspicions de toxicité de certains produits d'origine synthétique, de plus en plus d'industriels remplacent les conservateurs de synthèse par des produits naturels comme les huiles essentielles.

Dans les formules cosmétiques contenant des corps gras oxydables comme les huiles (principalement, celles riches en acides gras insaturés), le formulateur

Tableau 1. Emploi des HE en tant qu'antioxydants en alimentaire.

Aliments	Plantes/ huiles essentielles	Composés majoritaires	Test antioxydant	Remarques
Saucisses de porcs ibériques Saucisses de porcs blancs	Famille des *Lamilaceae* Romarin	α-pinène Bornéol Acétate de Bornyle Verbénone	Sr-TBA	L'effet de l'ajout d'huile essentielle de romarin sur la stabilité oxydative des saucisses de Francfort dépend de la quantité d'huile essentielle introduite ainsi que du type de saucisse de Francfort.
Viande de porc et de bœuf	*Origanum vulgare* Origan *Salvia officinalis* Sauge	Thymol p-cymène γ-terpinène Carvacrol Eucalyptol Camphor α-pinène	Sr-TBA DPPH	Le rôle des antioxydants semble être beaucoup plus important dans la viande cuite que crue. On peut noter que l'HE d'origan a un effet inhibiteur supérieur à celui de la sauge.
Viande	De nombreux herbes et fruits (origan, girofle, coriandre, thym gingembre, romarin, sauge, sarriette, thés, raisin, agrumes…)			Quel que soit le type de viande, l'ajout d'huile essentielle entraîne une réduction de l'oxydation, y compris celle des lipides.
Agneau	*Origanum vulgare* Origan	Carvacrol (83,1 %) Thymol (2,1 %) γ-terpinène (3,97 %) p-cymène (3,8 %) β-caryophyllène (0,9 %)	Sr-TBA	Les résultats ont montré que l'incorporation d'HE d'origan dans les aliments a entraîné un retard important de l'oxydation des lipides de la viande aussi bien au cours du stockage à froid que lors de la congélation pour un temps de conservation plus long.
Bœuf frit	*Cinnamomum cassia presl.* cassia	(E)-cinnamaldéhyde	Indice de peroxyde Sr-TBA	L'utilisation d'HE de cassia entraîne un effet antioxydant important durant le processus de friture réalisé dans les conditions optimales.
Beurre	*Satureja cilicica* (famille *Lamilaceae*) Sarriette	Thymol (22,8 %) Carvacrol (18,9 %)	Indice de peroxyde	Le résultat montre que l'utilisation d'HE réduit le taux d'oxydation du beurre à + 4 et + 20 °C en termes de formation de peroxyde. L'activité antioxydante dépend de la concentration en HE.
Sauce bolognaise	Famille des *Lamilaceae* Romarin	α-pinene Borneol	Sr-TBA DPPH	Le résultat montre une augmentation de la stabilité oxydative des sauces bolognaises, tout en réduisant la quantité d'antioxydant synthétique ajoutée.
Mortadelle	Romarin Thym	α-pinène Bornéol Thymol Linalol	Sr-TBA	Le résultat montre que l'utilisation d'HE a un effet positif en termes de stabilité oxydative, de telle sorte que cela implique une augmentation de la durée de conservation de la mortadelle. L'HE de romarin est plus efficace que celle de thym.

est contraint d'ajouter des antioxydants afin de les protéger du rancissement. De manière générale, un antioxydant a pour mission d'inhiber le processus d'oxydation des liaisons (essentiellement doubles) des chaînes aliphatiques des acides gras. L'oxydation des huiles entraîne la formation de radicaux lipidiques alkoxyles (LO·) ou peroxyles (LOO·), hautement réactifs. Cette réaction conduit ainsi à la formation de molécules volatiles aldéhydiques présentant une odeur désagréable de rance. Des générateurs chimiques (formes activées de l'oxygène) ou des traces métalliques (fer ou cuivre, par exemple) peuvent être à l'origine de la formation de ces radicaux libres. Les antioxydants interviennent en bloquant ce processus d'oxydation grâce à leur capacité à réduire les radicaux libres lipidiques formés.

Ils peuvent agir au niveau de l'initiation des radicaux libres par décomposition des peroxydes formés, par chélation (complexation) des métaux présents, ou par inhibition des oxygènes singulets, accepteurs de radicaux libres. Les antioxydants peuvent également mettre fin à la propagation radicalaire en réagissant avec les radicaux peroxyles, prévenant ainsi leur réaction avec un autre acide gras insaturé. De cette manière, la production d'un nouveau radical libre est inhibée et la réaction d'auto-oxydation est retardée. Les tocophérols, naturellement présents dans les huiles végétales, notamment l'α-tocophérol, sont très utilisés en cosmétique et appartiennent à cette classe d'antioxydants, tout comme les antioxydants phénoliques.

L'efficacité des antioxydants dans les systèmes lipidiques (hydrophobes) dépend de trois paramètres : leur solubilité, leur volatilité et leur stabilité. En effet, les antioxydants doivent être liposolubles afin de pouvoir réagir avec les radicaux libres issus de l'oxydation des huiles. Par ailleurs, ils ne doivent pas être trop volatils au risque d'être perdus lors du processus de fabrication du produit fini ; cela peut constituer un frein à l'utilisation des huiles essentielles. Ils doivent également être stables à la chaleur mise en œuvre lors de la production.

Le choix des antioxydants dépend également d'un certain nombre de paramètres, à savoir leur solubilité, leur capacité à être antioxygène persistant (c'est-à-dire que leur capacité antioxydante perdure pendant une durée minimale déterminée, par exemple celle de conservation d'un produit cosmétique), leur sensibilité au pH, leur influence sur une éventuelle décoloration du produit, la production d'odeurs désagréables ou d'arrière-goûts, mais également leur disponibilité, leur multifonctionnalité, ou encore leur coût [12].

Mécanismes de dégradation

Les réactions de dégradation des aliments sont généralement indésirables dans la mesure où elles aboutissent à l'altération de l'aliment en modifiant ses caractéristiques organoleptiques et nutritionnelles. Les facteurs qui influencent ou qui initient l'oxydation des lipides sont nombreux [13]. Il s'agit, d'une part, de facteurs intrinsèques tels que la composition en acide gras des lipides (nombre et position des insaturations), la présence de pro-oxydants (ions métalliques, enzymes, etc.) ou d'antioxydants naturels (tocophérols, caroténoïdes, etc.) et, d'autre part, de facteurs externes tels que la température, la lumière, la pression partielle en oxygène, l'activité de l'eau, les conditions de stockage et de transformation.

En fonction des agents initiateurs et du milieu, l'oxydation des lipides peut résulter de plusieurs voies réactionnelles :

- l'auto-oxydation catalysée par la température, les ions métalliques et les radicaux libres ;
- la photo-oxydation initiée par la lumière en présence de photosensibilisateurs ;
- l'oxydation enzymatique initiée par la lipoxygénase.

Auto-oxydation

L'oxydation des lipides est une réaction autocatalytique. Il s'agit d'un enchaînement de réactions radicalaires se déroulant en trois étapes (Figure 1). Une première réaction produit un radical libre par élimination d'un hydrogène de l'acide gras (initiation). Puis les réactions s'enchaînent pour produire plusieurs radicaux libres (propagation), qui se combinent pour former des composés non radicalaires (terminaison).

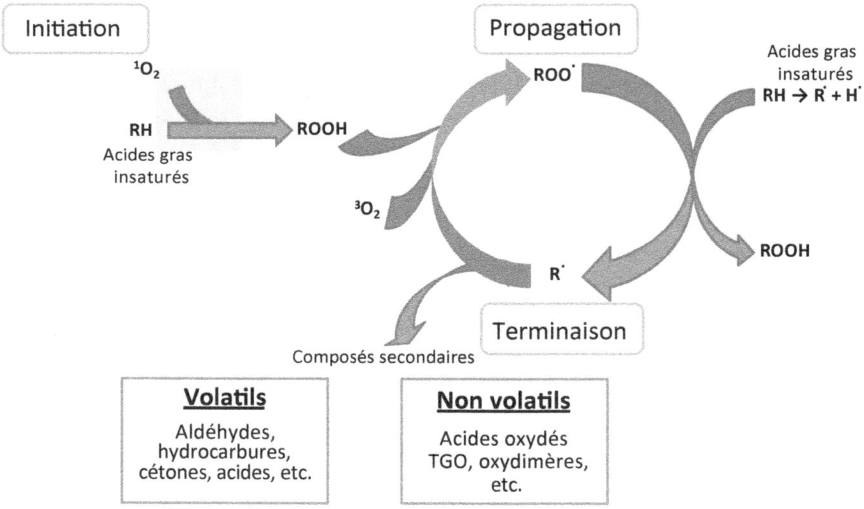

Figure 1. Schéma de l'oxydation des lipides.

Il s'agit, en fait, d'un enchaînement de réactions radicalaires se déroulant en trois étapes distinctes :

- phase d'initiation : en présence d'un initiateur, les lipides insaturés (RH) perdent un atome d'hydrogène pour former un radical libre de lipide R°.

$$RH \longrightarrow H^\circ + R^\circ \qquad (1)$$

- Il s'agit d'une réaction lente. Ce mode d'initiation, favorisé par une élévation de température, peut être produit par des radiations ionisantes, des générateurs chimiques, des systèmes enzymatiques ou chimiques produisant des espèces activées de l'oxygène, ou de traces métalliques ;
- phase de propagation : rapide, elle correspond à la formation, à partir des radicaux libres, des peroxydes et à l'apparition consécutive des composés secondaires d'oxydation. Les radicaux libres formés dans la phase d'initiation fixent l'oxygène moléculaire et forment des radicaux libres peroxyles instables (2) qui peuvent réagir avec une nouvelle molécule d'acide gras pour former des hydroperoxydes (3)

$$R° + {}^3O_2 \longrightarrow ROO° \text{ (réaction rapide)} \quad (2)$$

$$ROO° + RH \longrightarrow ROOH + R° \text{ (réaction lente)} \quad (3)$$

- phase de terminaison : elle correspond à la disparition des peroxydes, à l'accumulation des composés secondaires d'oxydation, c'est-à-dire à l'oxydation complète du substrat.

Les radicaux formés réagissent entre eux pour conduire à un produit qui n'est pas un radical libre.

$$ROO° + ROO° \longrightarrow [ROOOOR] \longrightarrow ROOR + O_2 \quad (4)$$

$$R° + R° \longrightarrow RR \quad (5)$$

$$ROO° + R° \longrightarrow ROOR \quad (6)$$

La phase de propagation peut elle-même être décomposée en deux étapes séquentielles (Figure 2) :

- L'apparition des peroxydes, composés primaires d'oxydation, à partir des radicaux libres instables correspond à la première étape. La quantité de peroxydes formés peut être évaluée grâce à la détermination de l'indice de peroxyde. La flaveur de rance peut ne pas être encore perceptible à ce stade, dit de peroxydation.
- La deuxième étape se traduit par l'évolution des hydroperoxydes en composés secondaires d'oxydation. Cette évolution peut se faire selon deux voies :
  - une voie dite *de scission*, qui conduit à la libération de composés volatils (chaînes carbonées courtes et moyennes), notamment aldéhydiques, responsables des flaveurs de rance, caractérisés par un seuil de détection olfactif très faible ;
  - une voie dite de *remaniement*, conduisant à la formation d'acides gras oxydés, de triglycérides oxydés, de polymères de triglycérides oxydés suite à différents types de pontages intra- ou inter-acides gras ou à l'apparition de fonctions oxydées (fonctions cétone, époxy, hydroxy) sur les acides gras. À ce stade dit de *rancissement*, la flaveur de rance est perceptible. Elle peut s'accompagner d'une modification de l'aspect, de la couleur et de la texture, en plus d'une altération des acides gras essentiels et des vitamines liposolubles.

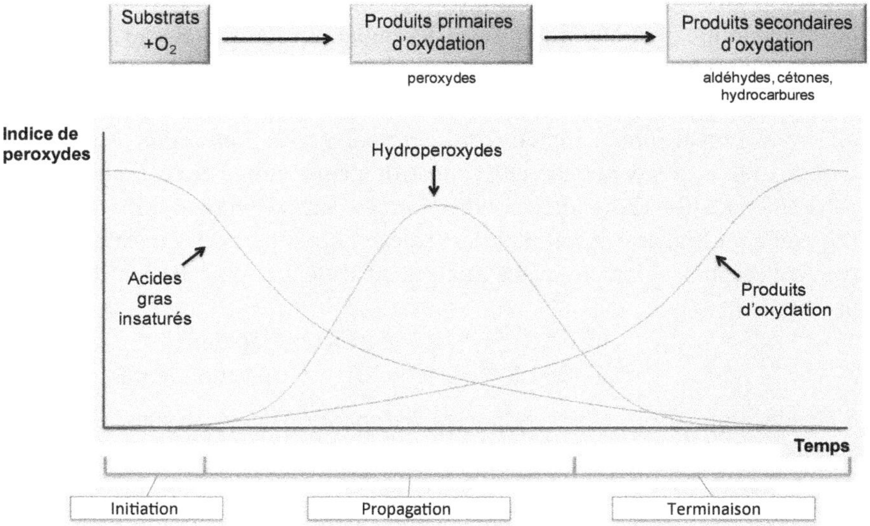

Figure 2. Représentation de la cinétique d'oxydation des acides gras.

Photo-oxydation

La photo-oxydation est une voie importante de production d'hydroperoxydes en présence d'oxygène, d'énergie lumineuse et de photosensibilisateurs tels que les hémoprotéines ou la riboflavine. Les photosensibilisateurs (Sens) absorbent l'énergie lumineuse et passent à l'état triplet excité ($Sens^3$). Ils interviennent dans l'oxydation des lipides selon deux types de mécanismes (Figure 3).

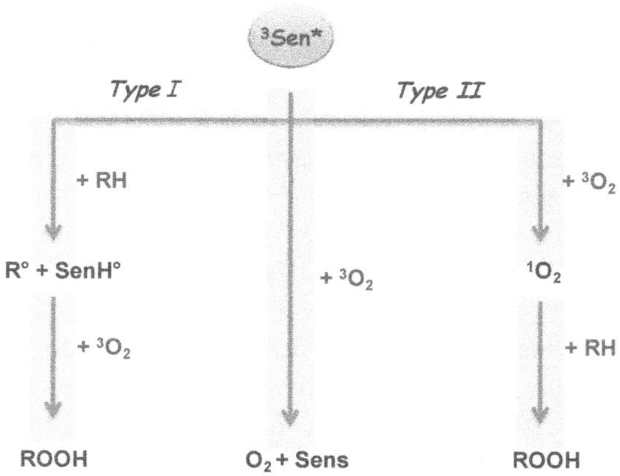

Figure 3. Réaction de photo-oxydation.

Les photosensibilisateurs de type I, telle que la riboflavine, agissent comme les radicaux libres initiateurs. Dans leur état triplet, ils arrachent un atome d'hydrogène ou un électron aux composés lipidiques pour former un radical capable de réagir avec l'oxygène (7).

$$Sens^3 + RH \longrightarrow Sens\ H + R^\circ \qquad (7)$$

Selon le second mécanisme, les molécules photosensibles de type II, telles que la chlorophylle et l'érythrosine, réagissent dans leur état excité ($Sens^3$) avec l'oxygène triplet (8), auquel elles transfèrent leur énergie pour donner de l'oxygène singulet ($^1O_2$).

$$Sens^3 + {}^3O_2 \longrightarrow {}^1O_2 + Sens \qquad (8)$$

L'oxygène singulet ainsi formé est très électrophile et peut réagir directement sur un acide gras insaturé (RH), formant ainsi un hydroperoxyde ROOH (9).

$${}^1O_2 + RH \longrightarrow ROOH \qquad (9)$$

Par la suite interviennent les réactions radicalaires en chaîne de l'auto-oxydation. Les hydroperoxydes ainsi formés sont différents de ceux formés par auto-oxydation.

L'oxydation enzymatique

Le phénomène d'oxydation des acides gras insaturés peut être d'origine enzymatique. Les deux enzymes principalement impliquées sont la lipoxygénase et la cyclooxygénase. La lipoxygénase catalyse l'insertion d'une molécule d'oxygène sur un acide gras insaturé selon une réaction stéréospécifique, et aboutit à la formation d'hydroperoxydes. Elle agit spécifiquement sur les acides gras non estérifiés. Son activité est donc souvent couplée avec celle des lipases et phospholipases (Figure 4).

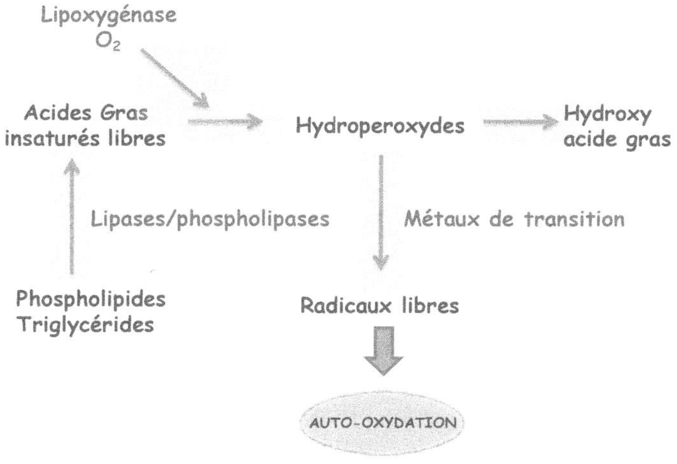

Figure 4. Mécanisme d'initiation de la peroxydation des lipides par l'activité lipoxygénasique.

La cyclooxygénase est une lipoxygénase qui incorpore deux molécules d'oxygène au niveau d'un acide gras pour former des hydroperoxydes spécifiques.

L'oxydation enzymatique se produit même à basse température. Durant le stockage à l'état congelé, l'activité enzymatique est très faible. Cependant, une fois la décongélation amorcée et des températures de 0 °C à 4 °C atteintes, il semblerait que cette activité reprenne et s'accentue.

Les huiles essentielles en tant qu'antimicrobiens

Les huiles essentielles et autres extraits sont obtenus à partir de matières végétales (fleurs, feuilles, racines, fruits, écorces, graines). Ils possèdent des propriétés antibactériennes, antifongiques et antivirales, et sont actuellement considérés comme des alternatives potentielles aux antibiotiques pour traiter diverses maladies infectieuses, et aux agents chimiques de conservation des denrées alimentaires et produits cosmétiques.

La phytothérapie n'a pas attendu les découvertes scientifiques pour exploiter les vertus des plantes. En effet, la fonction antimicrobienne des HE est exploitée depuis l'Antiquité, mais n'a été prouvée scientifiquement qu'au début du XXe siècle. Son utilisation s'est développée depuis une quarantaine d'années et les HE sont actuellement candidates à de multiples applications de traitement ou de conservation. Les premières recherches expérimentales des propriétés antibactériennes des HE seraient à attribuer à De la Croix, en 1881. De nombreuses études sur la composition chimique des HE et leurs activités biologiques (antioxydante, antimicrobienne, insecticide, herbicide...) ont été publiées à l'échelle mondiale. De récents ouvrages et revues scientifiques décrivent ces travaux [14-16].

Les recherches ont montré que la fonction antimicrobienne s'exerce de deux manières selon les types de micro-organismes et de biomolécules :

- activité inhibitrice ou microbiostatique : blocage de la multiplication des cellules microbiennes ;
- activité létale ou microbicide : mort des cellules microbiennes.

Méthodes d'étude de l'activité antimicrobienne des HE

Les diverses études menées dans ce domaine ont montré la diversité des méthodologies employées pour mettre en évidence les activités antimicrobiennes des HE. Le choix des techniques utilisées pour déterminer leur activité antimicrobienne a une grande influence sur les résultats. L'insolubilité des constituants des HE dans l'eau et leur volatilité constituent les principales difficultés rencontrées. Les techniques classiques mises au point *in vitro* permettent soit de caractériser le pouvoir antimicrobien soit de le quantifier en termes de concentration minimale inhibitrice ou de concentration minimale microbicide. Ces méthodes sont appliquées en milieu solide ou en milieu liquide.

Les différents protocoles peuvent être classés selon la nature du contact de l'HE avec le germe.

Méthode en micro-atmosphère (technique en phase vapeur)

Cette technique permet de mettre en évidence l'action des composants volatils des HE sur le développement des germes en milieu solide dans une boîte de Pétri [17].

Le micro-organisme est ensemencé en surface sur le milieu gélosé, quelques gouttes d'HE sont déposées sur un papier-filtre ou dans une petite cupule placés au fond et au centre du couvercle. La boîte de Pétri est incubée à température optimale du germe, couvercle en bas (Figure 5). L'évaporation des substances volatiles agit sur la croissance des germes. L'absence de développement microbien dans une zone translucide sur le milieu gélosé plus ou moins claire traduit l'action antimicrobienne de ces substances.

Cette méthode ne permet pas de quantifier l'activité antimicrobienne réelle des HE, elle ne montre que l'activité des composants volatils à la température d'incubation.

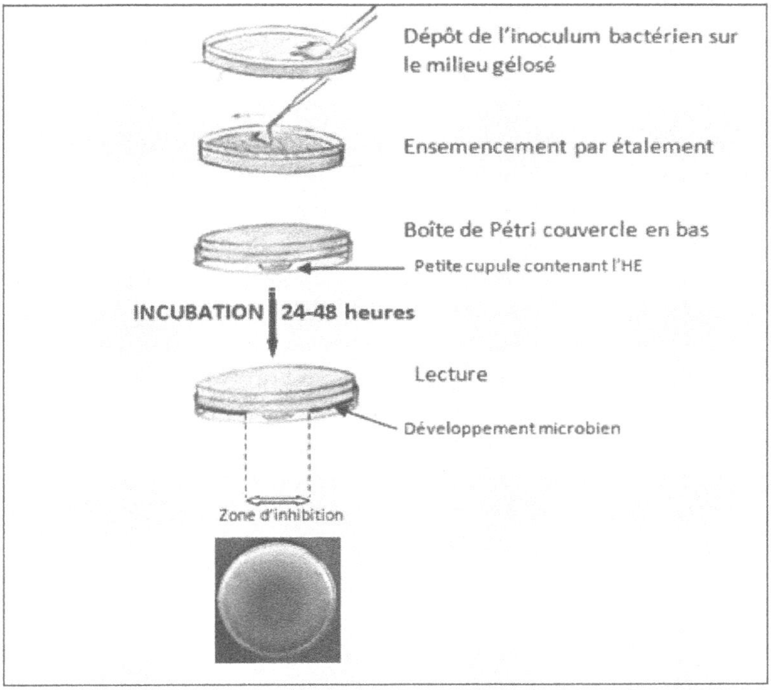

Figure 5. Étude de l'activité antimicrobienne par la méthode micro-atmosphère.

Méthodes par diffusion sur milieux solides

Il s'agit de méthodes qualitatives permettant de tester la sensibilité ou la résistance des micro-organismes aux HE par contact direct.

Méthode des disques

L'évaluation technique de l'activité antibactérienne des HE est l'aromatogramme, semblable à l'antibiogramme qui permet de tester les antibiotiques, appelée « méthode des disques ». La suspension microbienne est d'abord inoculée et ensemencée en surface sur milieu gélosé en boîte de Pétri (Figure 6). Un disque de papier-filtre de 6 mm de diamètre imbibé d'HE diluée dans le solvant (15 µl) est juste après plaqué sur la surface de la gélose ensemencée et les boîtes de Pétri sont alors incubées dans les conditions optimales de température et de temps du micro-organisme considéré. Pendant l'incubation, les germes se développent sous forme de colonies visibles à l'œil nu. L'obtention d'un halo clair autour du disque indique l'inhibition du développement microbien. Le diamètre de la zone d'inhibition est mesuré en millimètres, incluant le diamètre du disque. Deux témoins sont réalisés dans les mêmes conditions opératoires : un témoin négatif avec le solvant ayant servi à la solubilisation des HE, et un disque d'antibiotique comme témoin positif.

Méthode des puits

La préparation de la suspension microbienne et l'ensemencement se font de la même manière que pour la méthode des disques. Mais à la place du disque de papier-filtre, un puits de 6 mm de diamètre est creusé stérilement à l'aide d'un tube de verre fin. L'HE est ensuite déposée dans le puits à l'aide d'une micropipette (Figure 6). L'incubation des boîtes de Pétri à la température optimale de croissance du germe permettra le développement de colonies. La formation du halo clair autour du puits traduit l'absence de croissance microbienne, dont le diamètre dépend de la sensibilité à l'HE. De la même manière que pour la méthode précédente, des témoins sont réalisés dans les mêmes conditions opératoires [18].

Ces deux méthodes (des disques et des puits) largement utilisées dans les publications sont généralement employées pour la présélection de l'activité antimicrobienne de l'HE, car le diamètre d'inhibition n'est pas une mesure directe de l'activité des HE mais une indication qualitative de la sensibilité ou de la résistance des germes. Une classification des HE chémotypées en rapport avec leur spectre d'activité antimicrobienne peut être ainsi déterminée par l'importance du halo d'inhibition. Cependant, ces techniques connaissent des limites dues à divers facteurs :

- les différents constituants de l'HE ne diffusent pas de la même manière dans le milieu gélosé ;
- le diamètre d'inhibition varie en fonction de la densité de l'inoculum, l'épaisseur du milieu de culture gélosé et le volume de l'HE déposé ;
- la nature du solvant de solubilisation des HE ;

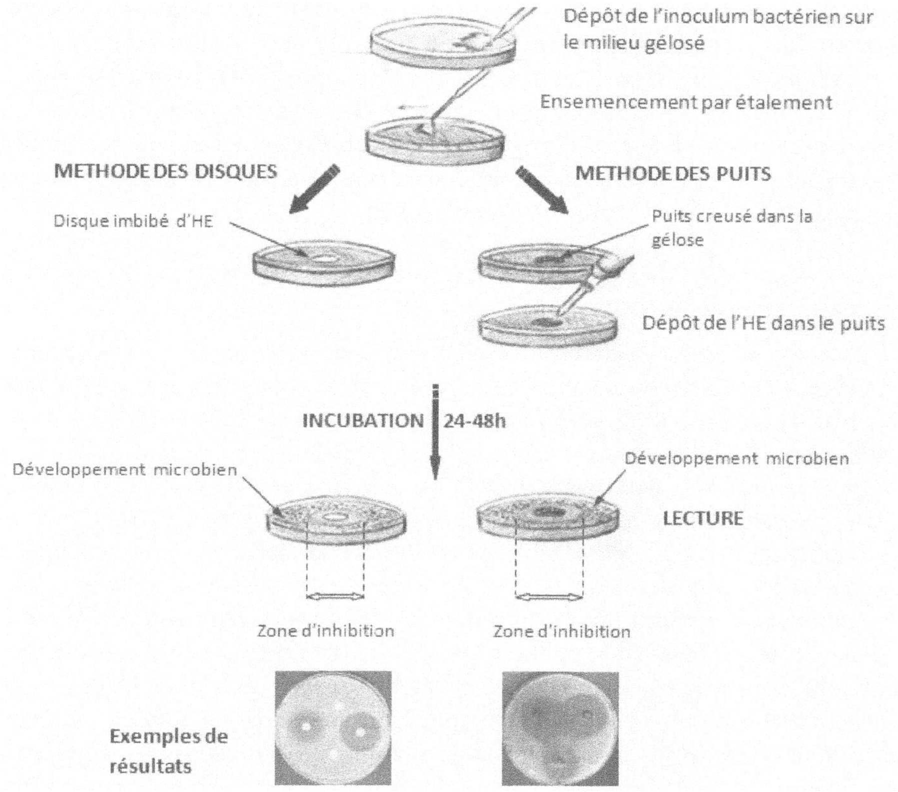

Figure 6. Étude de l'activité antimicrobienne par la méthode de diffusion sur milieux solides (méthode des disques et méthode des puits).

- les souches microbiennes appartenant à la même espèce peuvent présenter des sensibilités différentes.

Il est donc nécessaire de normaliser toutes ces conditions afin de pouvoir comparer les résultats, ce qui n'est pas toujours le cas dans les différentes études réalisées sur le sujet.

Méthodes sur milieux liquides

Il s'agit de la méthode en bouillon de culture dans une série de tubes à essai, appelée « méthode des dilutions », dont le but est de déterminer la concentration la plus faible de l'antimicrobien qui inhibe la croissance de la bactérie testée (la concentration minimale inhibitrice : CMI, généralement exprimée en µl/ml ou mg/l). Cette technique est appliquée aux micro-organismes considérés ayant présenté une sensibilité aux HE par l'une des méthodes précédentes.

La dilution en bouillon est une technique dans laquelle une suspension microbienne est testée à des concentrations variables de l'agent antimicrobien dans un milieu de culture liquide. Une dilution en cascade de l'agent inhibiteur est effectuée directement dans le bouillon qui servira à la culture. La gamme de tubes est ensuite inoculée par le micro-organisme test puis incubée.

Détermination de la concentration minimale inhibitrice (CMI) et de la concentration minimale bactéricide (CMB)

En bactériologie médicale, chaque souche est caractérisée en termes de résistance ou de sensibilité aux antibiotiques au moyen de deux valeurs : le diamètre d'inhibition et la concentration minimale inhibitrice (CMI). La CMI est la plus petite concentration d'antibiotique capable d'inhiber la croissance bactérienne.

La définition de la CMI diffère entre les publications, et ceci est un autre obstacle à la comparaison entre les études. Fréquemment, la CMI n'est pas bactéricide et les cellules d'inoculum sont capables de se développer après repiquage sur milieu exempt du composé inhibiteur. La CMI est la plus faible concentration requise pour l'inhibition complète de l'organisme test en 24 ou 48 heures d'incubation [14, 19].

La CMI est réalisée par la méthode des dilutions en milieu liquide. La dilution en bouillon est une technique dans laquelle une suspension microbienne (à une concentration optimale généralement équivalente au standard 0,5 de Mac Farland, soit 10^8 bactéries/ml) est testée à des concentrations variables de l'agent antimicrobien dans un milieu de culture liquide (Figure 7). La solution mère (premier tube) contient 400 µl d'HE à tester (de concentration connue) dans un tube contenant 4,6 ml de bouillon de culture stérile. Une dilution en cascade (selon une progression géométrique de raison 1/2) est effectuée en additionnant 2,5 ml de la solution mère à 2,5 ml de bouillon contenu dans le tube à essai. La dilution suivante est réalisée de la même manière à partir de cette dernière, de façon à obtenir une gamme de concentration décroissante. Un volume de 15 µl de l'inoculum est ensuite introduit dans chacun des tubes de la gamme. L'ensemble des tubes est incubé à la température optimale de croissance du germe testé pendant 24 à 48 heures. Un témoin de la croissance bactérienne, pour lequel 15 µL de l'inoculum standardisé sont déposés dans le milieu de culture en présence du seul solvant ayant servi à la solubilisation. La croissance microbienne se traduit par un trouble mesuré par l'absorbance au spectromètre d'absorption moléculaire à 600 nm. La CMI de l'HE est déduite à partir du premier tube de la gamme dépourvue de croissance bactérienne.

La concentration minimale bactéricide (CMB) correspond à la concentration en inhibiteur nécessaire à laquelle l'action bactéricide est totale. Elle est définie par Onawunmi [20] comme étant la plus faible concentration à laquelle aucune

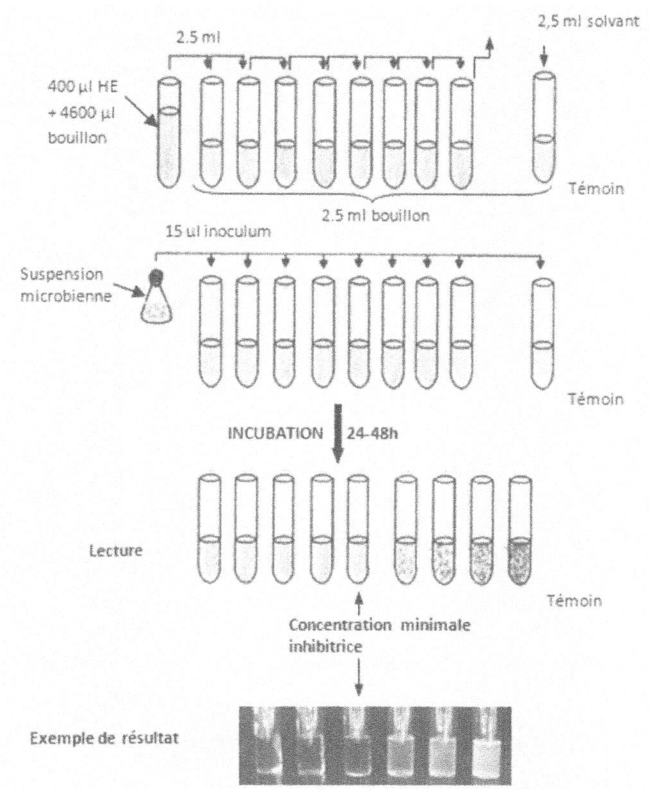

Figure 7. Méthode de détermination de la CMI en milieu liquide.

croissance n'est observée après repiquage en bouillon frais. C'est la concentration capable d'engendrer 99,9 % de mortalité des cellules microbiennes initiales. Elle est déterminée en milieu liquide ou en milieu solide par l'évaluation des survivants après l'élimination du composé inhibiteur.

Le test de la CMB succède directement au test de la CMI. Les cultures en présence de concentrations en inhibiteur n'ayant pas donné de développement, elles sont à nouveau ensemencées sur milieu de culture neuf (liquide ou solide), puis incubées à la température optimale du germe considéré pendant 24 à 48 heures.

Des prélèvements sont effectués (Figure 8) à partir du tube témoin et de chacun des tubes dépourvus de développement bactérien (résultat du test de la CMI), puis ensemencés en surface sur gélose en boîtes de Pétri. Après incubation, la concentration minimale en HE pour laquelle aucun développement n'est observé est considérée comme étant la CMB.

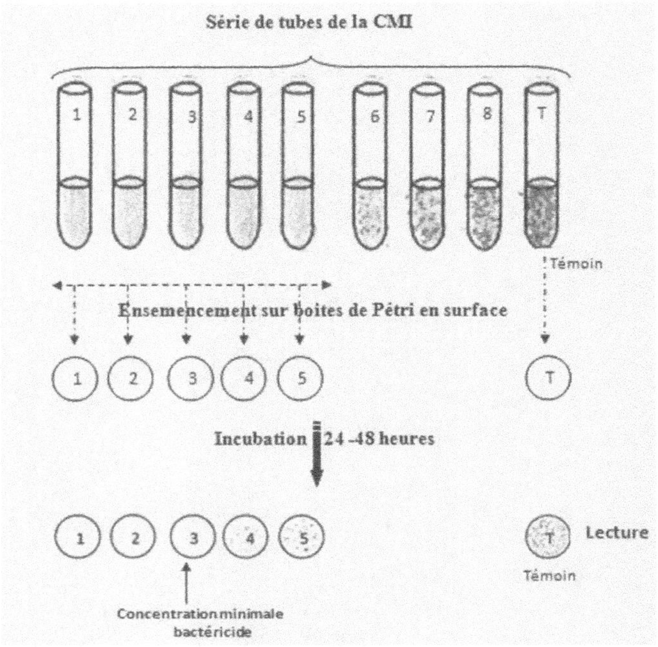

Figure 8. Détermination de la concentration minimale bactéricide en milieu solide.

Propriétés antimicrobiennes des huiles essentielles

Les effets antimicrobiens de différentes espèces de plantes sont connus depuis longtemps et sont utilisés de façon empirique en désinfection ou pour augmenter la durée de conservation des aliments. Généralement, les propriétés biologiques des plantes sont directement liées à la composition des HE. Le nombre et la nature des molécules chimiquement différentes qui constituent une HE sont variables. Le chémotype (ou chimiotype) permet de définir les molécules majoritairement présentes dans l'HE.

Les HE sont constituées d'un mélange complexe de substances qui appartiennent à diverses classes de la chimie organique : les composés terpéniques, les alcools, aldéhydes, cétones, esters, éthers, phénols [19]. L'activité antimicrobienne est le résultat de groupes fonctionnels présents dans les métabolites et de leurs synergies. Les plus actifs de ces groupes fonctionnels sont : phénols > aldéhydes > cétones > alcools > éthers > hydrocarbures.

La plupart des HE étudiées pour leurs propriétés antibactériennes et antifongiques appartiennent à la famille des *Lamiaceae* : thym, origan, lavande, menthe, romarin, sauge... Les activités antimicrobiennes de nombreuses HE ont été décrites [14]. L'essence de thym est souvent rapportée comme étant parmi les plus actives ; son composé majoritaire, le carvacrol, a également une forte activité antimicrobienne.

Propriétés antibactériennes

De nombreuses HE et leurs composés majoritaires ont été définis comme antibactériens.

Leur spectre d'action est très étendu, ils agissent contre un large éventail de bactéries, y compris celles qui développent des résistances aux antibiotiques. Cette activité est, par ailleurs, variable d'une HE à l'autre et d'une souche bactérienne à l'autre.

Les HE agissent aussi bien sur les bactéries à Gram positif que sur les bactéries à Gram négatif. Cependant, il n'existe pas de règle générale de sensibilité par rapport au Gram, car beaucoup de controverses existent dans les divers travaux publiés [14].

Rappelons que la distinction entre les bactéries à Gram positif et celles à Gram négatif est fondée sur une différence dans la composition pariétale. La paroi des bactéries à Gram positif est riche en acide teichoïque, lequel est absent dans les bactéries à Gram négatif, qui ont une structure plutôt riche en lipides (10 à 22 %). Chez les bactéries à Gram positif, la structure de la paroi est homogène, son épaisseur varie de 10 à 80 nm, elle est pauvre en lipides (moins de 2 %). Pour les bactéries à Gram négatif, la structure est plus complexe et son épaisseur est d'environ 10 nm.

La plupart des études portant sur l'action des HE ont observé qu'elles sont généralement plus actives contre les bactéries à Gram positif [19]. Quelques exceptions ont été rapportées. Ainsi, les bactéries à Gram négatif *Aeromonas hydrophila* et *Campylobacter jejuni* ont été décrites comme particulièrement sensibles à l'action des HE.

Il est actuellement bien connu que la composition chimique de l'HE d'une espèce végétale particulière peut varier en fonction de l'origine géographique, de la période de récolte ou encore de la méthode d'extraction, ce qui serait à l'origine de la variabilité dans le degré de sensibilité des bactéries à Gram négatif et positif. Les composés ayant la plus grande efficacité antibactérienne et le plus large spectre sont des phénols : thymol, carvacrol et l'eugénol.

Par ailleurs, certaines bactéries, résistantes aux antibiotiques, peuvent être inhibées par les HE, comme c'est le cas des staphylocoques dorés résistants à la méthicilline et les entérocoques résistants à la vancomycine [21]. Vardar-Ünlü *et al.* en 2006 ont montré une importante activité antimicrobienne de l'HE d'origan contre les bactéries du genre *Campylobacter* résistantes à la ciprofloxacine, responsables de gastro-entérites essentiellement d'origine alimentaire.

Propriétés antifongiques

L'activité fongicide des HE a été démontrée dans plusieurs études. L'effet antifongique de vingt HE contre les moisissures les plus importantes en termes d'altération des produits de boulangerie (*Eurotium* spp., *Aspergillus* spp. et *Penicillium* spp.) a fait l'objet d'une étude par Guynot *et al.* [22]. Seules les HE de romarin, thym, laurier et clou de girofle ont montré une activité antifongique contre toutes les moisissures. Ces conclusions permettent de suggérer la possibilité d'utiliser les HE de ces plantes comme une alternative aux composés de synthèse pour conserver les produits de boulangerie.

Des études *in vitro* ont montré que l'huile d'origan et ses constituants les plus actifs – le carvacrol et le thymol – détruisent une large gamme de champignons. Les chercheurs ont constaté que l'HE d'origan a été la plus active contre divers champignons. L'activité antifongique du cinéole, citral, géraniol, linalol et du menthol a été évaluée sur douze champignons. L'huile d'origan est fongicide vis-à-vis de *Candida albicans*, une levure pathogène pour l'homme, et peut être très efficace dans la prévention et le traitement de la candidose. Il a été proposé d'utiliser le carvacrol et l'eugénol comme agents thérapeutiques pour traiter la candidose buccale, car ils sont considérés comme de puissants agents antifongiques.

Les effets des huiles d'eucalyptus, de romarin et d'armoise ont été évalués par Khaddor *et al.* en 2006 sur le mycélium de *Penicillium aurantiogriseum* et de *P. viridicatum* toxinogènes. L'inhibition de la croissance du mycélium a été très efficace pour l'armoise, suivie par l'eucalyptus, et une inhibition complète de la production de toxines a été observée [15].

Applications antimicrobiennes des HE dans différents domaines

Les utilisations des HE de plantes font l'objet de beaucoup de recherches essentiellement dans le domaine médical, leur efficacité pour le traitement de nombreuses maladies ayant été prouvée.

Depuis plus d'une trentaine d'années, des études sont menées sur le développement de nouvelles applications et l'exploitation des propriétés naturelles des HE dans divers autres domaines.

Activité antimicrobienne et aliments

Les effets antimicrobiens de différentes espèces d'herbes et d'épices sont connus et utilisés pour augmenter la durée de conservation des aliments. Ainsi, les HE et leurs composants actuellement utilisés comme arômes alimentaires sont également connus pour posséder une activité antimicrobienne et pourraient servir de conservateurs alimentaires. Car ils sont le plus souvent classés comme « généralement reconnus sains » (*Generally Recognized As Safe* : GRAS), ou approuvés comme additifs alimentaires par la Food and Drug Administration et donc ne nécessitent pas de permission pour une utilisation dans les aliments.

Actuellement, dans de nombreux pays, les HE sont étudiées afin de mieux comprendre leur efficacité comme conservateurs naturels des aliments. Ainsi, les HE d'origan, de thym, de coriandre ou de cannelle sont efficaces sur la viande, les légumes ; l'huile essentielle de menthe pour le yaourt. Les HE ont été utilisées dans l'emballage du pain pour empêcher son altération. Becerril *et al.* [23], ont étudié l'effet des HE incorporées dans un matériau d'emballage alimentaire antimicrobien contenant de la cannelle ou de l'origan.

D'autre part, l'incorporation d'HE directement dans les aliments ou l'application par pulvérisation sur la surface de l'aliment aident à contrôler la flore microbienne et à préserver les aliments. Ainsi, les résultats d'Oussalah *et al.* [19] ont montré que l'incorporation d'HE dans la viande hachée de bœuf contribuait à maintenir la qualité microbiologique et la réduction de l'oxydation de la graisse au-delà de sa durée normale de stockage. Pour améliorer leur efficacité, ces mêmes auteurs ont étudié la stabilité des HE dans les polymères comestibles (biofilm, enrobage, capsule, émulsion) destinés à la conservation. L'application des biofilms contenant des HE sur des tranches de viande réduit de manière significative la croissance de bactéries pathogènes.

Activité antimicrobienne et santé

L'emploi des HE a été développé pour offrir une véritable alternative à la médecine par les antibiotiques dans le traitement des maladies infectieuses. La phytothérapie utilise des méthodes et des techniques scientifiques afin de mettre en évidence la relation entre la structure chimique des molécules actives des HE et leurs activités biologiques. L'activité des HE est souvent réduite à celle de ses composés majoritaires, ou de ceux susceptibles d'être actifs. Il est cependant probable que les composés minoritaires agissent en synergie. De cette façon, la valeur d'une HE est due à l'intégralité de ses composants et non seulement à ses composants majoritaires.

Des extraits végétaux ont fait l'objet de nombreuses recherches scientifiques dans le domaine médical et ils ont démontré leur efficacité pour le traitement de nombreuses pathologies. Les principales activités antimicrobiennes thérapeutiques des HE ont été résumées par Pisseri *et al.* [24] :

- pour les propriétés antibactériennes : *Melaleuca alternifolia, Thymus* spp., *Satureja* spp., *Citrus bergamia, Origanum vulgaris, Illicium verum, Ocimum basilicum, Matricaria recutita, Salvia officinalis, Satureja montana, Origanum majorana* ;
- pour les propriétés antifongiques : *Melaleuca alternifolia, Thymus vulgaris, Origanum vulgaris, Citrus lemon, Ocimum basilicum, Riganum majorana.*

Diverses études sur la désinfection de l'air en milieu hospitalier basées sur les propriétés antimicrobiennes des huiles essentielles ont été entreprises. Il s'agit de l'assainissement microbiologique de l'air et des systèmes de ventilation par utilisation d'HE volatiles en diffusion aérienne. Les micro-organismes incriminés dans les infections nosocomiales sont très souvent dus à des bactéries pathogènes d'origine humaine ou environnementale dont l'apparition est favorisée par l'usage des antibiotiques. Pibiri [25] a montré les capacités bactéricides des huiles essentielles sous forme gazeuse. La sarriette des montagnes (*Satureia montana* L.), le thym thymol (*Thymus vulgaris* CT *thymol*), l'origan vulgaire (*Origanum vulgaris*) et la cannelle écorce (*Cinnamomum verum*) se sont révélés très efficaces pour assainir l'air ambiant par destruction des

Staphylococcus aureus et des *Pseudomonas aeruginosa*, deux bactéries responsables d'infections typiques en milieu hospitalier.

Activité antimicrobienne et cosmétique

Les huiles essentielles sont employées depuis très longtemps en cosmétique, car elles présentent des propriétés biologiques intéressantes avérées.

Sur le plan dermatologique, les HE sont largement utilisées, surtout pour traiter les infections dermiques. C'est le cas de la citronnelle, qui est connue pour ses vertus antifongiques ; en pharmacologie, elle est à la base de crèmes antimycosiques applicables sur toutes les parties du corps. L'huile essentielle de lavande est utilisée pour soigner et entretenir la peau, elle est incorporée dans les savons et d'autres produits cosmétiques, elle est également utilisée dans le traitement des dermatoses.

Les huiles essentielles ont également fait l'objet de nombreuses études pour leurs propriétés conservatrices en cosmétique. En effet, certaines huiles essentielles, de par leurs propriétés antimicrobiennes, permettent de protéger les formules des contaminations, notamment celles venant du consommateur par contact avec le produit, de l'air, du stockage...

À l'heure actuelle, on dénombre une cinquantaine de conservateurs (annexe 5 de la directive Cosmétique), tous d'origine synthétique, autorisés en tant que tels par la législation. Mais la polémique autour des parabènes et leur prochaine interdiction (loi Lachaud) ont conduit à un regain d'intérêt pour les conservateurs d'origine naturelle, voire biologiques, considérés comme sains et présentant moins de risques.

Les huiles essentielles représentent alors une alternative de choix de par leurs propriétés antifongiques et antibactériennes et surtout par le fait que le fabricant peut alors communiquer sur leur activité biologique ou parfumante sans étiqueter « conservateur ».

Néanmoins, leur utilisation en tant que conservateur peut connaître des contre-indications dans les produits cosmétiques. Les concentrations pratiquées sont généralement supérieures au pourcentage recommandé ; les HE peuvent alors générer des odeurs trop prononcées et rendre impropre l'utilisation du produit. En effet, si certaines possèdent des notes agréables, d'autres comme le romarin, l'origan ou le thym peuvent émettre des notes trop alimentaires. De plus, à ces concentrations, les huiles essentielles peuvent être sources de réactions cutanées pouvant aller jusqu'à des allergies. Leur emploi est donc réglementé et, parmi les vingt-six substances classées comme allergènes par le Comité scientifique des produits de consommation (SCCP), dix-sept (linalol, cinnamaldéhyde, limonène...) sont fréquemment rencontrées dans les HE et doivent être étiquetées sur le produit. Le septième amendement de la directive Cosmétique rend leur étiquetage obligatoire s'ils sont présents à plus de 0,001 % dans les produits rincés (savons, shampoings...) et à plus de 0,01 % dans les produits non rincés (crèmes, lotions...). Le tableau 2 présente quelques huiles essentielles pouvant être utilisées comme conservateur en cosmétique.

Tableau 2. Exemples d'huiles essentielles pouvant être utilisées comme conservateur en cosmétique.

HE	Nom botanique	Activités	Composés majoritaires	Avantages/ inconvénients	Réf.
Lavande	*Lavandula officinalis L.*	Antibactérienne contre Gram-(+) et antifongique	Acétate de linalyle, linalol	Incorporation en tant qu'actif	[26]
Arbre à thé	*Melaleuca alternifolia*	Antibactérienne contre Gram-(+) et antifongique	Terpinen-4-ol, γ-terpinène	Odeur désagréable	[27]
Thym	*Thymus vulgaris*	Antibactérienne contre Gram-(+) et antifongique	Thymol, carvacrol	Odeur désagréable	[26]
Genévrier	*Juniperus communis L.*	Antibactérienne et antioxydante	α-pinène, limonène	Odeur désagréable	[28]
Citronnelle	*Cymbopogon citratus*	Antibactérienne contre Gram-(+) et Gram-(-) et antifongique	Néral, géranial	Pro-oxydant	[26]
Origan	*Origanum vulgare*	Antibactérienne contre Gram-(+) et Gram-(-), antifongique et antioxydante	Carvacrol, thymol	Odeur désagréable	[26]

Modes d'action

Le rôle physiologique des HE est encore mal connu. Les explications du mode d'action dans les travaux réalisés sont rapportées aux propriétés biologiques des métabolites.

Cependant, la diversité moléculaire des métabolites qu'elles contiennent, leur confère des rôles et des propriétés biologiques très variés.

La majorité des travaux publiés se limitent à la mise en évidence de l'activité antimicrobienne de ces HE. Les études sur les mécanismes d'action de cette activité sont très peu nombreuses et ne constituent que des hypothèses. De plus, la complexité de leur composition chimique laisse supposer que ce mode d'action est assez complexe et difficile à cerner du point de vue moléculaire. Il est très probable que chacun des constituants des HE ait son propre mécanisme d'action.

D'une manière générale, leur action se déroule en trois phases :

- attaque de la paroi bactérienne par l'HE, provoquant une augmentation de la perméabilité puis la perte des constituants cellulaires ;
- acidification de l'intérieur de la cellule, bloquant la production de l'énergie cellulaire (ATP) due à la perte d'ions et la réduction du potentiel membranaire ;
- destruction du matériel génétique, conduisant à la mort de la bactérie.

La sensibilité des micro-organismes aux extraits végétaux peut varier en fonction de divers paramètres. Ils peuvent être biocides contre certaines souches, biostatiques envers d'autres, ou n'avoir aucun effet. La comparaison de l'efficacité de différentes huiles n'est pas évidente en raison de différents paramètres externes incontrôlables. Les raisons de cette variabilité peuvent être principalement dues à la différence des facteurs écologiques et à la croissance des plantes, aux sources géographiques, aux saisons de récolte, au génotype, au climat, à la procédure de séchage, à l'organe étudié de la plante, au mode d'extraction et à la technique d'évaluation de l'activité biologique. Tout cela influe sur la composition chimique et la concentration relative de chacun des constituants de l'HE et, par conséquent, sur son activité biologique. Par ailleurs, les interactions entre les produits chimiques composants de l'HE sont à considérer. La synergie et l'antagonisme entre les composants influencent les activités, ce qui suggère que les composants mineurs peuvent présenter un effet bioactif significatif.

Les huiles essentielles comme bio-insecticides

L'utilisation des plantes aromatiques et des HE comme agents phytosanitaires remonte aux temps les plus anciens et se retrouve parmi les différentes civilisations, notamment chez les Chinois, les Égyptiens, les Grecs et les Romains qui en faisaient usage pour leurs propriétés de conservation et médicinales. Cette pratique empirique s'est perpétuée à travers les âges.

À partir du XIXe siècle, les observations empiriques alliées aux connaissances scientifiques ont permis d'identifier les premiers composés d'origine végétale et de développer avec un succès plus ou moins marqué l'utilisation des plantes et de leurs extraits comme agents phytosanitaires [29]. Citons, par exemple, les alcaloïdes du tabac (principalement, la nicotine), les roténoïdes (la roténone), les pyréthrines et certaines huiles végétales (arachide, olive, maïs, colza, soja).

Cependant, au cours du XXe siècle, l'utilisation des insecticides d'origine naturelle a été peu à peu abandonnée en raison de l'instabilité du marché d'approvisionnement en plantes aromatiques et de l'essor de l'industrie chimique, qui a permis de mettre au point des insecticides de synthèse d'une grande efficacité.

Parallèlement à leurs effets bénéfiques dans la défense des cultures et la protection des récoltes, les insecticides de synthèse ont malheureusement engendré des effets néfastes, scientifiquement démontrés, sur la santé humaine et environnementale [30, 31]. En effet, outre leur toxicité intrinsèque ainsi que celle de leurs produits de dégradation qui souvent est plus importante, la plupart de ces pesticides sont persistants (résistance aux dégradations chimique, photochimique et biologique) et s'accumulent dans l'environnement et chez l'homme à travers la chaîne alimentaire, provoquant ainsi des pathologies diverses et autres désordres physiologiques souvent très sévères [32-34]. Cela a conduit à des réglementations de plus en plus sévères visant la restriction de leur utilisation ou leur interdiction totale : directives européennes relatives aux émissions de composés organiques volatils (COV) (directive 1999/13/CE), aux substances dangereuses (directive 67/548/CEE), aux produits dangereux (directive 1999/45/CE), le règlement européen REACH (*Registration, Evaluation, Autorisation and Restriction of Chemicals*) visant à connaître la toxicité et les conséquences de l'utilisation des produits chimiques sur la santé humaine et l'environnement.

La communauté scientifique s'est donc vue obligée de rechercher de nouveaux produits, aussi efficaces que les insecticides de synthèse permettant de lutter contre les déprédateurs, avec un minimum d'effets sur l'homme et l'environnement. La recherche s'est alors orientée vers les composés naturels issus des plantes comme produits alternatifs.

Évaluation de l'activité insecticide

La technique de détermination de l'activité insecticide d'un extrait naturel a une grande influence sur les résultats. Les techniques se répartissent en deux catégories principales : les techniques de micro-atmosphère et celles de contact direct.

Technique de micro-atmosphère

Cette technique consiste à déposer un disque de papier-filtre imprégné d'HE au centre du couvercle d'une boîte de Pétri sans contact direct avec les insectes (Figure 9). Il se produit une évaporation des composés volatils de l'extrait dans l'enceinte de la boîte hermétiquement fermée.

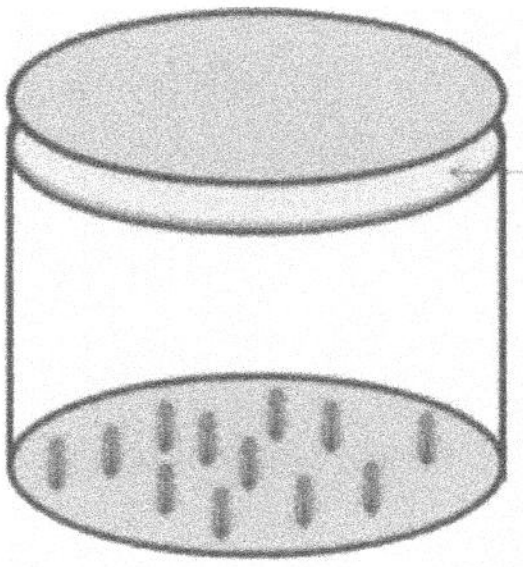

Figure 9. Étude de l'activité insecticide par la technique de micro-atmosphère.

Techniques par contact direct

Les techniques par contact direct consistent à mettre en présence l'extrait et les insectes, puis à observer le comportement de ces derniers. L'extrait peut être pulvérisé sur les insectes, ou alors les insectes sont placés dans une boîte de Pétri imprégnée d'extrait ou sur du papier-filtre imprégné d'extrait déposé dans la boîte de Pétri (Figure 10).

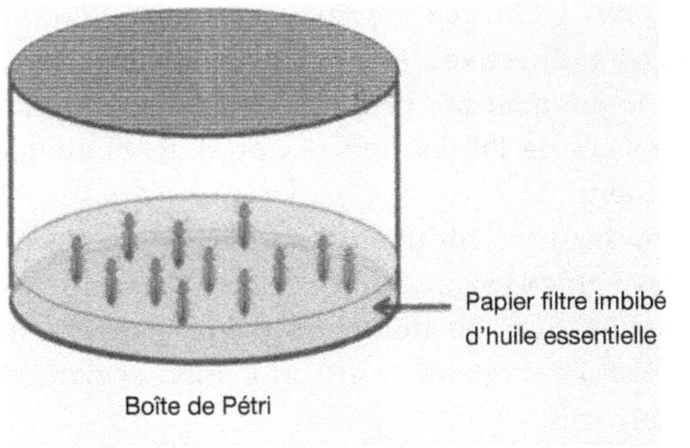

Figure 10. Étude de l'activité insecticide par la technique de contact direct (méthode du papier-filtre).

Technique par ingestion

Dans ce cas, les insectes sont mis en contact avec des graines imprégnées d'extrait (Figure 11).

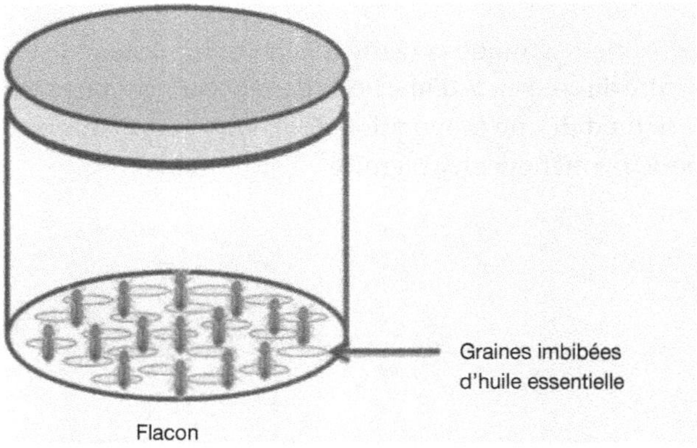

Figure 11. Étude de l'activité insecticide par la technique d'ingestion.

Quelle que soit la technique utilisée, la lecture porte sur le nombre d'insectes morts après un temps bien déterminé d'exposition à l'extrait.

Calcul de la mortalité

Le nombre d'insectes morts dans une population traitée par un toxique n'est pas le nombre réel d'insectes tués par ce toxique. Dans toute population, il existe une mortalité naturelle qui vient s'ajouter à la mortalité provoquée par ce toxique et dont il faut tenir compte. Les pourcentages de mortalité sont donc corrigés en utilisant les formules de Schneider-Orelli ou d'Abbot :

$$M_c(\%) \left[\frac{M \times M_t}{1000\ M_t} \right] 100$$

M_c : le pourcentage de mortalité corrigé,
M : le pourcentage de morts dans la population traitée,
M_t : le pourcentage de morts dans la population témoin.

Efficacité d'un produit toxique

La détermination de la mortalité causée par un extrait ne suffit pas à évaluer son activité insecticide. Celle-ci peut être quantifiée en déterminant son efficacité. Deux méthodes peuvent être utilisées [35] :

- La première consiste à déterminer la mortalité y après un temps constant en fonction des doses croissantes du toxique $x_1, x_2, x_3, \ldots\ldots x_n$. Ce qui conduit à établir une courbe expérimentale représentative de la fonction $y = f(x)$, à partir de laquelle on calculera la *DL50* ou *CL50*, définie comme étant la dose ou la concentration létale qui provoque 50 % de mortalité.
- La seconde consiste à déterminer les mortalités consécutives à l'application d'une dose ou concentration constante en fonction de temps croissants $t_1, t_2, t_3, \ldots\ldots t_n$. Ce qui conduit à établir, cette fois-ci, une courbe expérimentale représentative de la fonction $y = f(t)$, à partir de laquelle on calculera le *TL50*, qui est le temps létal qui correspond à une mortalité de 50 %.

On peut aussi se servir des *DL90* ou *DL95* définies comme étant les doses nécessaires et suffisantes pour détruire 90 % ou 95 % de la population. Elles sont utiles pour caractériser les pesticides dont la vocation est de se débarrasser au mieux des déprédateurs.

Potentialités phytosanitaires

Dans le cadre de la recherche de solutions efficaces, écologiques et ayant le potentiel pour remplacer les pesticides de synthèse, les propriétés phytosanitaires de diverses huiles essentielles ont été étudiées. Parmi les axes développés, la lutte contre certains types de coléoptères, nuisibles courants des denrées alimentaires et dont les dommages peuvent atteindre 100 % en quelques mois, a suscité l'intérêt des scientifiques. Plusieurs familles de plantes ont été testées [15], et celle des Lamiacées s'est avérée efficace contre ces coléoptères.

Rhyzopertha dominica (F.), ravageur de denrées stockées, a montré une sensibilité aux huiles essentielles d'origan (*Origanum glandulosum*), thym (*Thymus vulgaris et Thymus numidicus kabilica)*, lavande (*Lavandula angustifolia*), laurier (*Laurus nobilis*), romarin, armoise blanche (*Artemisia herba alba* Asso), faux poivrier (*Schinus molle* L.), et genévrier (*Juniperus phoenicea* L.).

Tribolium confusum, autre ravageur de denrées stockées, s'est montré plus sensible à l'huile essentielle de sauge (*Salvia hydrangea*) qu'à celle d'origan (*Origanum acutidens*) (75 % de mortalité contre 36,7 % de mortalité respectivement).

L'huile essentielle d'*Ocimum gratissimum* L. et ses constituants majoritaires – le β-(Z)-ocimène et l'eugénol – ont une toxicité par fumigation élevée envers les insectes adultes de *Sitophilus oryzae* (L.), *Oryzaephilus surinamensis* (L.), et *Callosobruchus chinensis* (L.).

Les huiles essentielles de laurier (*Laurus nobilis*), bergamote (*Citrus bergamia*), fenouil (*Foeniculum vulgare*) et lavandin (*Lavandula hybrida*) ont été testées pour leur effet répulsif sur les insectes adultes de *Sitophilus zeamais* et *Cryptolestes ferrugineus* ainsi que sur les larves de *Tenebrio molitor*. Une bonne activité répulsive sur les insectes adultes après respectivement 3 h et 24 h d'exposition a été observée pour les huiles de fenouil et de bergamote, tandis que l'huile essentielle de laurier s'est révélée la plus efficace sur les larves de *Tenebrio molitor*. Les insectes adultes ont également été exposés à des graines traitées par ces huiles. Celles de bergamote et de lavandin ont été les plus efficaces sur *Sitophilus zeamais*.

En plus des coléoptères responsables d'importants dégâts entraînant des pertes considérables dans les denrées stockées, il existe d'autres espèces d'insectes qui attaquent les cultures maraîchères. Parmi ces insectes, les nématodes phytophages occupent une place importante causant une diminution des rendements et une dépréciation de la qualité des produits allant jusqu'à les rendre impropres à la consommation. Le genre *Meloidogyne* est le plus répandu dans les cultures maraîchères, avec des taux d'infestation des abris plastiques de l'ordre de 10 % et ayant pour conséquences des pertes pouvant atteindre les 30 % [36].

Plusieurs recherches entreprises ont mis en évidence une forte activité nématicide de certaines plantes de la famille des *Lamiaceae*. En effet, les huiles essentielles de plusieurs espèces de menthe (*Mentha piperita, Mentha rotendifolia* et *Mentha spicata*) seraient efficaces contre le genre *Meloidogyne*. Ce dernier serait également sensible à l'huile essentielle de fenouil (*Foeniculum vulgare*).

Les plantes parasites et les mauvaises herbes sont également des fléaux pour les cultures et peuvent entraîner des pertes considérables dans les rendements. Des travaux sur les propriétés herbicides de plantes aromatiques ont montré que celles-ci entraîneraient des perturbations de la photosynthèse et une inhibition de la germination et de la croissance de ces plantes parasites et mauvaises herbes [37]. Comme exemple, citons l'huile essentielle d'*Eucalyptus citriodora* (Hook) à une concentration de 0,5 µL/mL, qui inhibe la germination de *Parthenium hysterophorus* L. (*Asteraceae*), alors qu'une concentration de 2 µL/mL réduit le contenu chlorophyllien de 56,57 % et l'activité respiratoire de 68 % [38].

Les huiles essentielles peuvent également être employées pour lutter contre les pucerons, les acariens, ou encore des parasites humains tels que les poux. *Myzus persicae*, ou puceron vert du pêcher, est un nuisible des plantes cultivées sous abri mais aussi en plein champ (colza, pomme de terre, laitue...). Des travaux ont montré que l'huile essentielle de *Flourensia oolepis* Blake exerce un effet répulsif et affecte l'alimentation et le comportement de ce nuisible, alors que les extraits de *Peganum harmala* sont efficaces aussi bien contre ce puceron que sur *Phthorimaea operculella* Zeller (teigne de la pomme de terre) avec des taux de mortalité assez importants. Les huiles essentielles d'*Origanum vulgare* (origan), de *Satureja hortensis* (sarriette commune), d'*Ocimum basilicum* (basilic) et de *Thymus vulgaris* (thym commun) présentent des propriétés acaricides envers certains acariens tels que *Tetranychus urticae* Koch (acarien) et *Bemisia tabaci* Genn (mouche blanche), ravageurs des productions végétales sous serre et sur terrain, et qui développent des résistances face aux insecticides de synthèse.

Dans le cas de la lutte contre les parasites humains, l'huile essentielle d'*Eucalyptus* s'est révélée plus efficace (0,125 mg/cm^2) que la solution commerciale (0,25 mg/cm^2) à l'encontre du pou humain (*Pediculus humanus capitis*). Des travaux ont également porté sur la recherche de bio-insecticides efficaces contre les moustiques [39]. Ces derniers représentent un vecteur de transmission de maladies comme la dengue, l'encéphalite japonaise, la malaria, et certaines maladies virales. La plupart d'entre eux semblent pouvoir rapidement développer des résistances aux divers insecticides de synthèse. Les huiles essentielles de nombreuses plantes ont été reconnues comme sources naturelles d'insecticides. Parmi ces huiles, citons celles de six chémotypes de *Cinnamomum osmophloeum* Kaneh, ou cannelle autochtone, qui ont un excellent effet toxique contre les larves de trois espèces de moustiques : *Aedes albopictus*, ou moustique tigre (originaire d'Asie du Sud-Est et de l'océan Indien, responsable de la transmission de l'encéphalite de Saint-Louis, de la dengue, du chikungunya), *Armigeres subalbatus* et *Culex quinquefasciatus*, eux aussi vecteurs de nombreuses maladies telles que la fièvre du Nil occidental et du paludisme aviaire. Cette toxicité serait due aux cinnamaldéhyde et benzaldéhyde présents dans ces huiles et dont les CL50 seraient inférieures à 50 µg/mL. *Aedes albopictus* est également sensible à l'action de l'huile essentielle de *Cryptomeria japonica*, ou cèdre du Japon, et plus particulièrement d'un de ses composés, « le terpinolène », dont la CL50 est égale à 22,0 µg/mL. Cette huile entraîne aussi 100 % de mortalité chez les larves d'*Aedes aegypti* après une exposition de 24 h à une dose de 200 µg/mL. Le D3-Carène, un des constituants de cette huile essentielle est plus efficace avec une CL50 égale à 25,3 µg/mL après 24 h. Ce moustique, principal vecteur de la dengue et de la fièvre jaune, est également sensible aux huiles d'*Hyptis fruticosa*, *H. pectinata* et *Lippia gracilis*, qui entraînent 100 % de mortalité après 24 h pour des concentrations respectives de 2, 1 et 0,3 g/L. Le pouvoir toxique élevé de l'huile de *Lippia gracilis* est dû à son composé majoritaire, le carvacrol (44,4 %), qui semble être le principe actif de cette huile (100 % de mortalité à 150 ppm).

Vu la diversité des plantes et des insectes, plusieurs autres études ont été menées et continuent à se faire. Le tableau 3 donne un aperçu sur certaines plantes et insectes investigués [15].

Tableau 3. Activité insecticide de certaines huiles essentielles.

Plantes	Familles	Insectes
Artemisia sieberi	*Asteraceae*	*Callosobruchus maculatus* *Sitophilus oryzae (L.)* *Tribolium castaneum*
Brassica juncea (moutarde brune, moutarde chinoise)	*Brassicaceae*	*Sitophilus oryzae (L.)* *Callosobruchus chinensis* *Lasioderma serricorne*
Callistemon sieberi (goupillon, rince-bouteille)	*Myrtaceae*	*Sitophilus oryzae (L.)* *Tribolium castaneum* *Rhyzopertha dominica (F.)*
Chamaecyparis obtusa (Cyprès du Japon)	*Cupressaceae*	*Callosobruchus chinensis*
Chenopodium ambrosioides (fausse ambroisie, herbe aux vers, thé du Mexique)	*Chenopodiaceae*	*Callosobruchus chinensis* *Sitophilus zeamais* *Sitophilus granarius*
Cinnamomum cassia (cannelier de Chine)	*Lauraceae*	*Sitophilus oryzae (L.)* *Callosobruchus chinensis* *Lasioderma serricorne*
Cinnamomum zeylanicum (cannelier de Ceylan)	*Lauraceae*	*Culex quinquefasciatus* *Aedes aegypti* *Anopheles stephensi*
Cocholeria aroracia	*Brassicaceae*	*Sitophilus oryzae (L.)* *Callosobruchus chinensis* *Lasioderma serricorne*
Cuminum cyminum (cumin)	*Ombelliferae*	*Tribolium confusum* *Ephestia kuehniella*
Cupressus sempervirens (cyprès commun)	*Cupressaceae*	*Tribolium confusum* *Sitophilus zeamais*
Cymbopogon schoenanthus (lemongrass)	*Poaceae*	*Callosobruchus maculatus*
Eucalyptus nicholii *Eucalyptus codonocarpa* *Eucalyptus blakelyi* (gommier)	*Myrtaceae*	*Sitophilus oryzae (L.)* *Tribolium castaneum* *Rhyzopertha dominica (F.)*
Eucalyptus saligna (gommier)	*Myrtaceae*	*Tribolium confusum* *Sitophilus zeamais* *Sitophilus oryzae (L.)*
Eucalyptus globulus (eucalyptus commun ou gommier bleu)	*Myrtaceae*	*Acanthoscelides obtectus*
Eucalyptus camaldulensis (gommier de Camaldoli ou gommier des rivières)	*Myrtaceae*	*Tribolium confusum* *Ephestia kuehniella*
Eletaria cardamomum (cardamome)	*Zingiberaceae*	*Sitophilus zeamais* *Tribolium castaneum*
Flourensia oolepis Blake	*Asteraceae*	*Tribolium castaneum* *Myzus persicae (Sulzer)*
Juniperus macropoda (genévrier Pashthani)	*Cupressaceae*	*Culex quinquefasciatus* *Aedes aegypti* *Anopheles stephensi*

Plantes	Familles	Insectes
Lavandula hybrida (lavandin)	*Lamiaceae*	*Acanthoscelides obtectus*
Melaleuca armillaris (arbre à thé, cajeputier)	*Myrtaceae*	*Sitophilus oryzae (L.)* *Tribolium castaneum* *Rhyzopertha dominica (F.)*
Melaleuca fulgens	*Myrtaceae*	*Sitophilus oryzae (L.)* *Tribolium castaneum* *Rhyzopertha dominica (F.)*
Melaleuca quinquenervia (niaouli, goménol)	*Myrtaceae*	*Callosobruchus maculatus*
Ocimum basilicum (basilic, pistou)	*Lamiaceae*	*Callosobruchus maculatus*
Ocimum gratissimum L. (basilic tropical)		
Origanum syriacum var. bevanii	*Lamiaceae*	*Tribolium confusum* *Ephestia kuehniella*
Pimpinella anisum (anis officinal)	*Ombelliferae*	*Tribolium confusum* *Ephestia kuehniella*
		Culex quinquefasciatus *Aedes aegypti* *Anopheles stephensi*
Rosmarinus officinalis (romarin officinal)	*Lamiaceae*	*Culex quinquefasciatus* *Aedes aegypti* *Anopheles stephensi*
		Rhizopertha dominica (F.)
		Acanthoscelides obtectus
		Tribolium confusum
		Tribolium confusum *Ephestia kuehniella*
Salvia hydrangea (sauge)	*Lamiaceae*	*Tribolium confusum* *Sitophilus granarius*
Thymus vulgaris (thym commun)	*Lamiaceae*	*Rhizopertha dominica (F.)* *Sitophilus oryzae (L.)* *Tribolium castaneum*
Zingiber officinalis (gingembre)	*Zingiberaceae*	*Culex quinquefasciatus* *Aedes aegypti* *Anopheles stephensi*

Il ressort de ces divers travaux qu'un bon nombre d'huiles essentielles présentent des propriétés insecticides remarquables vis-à-vis de différentes espèces d'insectes. Ces potentialités pourraient être valorisées en vue de leur utilisation comme alternative intéressante aux pesticides de synthèse, aussi bien dans le domaine de la conservation des denrées alimentaires que dans la protection des cultures et de la santé humaine. Néanmoins, bien que d'origine naturelle, il reste que des études sur leur éventuelle toxicité doivent être entreprises pour éviter de retomber dans les mêmes problèmes engendrés par les insecticides de synthèse.

Mode d'action des HE

L'activité phytoprotectrice des plantes serait due aux métabolites secondaires tels que les huiles essentielles, les terpénoïdes, les polyphénols, les stéroïdes et les alcaloïdes qu'elles synthétisent pour se protéger contre les agents phytopathogènes et les ravageurs.

Plusieurs études ont montré que les huiles essentielles présentaient des propriétés insecticides, herbicides, nématicides, acaricides, virocides, bactéricides et fongicides. Leur toxicité peut être par contact, inhalation (fumigation), ingestion, ou par combinaison de ces modes. Elles peuvent être toxiques aussi bien vis-à-vis des insectes adultes que des larves et des œufs, et leur action peut se manifester de différentes manières. Elles interviennent comme poison et neurotrope sur le système nerveux des insectes. Leur action peut également affecter les mécanismes de la respiration cellulaire : soit en inhibant les oxydations cellulaires par interruption du transfert dans la chaîne respiratoire, soit par asphyxie suite à la formation d'un film imperméable isolant l'insecte de l'air. Elles peuvent également avoir un pouvoir anti-appétant entraînant un retard de croissance ou une inhibition de l'activité enzymatique.

Ces différentes propriétés sont liées à la composition chimique des HE qui reste assez complexe, aux groupes fonctionnels des composés majoritaires (alcools, phénols, composés terpéniques et cétoniques) et à leurs effets synergiques. Il est à noter que ces effets de synergie peuvent également concerner les composés minoritaires. Aussi, la valeur d'une huile essentielle dépend de l'intégralité de ses constituants et pas seulement de ses composés majoritaires.

Références

1. M. Bourkhiss, M. Hnach, J. Paolini, J. Costa, A. Farah, B. Satrani, « Propriétés antioxydantes et anti-inflamatoires des huiles essentielles des différentes parties de *Tetraclinis articulata* (VAHL) Masters du Maroc », *Bulletin de la Société royale des sciences de Liège*, **2010**, *79*, 141-154.
2. J.L. Mau., P.N. Huang, S.I. Huang, C.C. Chen, « Antioxidant properties of methanolic extracts from two kinds of *Antrodia camphorate mycella* », *Food Chemistry*, **2004**, 86, 25-31.
3. H. Chavéron, « Molécules toxiques », in *Introduction à la toxicologie nutritionnelle*, Paris, Lavoisier, *TEC & DOC*, **1999**, p. 98.
4. F. Bakkali, S. Averbeck, D. Averbeck, M. Idaomar, « Biological effects of essential oils. A review », *Food and Chemical Toxicology*, **2008**, 46, 446-475.
5. M. Karpinska, J. Borowski, M. Danowska-Oziewicz, « The use of natural antioxidants in ready to serve food », *Food Chemistry*, **2001**, 72, 5-9.
6. V. Hulin, A.-G. Mathot, P. Mafart, L. Dufosse, « Les propriétés antimicrobiennes des huiles essentielles et composés d'arômes », *Sciences des aliments*, **1998**, 18, 563-582.

7. J. Pokorny, N. Yanishlieva, M. Gordon (dir.), *Antioxidants in food*, Cambridge, England, Woodhead Publishing Limited and CRC Press LLC, **2001**.
8. F. Chemat, M. Abert-Vian, O. Dangles, « Essential oils as antioxidants », *International Journal of Essential oil Therapeutics*, **2007**, I, 4-15.
9. E.A. Decker, K. Warner, M.P. Richards, « Measuring antioxidant effectiveness in Food », *J. Agric. Food Chem*, **2005**, 53, 4303-4310.
10. A. Somogyi, K. Rosta, P. Pusztai, Z. Tulassay, G. Nagy, « Antioxidant measurements », *Physiol. Meas*, **2007**, 28, R41-R55.
11. M. Estévez, R. Cava, « Effectiveness of rosemary essential oil as an inhibitor of lipid and protein oxidation. Contradictory effects in different types of frankfurters », *Meat Science*, **2006**, 72, 348-355.
12. A.L. Branen, P. Davidson, « Use of antioxydants in self-preserving cosmetic and drug formulation », in J.J. Kabara, D.S. Orth (dir.), *Preservative-Free and self-Preservating Cosmetics and Drugs. Principles and Partices*, Marcel Dekker, **1996**, 159-179.
13. K.M. Schaich, « Lipid oxidation : theoretical aspects », in *Bailey's Industrial Oil and Fat Products*, New Jersey, Wiley and Blackwell, **2005**, 1, 269-355.
14. S. Burt, « Essential oils : their antibacterial properties and potential applications in foods. A review », *Int. J. Food Microbiol.*, **2004**, *94*, 223-253.
15. F. Chemat, V.K. Varshney, K. Allaf, « Essential oils and aromas : green extractions and applications, Prem Nagar, H.K. Bhalla & Sons, **2009**.
16. F. Solorzano-Santos, M.G. Miranda-Novales, « Essential oils from aromatic herbs as antimicrobial agents », *Curr. Opin. Biotechnol.*, **2011**, *23*, 1-6.
17. P. Lopéz, C. Sanchez, R. Batlle, C. Nerin, « Solid and vaporphase antimicrobial activities of six essential oils : susceptibility of selected foodborne bacterial and fungal strains », *J. Agric. Food Chem.*, **2005**, 53, 6939-6946.
18. N. Sahraoui, A. Hellal, C. Boutekedjiret, F. Bentahar, J.-M. Bessière, « Antimicrobial activities of essential oils of some Algerian aromatic plants », *Int. J. Essent. Oil Therapeutics*, **2007**, *1*, 83-90.
19. M. Oussalah, S. Caillet, L. Saucier, M. Lacroix, « Inhibitory effects of selected plant essential oils on the growth of four pathogenic bacteria : *E. coli* O157:H7, *Salmonella typhimirium, Staphylococcus aureus* and *Listeria monocytogenes* », *Food Control*, **2007**, *18*, 414-420.
20. G.O. Onawunmi, « Evaluation of the antimicrobial activity of citral », *Lett. Appl. Microbiol.*, **1989**, *9*, 105-108.
21. K. Fisher, C. Phillips, « In vitro inhibition of vancomycin-susceptible and vancomycin-resistant *Enterococcus faecium* and *E. faecalis* in the presence of citrus essential oils », *Br. J. Biomed. Sci.*, **2009**, *66*, 180-185.
22. M.E. Guynot, S. Marin, L. Setu, V. Sanchis, A.J. Ramos, « Screening for antifungal activity of some essential oils against common spoilage fungi of bakery products », *Food Sci. Technol. Inter.*, **2005**, *11*, 25-32.
23. R.R. Becerril, L. Gómez, P. Goñi, P. López, C. Nerín, « Combination of analytical and microbiological techniques to study the antimicrobial activity of a new active food packaging containing cinnamon or oregano against *E. coli* and *S. aureus* », *Anal. Bioanal. Chem.*, **2007**, *388*, 1003-1011.

24. F. Pisseri, A. Bertoli, L. Pistelli, « Essential oils in medicine : principles of therapy », *Parassitologia,* **2008**, *50*, 89-91.

25. M.C. Pibiri, *Assainissement microbiologique de l'air et des systèmes de ventilation au moyen d'huiles essentielles*, Thèse, École polytechnique fédérale de Lausanne, **2005**, 177 p.

26. K.A. Hammer, C.F. Carson, T.V. Riley, « Antimicrobial activity of essential oils and other plant extracts », *Journal of Applied Microbiology*, **1999**, *86*, 985-990.

27. S. Kunicka-Styczynska, D. Kalembz, « Antimicrobial activity of lavender, tea tree and lemon oils in cosmetic preservative systems », *Journal of Applied Microbiology*, **2009**, *107*, 1903-1911.

28. F.V. Romeo, S. Deluca, A. Piscopo, M. Poiana, « Antimicrobial effect of some Essential Oils », *Journal of Essential Oil Research*, **2008**, *20*, 373-379.

29. F. Dajoz, *Les Insecticides*, Paris, Presses universitaires de France, **1969**.

30. H. Saiyed, A. Dewan, V. Bhatnagar, U. Shenoy, R. Shenoy, H. Rajmohan, K. Patel, R. Kashyap, P. Kulkarni, B. Rajan, « Effect of endosulfan on male reproductive development », *Environ. Health Perspect.*, **2003**, 11, 1958-1962.

31. G. Lemaire, B. Terouanne, P. Mauvais, S. Michel, R. Rahmani, « Effect of organochlorine pesticides on human androgen receptor activation in vitro », *Toxicology Applied Pharmacology*, **2004**, 196, 235-246.

32. A.T. Fisk, K.A. Hobson, R.J. Norstrom, « Influence of chemical and biological factors on trophic transfer of persistent organic pollutants in the northwater polynya marine food web », *Environemental Science Technology*, **2001**, 35, 732-738.

33. A. Oliva, A. Spira, L. Multigner, « Contribution of environmental factors to the risk of male infertility », *Human Reproduction*, **2001**, 16(8), 1768-1776.

34. I. Baldi, P. Lebailly, B. Mohammed-Brahim, L. Letenneur, J.F. Dartigues, P. Brochard, « Neurodegenerative diseases and exposure to pesticides in the elderly », *American Journal of Epidemiology*, **2003**, 157(5), 409-414.

35. D.J. Finney, *Probit Analysis. A Statistical Treatment of the Sigmoid Response Curve*, Cambridge University Press, **1971**, 318 p.

36. G.N. Agrios, *Plant pathology*, Elsevier Academic Press, **2005**, 5e édition, 922 p.

37. M.B. Isman, « The role of botanical insecticides, deterrents and repellents in modern agriculture and an increasingly regulated word », *Annual Revue Entomology*, **2006**, 51, 45-66.

38. P. Singh, D.R. Batish, N. Setia, R.K. Kohli, « Herbicidal activity of volatile oils from *Eucalyptus citriodora* (Hook) against *Parthenium hysterophorus* L. », *Annals of Applied Biology*, **2005**, 146, 89-94.

39. S.S. Cheng, J.Y. Liu, C.G. Huang, Y.R. Hsui, W.J. Chen, S.T. Chang, « Insecticidal activities of leaf essential oils from *Cinnamomum osmophloeum* against three mosquito species », *Bioresource Technology*, **2009**, 100, 457-464.

Chapitre 4.3.

Les huiles essentielles comme ingrédients pour une chimie « verte »

Sylvain Antoniotti[1], Maryline Abert Vian[2], Farid Chemat[2]
Correspondance : sylvain.antoniotti@unice.fr

Les substances naturelles d'origine végétale, en général, et les huiles essentielles, en particulier, constituent une source renouvelable très attractive de produits de départ pour la synthèse organique, qui aujourd'hui utilise majoritairement des substances issues du pétrole.

Introduction

Composition des huiles essentielles

Au cours des chapitres précédents, nous avons vu la richesse, en termes de diversité structurale, des molécules organiques entrant dans la composition des huiles essentielles. Même si dans une grande majorité, cette diversité s'exprime sous la forme de mélanges de complexité variable, dans certains cas, un petit nombre de composés peuvent constituer la majeure partie de la composition de l'huile essentielle (cas du limonène dans les essences de citrus, de la pulégone dans la menthe pouliot, du linalol dans la coriandre). Il devient alors envisageable d'isoler ces composés par une étape de distillation supplémentaire et de les utiliser comme matières premières pour la chimie de base ou pour la chimie fine. La chimie fine est cette branche de la chimie de synthèse qui s'intéresse à la production de molécules à haute valeur ajoutée et présentant un certain degré de complexité (principes actifs pharmaceutiques ou cosmétiques, molécules odorantes ou aromatisantes, monomères pour les matériaux high-tech, produits phytosanitaires).

---

1. Institut de chimie de Nice (ICN), UMR 7272 Université de Nice-Sophia-Antipolis - CNRS, parc Valrose, 06108 Nice Cedex 2.
2. Université d'Avignon et des pays de Vaucluse, INRA, UMR 408, Sécurité et qualité des produits d'origine végétale, 84000 Avignon.

Métabolisme primaire et secondaire

Les organismes vivants disposent d'un arsenal d'enzymes dont la fonction est de catalyser les réactions chimiques du métabolisme. On distingue le métabolisme primaire, qui permet à l'organisme d'assurer sa croissance, sa survie et son développement, du métabolisme secondaire, qui permet à l'organisme d'interagir avec son environnement (communication, défense, adaptation). On considère souvent d'une façon globale que les métabolites primaires sont communs à tous les êtres vivants (acides nucléiques, acides aminés, glucides, acides gras, etc.), alors que les métabolites secondaires sont plus spécifiques des genres, voire des espèces (terpénoïdes, stéroïdes, polycétides, dérivés phénoliques, peptides particuliers).

Il y a un parallèle entre la complexité et la diversité moléculaire des métabolites secondaires et les rôles qu'ils remplissent dans la vie de l'organisme. Cette complexité va donc pouvoir servir de base à l'élaboration de molécules plus complexes.

En ce qui concerne la composition des huiles essentielles, qui constitue la fraction volatile de ce métabolisme secondaire, les métabolites que l'on rencontre sont essentiellement d'origine terpénoïde ou phénolique et dépassent rarement 350 g/mol de masse molaire (Figure 1).

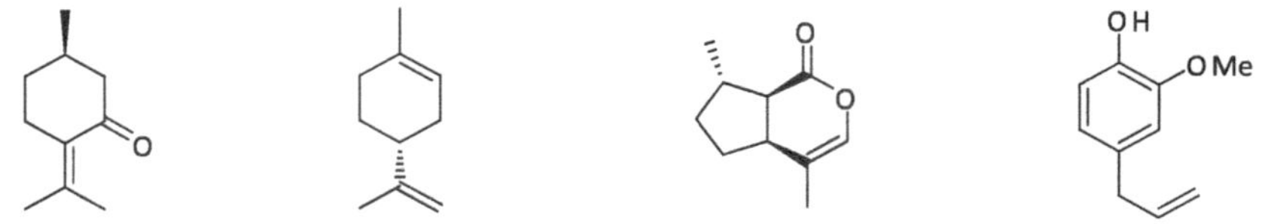

(*R*)-Pulégone (*R*)-Limonène (4a*S*,7*S*,7a*R*)-Nepeta lactone Eugénol

Figure 1. Exemples de composés volatils que l'on trouve dans les huiles essentielles.

Ces composés peuvent présenter des insaturations, des groupes fonctionnels ou des carbones asymétriques qui peuvent être mis à profit dans une synthèse où ils serviront de point de départ à des modifications fonctionnelles.

Synthèse organique et pétrochimie

On considère que la synthèse organique est née en 1828 avec la préparation, accidentelle, d'urée par chauffage d'acide cyanhydrique et d'ammoniac par Friedrich Wöhler. Outre son caractère fortuit – ce que l'on appelle la *sérendipité* et que l'on rencontre si souvent sur le chemin des découvertes scientifiques –, cette synthèse a mis en défaut la théorie du fluide vital de l'influent chimiste suédois Jöns Jacob Berzelius, selon laquelle la synthèse des molécules du vivant nécessiterait, en plus des éléments chimiques, l'intervention d'un « fluide vital » de nature plus ou moins déterminée et qui échapperait aux lois de la physique.

Au cours du XIXe siècle, de nombreuses molécules organiques ont été isolées ou préparées par les chimistes européens, formés à l'école française et à l'école allemande, mais c'est surtout au XXe siècle que les progrès les plus spectaculaires de la synthèse organique ont été enregistrés, avec les nombreuses synthèses totales réalisées, comme par exemple celles de E.J. Corey et R.B. Woodward, tous deux professeurs de chimie à l'université d'Harvard aux États-Unis, et les avancements considérables qu'elles ont permis dans le domaine de la méthodologie de synthèse, de l'élucidation structurale, de la compréhension des mécanismes réactionnels et dans la compréhension et le contrôle de l'énantiosélectivité [1].

Les progrès de la synthèse organique ont en partie évolué avec la qualité des matières premières, substrats, solvants et réactifs, à la disposition des chimistes. La complexité et les fonctionnalités d'un produit de départ sont, en effet, autant d'efforts en moins dans le déroulement ultérieur de la synthèse. L'évolution de la pétrochimie et la multiplication des produits de base mis à disposition par la pétrochimie ont ainsi participé à cet essor, en fournissant les substrats carbonés de départ nécessaires au chimiste organicien. On considère aujourd'hui que 70 à 90 % des atomes de carbone utilisés en chimie organique sont d'origine fossile [2].

Au-delà de l'intérêt dans le développement d'une chimie durable qu'il y a à se servir de la biomasse comme source de molécules de départ, il y a donc également un intérêt stratégique, la ressource pétrole étant vouée à se raréfier.

Dans le domaine de la synthèse énantiosélective, particulièrement important pour l'industrie pharmaceutique, la possibilité de disposer de produits de départ chiraux est un atout supplémentaire offert par la biomasse, par rapport à la pétrochimie.

Synthèse organique et chimie verte

Chimie verte

La fin du XXe siècle a vu se développer une réflexion initiée dans le milieu académique et ayant pour objet l'alignement de la pratique de la chimie sur les notions de développement durable. Jusque-là, l'évaluation de la performance d'une synthèse reposait essentiellement sur le rendement en produit désiré, et la réponse à la pollution consistait en la dilution de celle-ci. C'est en 1998 que Paul Anastas et John Warner, de l'EPA (*Environment protection agency*, l'agence américaine de protection de l'environnement), ont édicté les fameux douze principes de la chimie verte (Tableau 1), basés essentiellement sur du bon sens qui pourtant avait fait défaut jusque-là [3].

Tableau 1. Les douze principes de la chimie verte.

1. Éviter les déchets.
2. Maximiser l'économie d'atomes.
3. Concevoir des synthèses chimiques moins dangereuses.
4. Concevoir des produits chimiques plus sûrs.
5. Utiliser des solvants et des conditions de réaction plus sûrs.
6. Augmenter l'efficacité énergétique.
7. Employer des matières premières renouvelables.
8. Éviter d'utiliser des dérivés chimiques.
9. Utiliser des catalyseurs, et non pas des réactifs stœchiométriques.
10. Concevoir des produits chimiques qui se dégradent après usage.
11. Analyser en continu pour éviter la pollution inutile.
12. Limiter les risques d'accident.

Le septième principe a pour objet l'emploi de matières premières renouvelables, sous-entendu renouvelables à une échelle de temps compatible avec celle de l'activité humaine, et donc d'origine non fossile.

L'utilisation de substances naturelles telles que celles que l'on peut trouver dans les huiles essentielles permet donc d'envisager une chimie bio-sourcée, durable au sens où elle ne se base pas sur des ressources épuisables et, également, car l'empreinte des produits de la pétrochimie sur l'environnement est plus lourde que celle des produits d'origine végétale, fussent-ils obtenus par distillation.

Ces principes sont miscibles entre eux et l'on peut cumuler les principes de la chimie verte dans l'élaboration de nouvelles synthèses, par exemple en combinant la catalyse enzymatique et l'utilisation de produits de départ d'origine naturelle [4].

Hémisynthèse

L'hémisynthèse est une stratégie de synthèse organique basée sur l'emploi d'un produit de départ issu de la biomasse. Restera donc au chimiste à « achever » la synthèse du produit cible, son travail étant censé être facilité par l'utilisation de ce produit de départ déjà élaboré. Souvent, c'est sur la qualité chirale des produits de départ que le bénéfice est manifeste, attendu qu'il est plus facile de conserver ou d'induire de la chiralité par le substrat que de l'introduire sur un substrat achiral (Figure 2).

Commodités *vs* chimie fine

On distingue dans la chimie industrielle les produits dits de commodité des produits de spécialité. La première catégorie concerne des produits plutôt simples du point de vue structural, à faible valeur ajoutée mais fabriqués dans de gros volumes, dans des usines spécialisées et selon des procédés en continu optimisés et automatisés. La seconde catégorie concerne plutôt les produits de performance plus élaborés, à haute valeur ajoutée, typiquement fabriqués à de plus petits volumes.

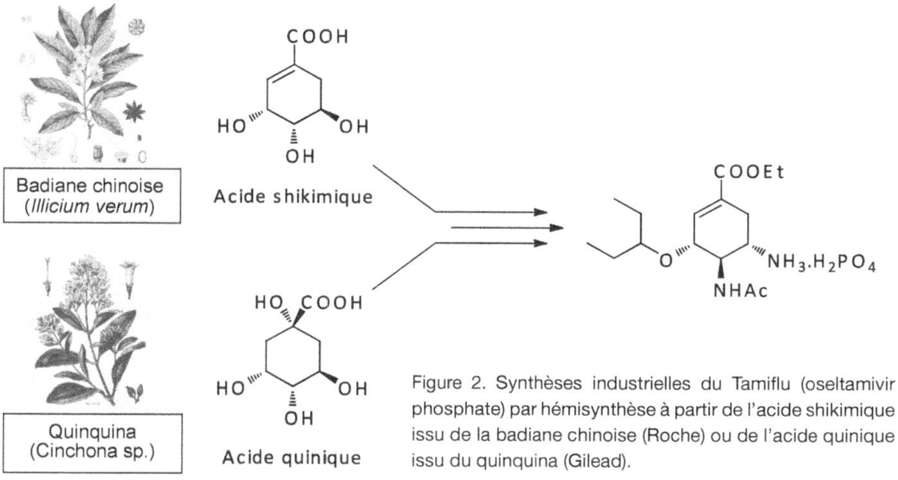

Figure 2. Synthèses industrielles du Tamiflu (oseltamivir phosphate) par hémisynthèse à partir de l'acide shikimique issu de la badiane chinoise (Roche) ou de l'acide quinique issu du quinquina (Gilead).

Les ressources naturelles renouvelables ne sont pas réservées à l'usage de la chimie de spécialité et de ses produits complexes et parfois chiraux, mais également à la chimie de commodité, certains composés comme l'α-pinène **1** étant disponible en grande quantité en provenance de l'industrie du bois et du papier.

Sources pour la chimie de base à gros volumes

La source la plus importante en volume de composés organiques volatils est l'essence de térébenthine, qui constitue 30 % de la résine des pins. Elle est un sous-produit de l'industrie papetière et la production mondiale annuelle a été de plus de 330 000 tonnes en 1995, ce qui en fait un produit abondant et bon marché [5]. Sa composition est généralement riche en pinènes, notamment 60 % d'α-pinène **1** et son isomère le β–pinène **2**, avec des variations interespèces quant à leurs proportions respectives. Certains pins d'Inde conduisent majoritairement au Δ3–carène **3**, et des pins de Californie comme *Pinus ponderosa* ou *Pinus sabiniana* donnent même une essence quasi pure en heptane **4**.

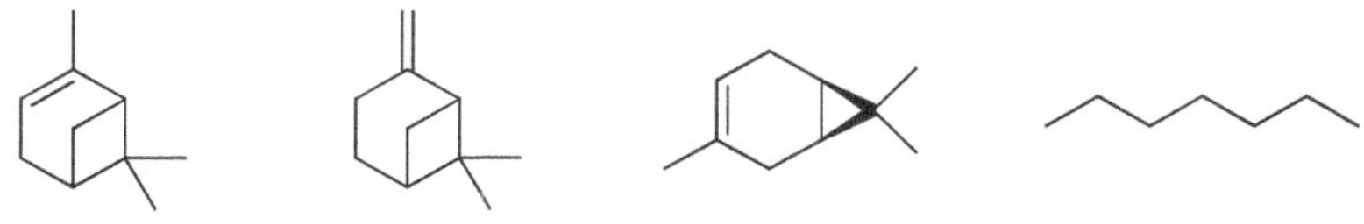

1 **2** **3** **4**

Figure 3. α-pinène **1** et β-pinène **2**, Δ3-carène **3** et heptane **4**, issus de l'essence de térébenthine.

L'α-pinène **1** peut être converti en oxyde de pinène **5** par époxydation de la double liaison, lui-même converti ensuite en aldéhyde campholénique **6**, dont la principale application est la synthèse d'odorants synthétiques à odeur de bois de santal comme les alcools **7-10** (Figure 4) [6].

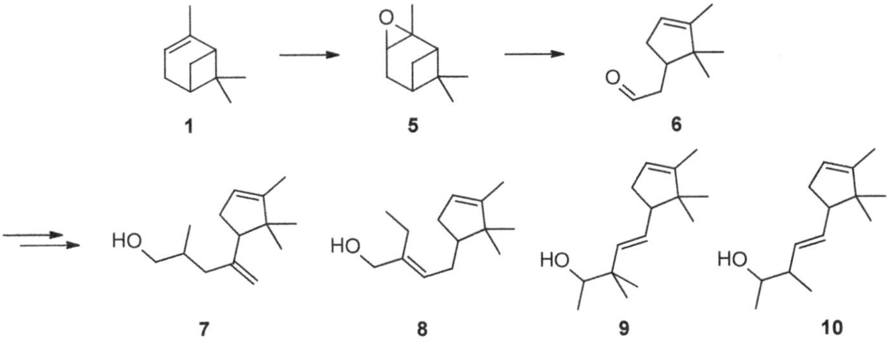

Figure 4. Synthèse de divers alcools à odeur de santal à partir de l'α-pinène **1**.

En milieu acide de Bronsted ou acide de Lewis, l'α-pinène **1** peut être fonctionnalisé par addition de nucléophiles et ouverture de cycle. En présence de triflate d'étain (IV), l'addition d'alcools simples comme le méthanol conduit à des éthers cycliques tels que l'éther **11** *via* la formation d'un cation terpinéyle [7]. En présence de chlorure d'indium (III), l'addition d'acide thioacétique conduit au thioester **12**, formé en revanche *via* la formation d'un cation allylique (Figure 5) [8].

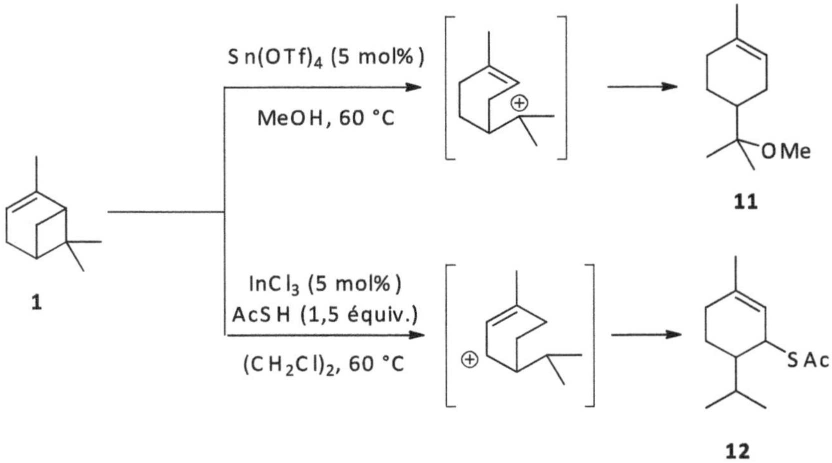

Figure 5. Ouverture nucléophile de l'α-pinène **1** par MeOH ou par AcSH et divergence de réactivité.

L'isomère de position de l'α-pinène **1**, le β-pinène **2**, peut lui être utilisé pour produire le myrcène **13** par chauffage. Ce dernier peut être à son tour converti en produits de base comme l'acide succinique **14** par oxydation, ou en produits de chimie fine comme le myrac aldéhyde **15**, à odeur de muguet, obtenu par cycloaddition [4+2] de type Diels-Alder avec l'acroléine **16** (Figure 6) [9].

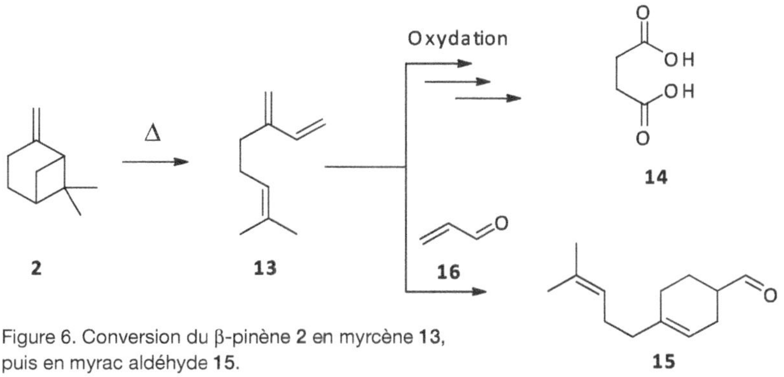

Figure 6. Conversion du β-pinène **2** en myrcène **13**, puis en myrac aldéhyde **15**.

De nombreuses autres réactions peuvent être appliquées aux pinènes (isomérisation, hydratation, hydrogénation, déshydrogénation) pour conduire à des produits d'intérêt en chimie fine comme produits de départ ou comme produits finis notamment dans l'industrie de la parfumerie, les terpinéols, carènes, cymènes, myrcène, camphène, camphre étant les principaux.

Le myrcène **13**, après conversion en amine allylique par réduction en présence de diéthylamine, conduit par exemple au citronellal **17** (+) ou (–) par isomérisation asymétrique en énamine chirale catalysée par un complexe chiral du rhodium. La configuration absolue du carbone 3 du citronellal **17** ainsi obtenu dépend de la configuration absolue du ligand BINAP associé au rhodium et de la stéréochimie (*Z*) ou (*E*) de l'amine allylique de départ. Cette méthodologie est utilisée dans la synthèse industrielle du (–)-menthol **18** (Figure 7) [10].

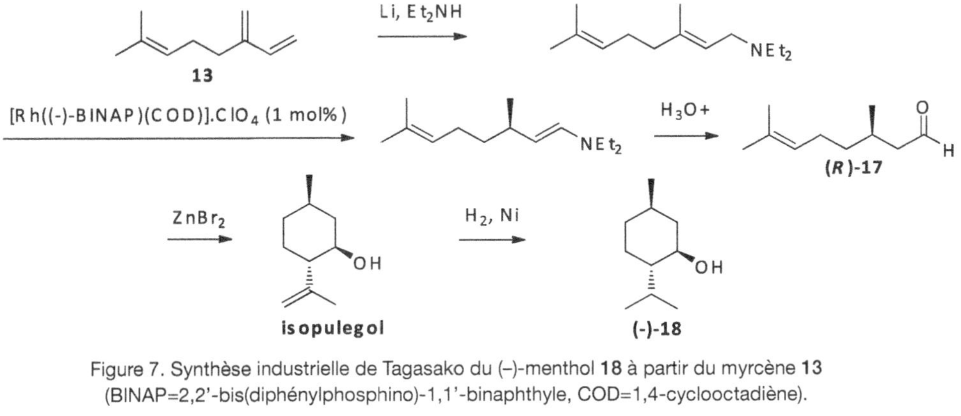

Figure 7. Synthèse industrielle de Tagasako du (–)-menthol **18** à partir du myrcène **13** (BINAP=2,2'-bis(diphénylphosphino)-1,1'-binaphthyle, COD=1,4-cyclooctadiène).

Le limonène **19** est un terpène que l'on trouve abondamment dans l'huile de peau d'orange ou de citron (dont il peut représenter 90 % de la composition), et constitue un sous-produit de l'industrie des jus d'agrumes. La production mondiale annuelle de limonène **19** a été de 30 000 tonnes en 2004, ce qui en fait un composé de choix pour des applications à gros volume [5]. Le plus courant est l'isomère (+) qui provient de l'orange, alors que l'isomère (–) est plus rare. Le limonène **19** est, par exemple, un précurseur du *para*-menth-1-ène-8-thiol **20**, un composé à note de pamplemousse parmi les plus puissants avec un seuil de perception de l'ordre de 10^{-5} ppb (Figure 8) [11].

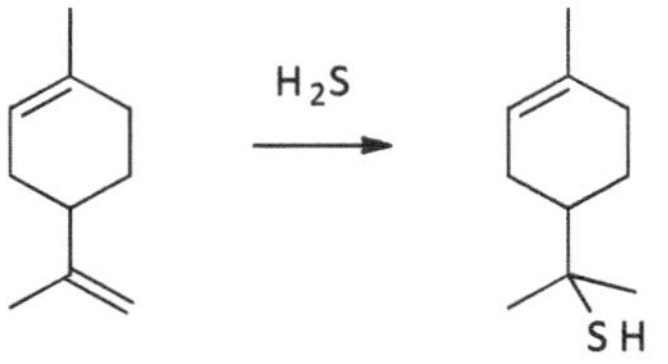

19 **20**

Figure 8. Addition d'H_2S au limonène **19** pour conduire au para-menth-1-ène-8-thiol **20**.

Une réaction d'importance industrielle basée sur le (+)-limonène **19** est l'accès à la (–)-carvone **21** par formation du chloronitrosyle **22**, puis de l'oxime **23** (Figure 9).

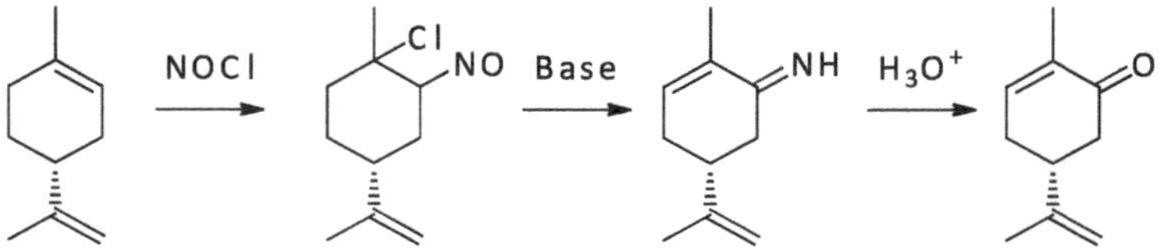

(+)-19 **22** **23** **(-)-21**

Figure 9. Synthèse de la (–)-carvone **21** à partir du (+)-limonène **19**.

Chimie fine

Après les composés employés industriellement, nous allons passer en revue quelques exemples d'applications en chimie fine, avec l'accès à des molécules plus élaborées.

Citral

Le citral **24** est un terpénoïde de formule brute $C_{10}H_{16}O$ correspondant à une forme insaturée du citronellal. Outre sa présence en petites quantités dans de nombreuses huiles essentielles, on le trouve abondamment dans l'huile essentielle de citronnelle (*Cymbopogon citratus*), dont il peut représenter jusqu'à 85 % de la composition, sous

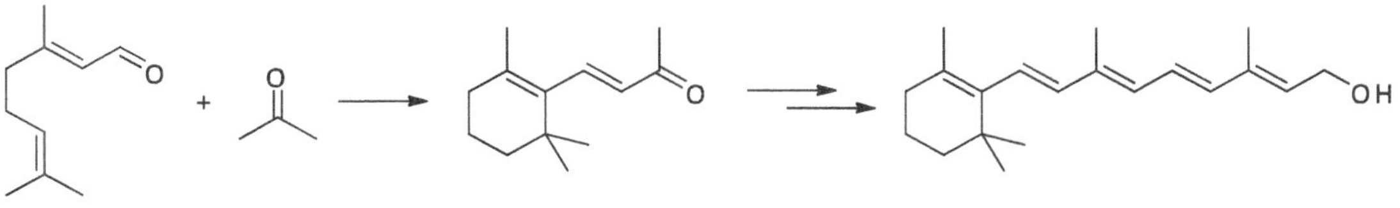

24 25 26

Figure 10. Synthèse de la vitamine A **26** (rétinol) à partir du citral (E)-**24** (géranial).

la forme d'un mélange d'isomères (*Z*) et (*E*) (néral et géranial). Ses insaturations et sa fonction aldéhyde permettent d'envisager de nombreuses réactions conduisant à des produits plus complexes comme l'ionone **25** et la vitamine A **26** débutant par une réaction d'aldolisation avec l'acétone (Figure 10) [12].

Valencène

Le valencène **27** est un sesquiterpène de formule brute $C_{15}H_{24}$ présentant un squelette bicyclique consistant en deux cyclohexanes fusionnés. Il tire son nom de sa présence abondante dans l'huile essentielle de peau d'orange de Valence (*Citrus sinensis*), ce qui en fait une ressource naturelle bon marché, et dans laquelle on trouve le stéréoisomère (+). L'application la plus importante du (+)-valencène **27** en synthèse organique est pour l'accès à la (+)-nootkatone **28**, ingrédient aromatique très utilisé pour sa note caractéristique de pamplemousse, pour lequel de nombreuses voies de synthèse, incluant des procédés biocatalytiques, ont été décrites (Figure 11) [13].

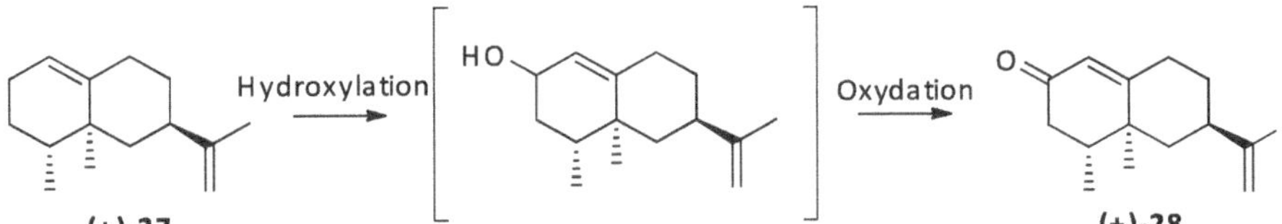

(+)-27 (+)-28

Figure 11. Oxydation du (+)-valencène **27** en (+)-nootkatone **28**.

Pulégone

La pulégone **29** est un terpénoïde de formule brute $C_{10}H_{16}O$ présentant un groupement carbonyle conjugué à une double liaison. Elle peut représenter jusqu'à 83 % de la composition de l'huile essentielle de menthe pouliot (*Mentha pulegium*), où elle se trouve sous forme de l'énantiomère (*R*) [14]. La présence du motif carbonyle α,β-insaturé fait de la pulégone **29** un bon accepteur de Michæl et a conduit à de nombreuses synthèses de produits d'intérêt en chimie des arômes, en parfumerie ou en chimie médicinale, mettant à profit sa qualité énantiopure [15]. Par exemple, l'addition d'H_2S conduit à la 8-thio-*para*-menthan-3-one **30**, utilisée pour son odeur

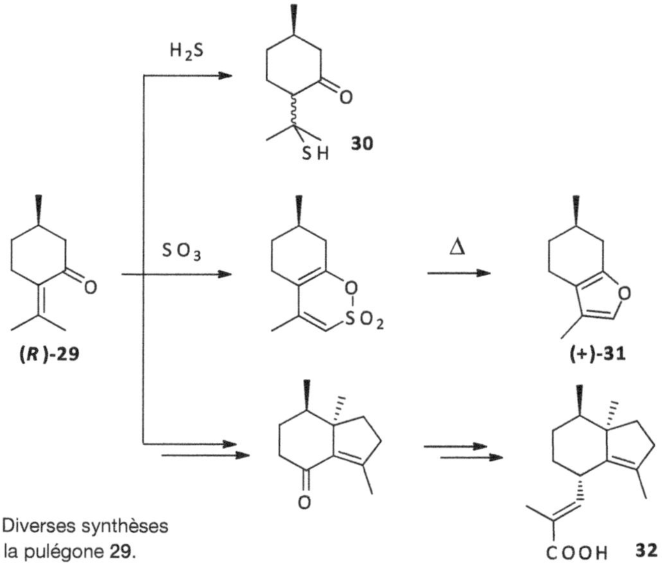

Figure 12. Diverses synthèses à partir de la pulégone **29**.

typique de cassis, de même que l'addition d'AcSH suivie d'hydrolyse enzymatique [8]. Le traitement par SO_3/H_2SO_4 suivi de chauffage conduit au (+)-menthofurane **31**, ingrédient clé de l'arôme de peppermint. La synthèse totale de l'acide valérenique **32**, que l'on trouve à l'état naturel dans la valériane (*Valeriana officinalis* L.) et qui est supposé être à l'origine des propriétés sédatives de celle-ci, a été réalisée en seize étapes à partir de (*R*)-**29** (Figure 12).

Népétalactone

La népétalactone **33** est un terpénoïde de formule brute $C_{10}H_{14}O_2$ consistant en deux cycles fusionnés, et présentant une fonction lactone d'énol et trois carbones asymétriques. Ces caractéristiques permettent d'envisager de nombreuses réactions qui permettront d'accéder à des produits chiraux. On trouve la népétalactone **33** dans l'huile essentielle d'herbe à chat (*Nepeta cataria*), à hauteur de 70 à 90 %. Elle a été utilisée sous sa forme *trans,trans*, la plus courante dans les huiles essentielles, comme produit de départ pour réaliser la synthèse totale de la (+)-englerine A **34**, un sesquiterpène à squelette guaiane possédant des propriétés anti-tumorales (Figure 13) [16].

Le produit *trans,trans*-**33** peut également être converti en iridodial **35**, qui est une phéromone d'insectes comme *Chrysoperla rufilabris*, par ouverture nucléophile de la lactone d'énol, protection de l'aldéhyde ainsi formé sous forme de dioxolane, puis réduction ménagée et déprotection (Figure 14) [17].

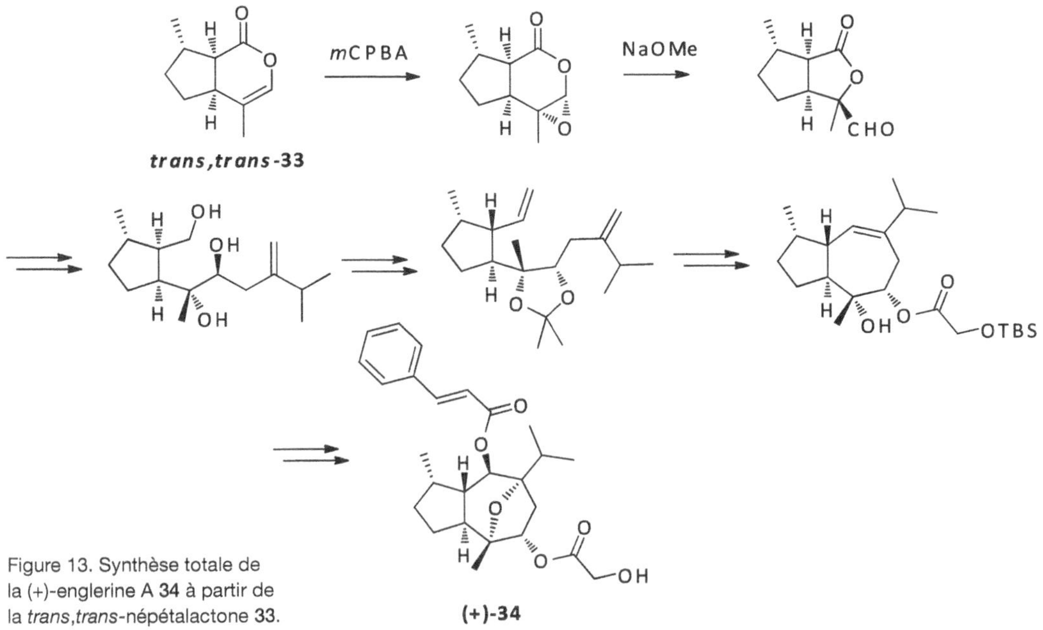

Figure 13. Synthèse totale de la (+)-englerine A **34** à partir de la *trans,trans*-népétalactone **33**.

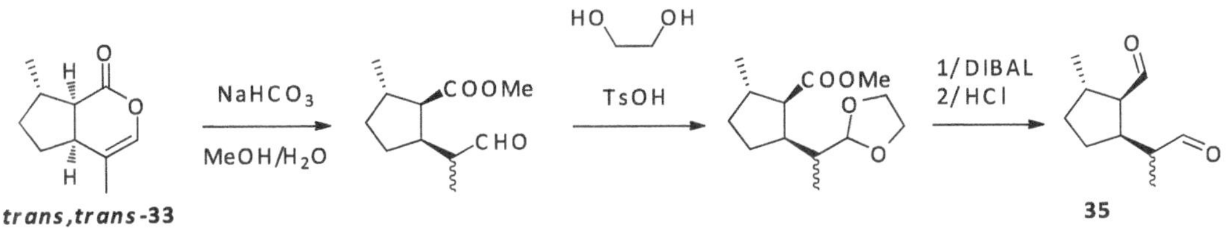

Figure 14. Synthèse de l'iridodial **35** à partir de nepetalactone *trans,trans*-**33**.

Dérivés phénoliques

Parmi les dérivés phénoliques facilement disponibles, on trouve l'eugénol **36** dans l'essence de clou de girofle, où il représente entre 70 et 85 % de la composition, ainsi que dans les huiles essentielles de nombreux autres végétaux. L'eugénol **36** trouve son origine biosynthétique dans la voie de la phénylalanine et de l'acide cinnamique [18]. C'est un composé de formule brute $C_{10}H_{12}O_2$, de structure benzénique, présentant un groupement allyle (prop-2-ényle), un groupement hydroxyle et un groupement méthoxyle. L'eugénol **36** a été employé comme produit de départ dans la synthèse totale diastéréosélective de la (–)-platensymycine **37**, qui est un antibiotique à large spectre isolé de la bactérie *Streptomyces platensis* (Figure 15) [19].

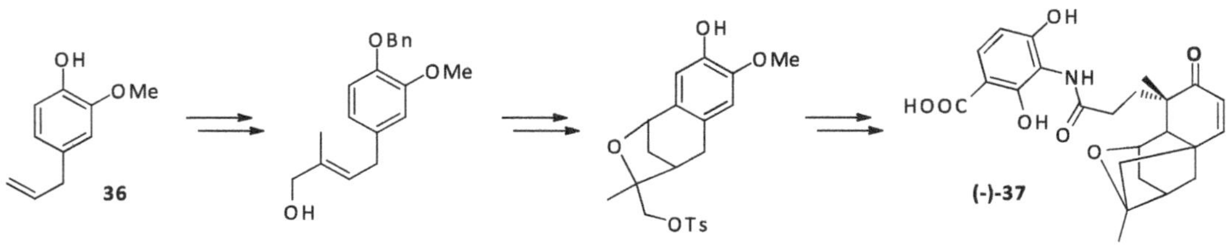

Figure 15. Synthèse en douze étapes de la (–)-platensymycine **37** à partir de l'eugénol **36**.

Une utilisation simple de l'eugénol **36**, réalisée en travaux pratiques de chimie organique, consiste en l'isomérisation de celui-ci en iso-eugénol **38** par de la postasse, KOH, suivie par une séquence protection de l'hydroxyle/oxydation de la double liaison styrénique/déprotection pour conduire à l'obtention de vanilline **41** (Figure 16).

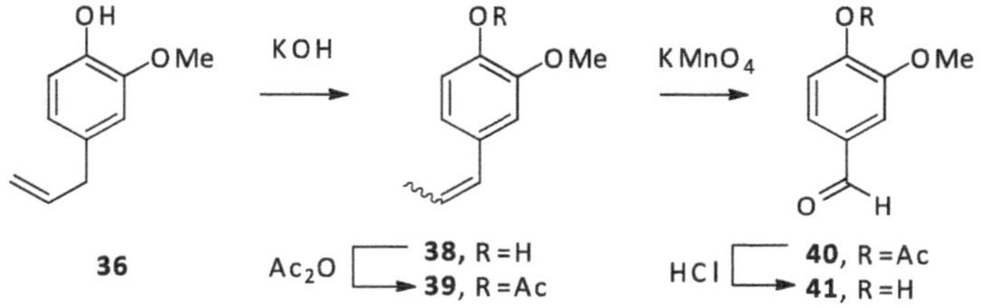

Figure 16. Synthèse de vanilline **41** à partir de l'eugénol **36**.

Carotol

Un constituant à hauteur de 50 % de l'huile de graines de carotte (*Daucus carota*) est le (+)-carotol **(+)-42**, un sesquiterpène de formule brute $C_{15}H_{26}O$ présentant un bicycle fusionné de type octahydroazulène et une fonction alcool tertiaire.

Ce composé a été utilisé pour la synthèse d'hydroindanes à odeur de musc comme les méthylcétones bicycliques **43-46** par ozonolyse de la double liaison suivie d'une condensation de type Dieckmann, la séquence se traduisant par une contraction de cycle formelle, suivie de déshydratation (Figure 17) [20].

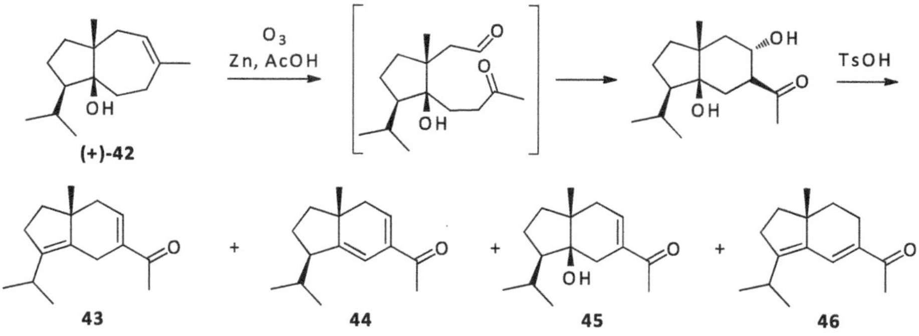

Figure 17. Contraction de cycle du (+)-carotol **42** et accès à des odorants à odeur de musc.

Par ailleurs, le composé **45** a été par la suite utilisé pour accéder à l'intermédiaire *cis*-**47**, employé ensuite dans la synthèse totale de l'érinacol **48**, l'érinacine A **49** et l'allocyathine B2 **50**, composés à squelette cyathane présentant des activités biologiques très diverses [21].

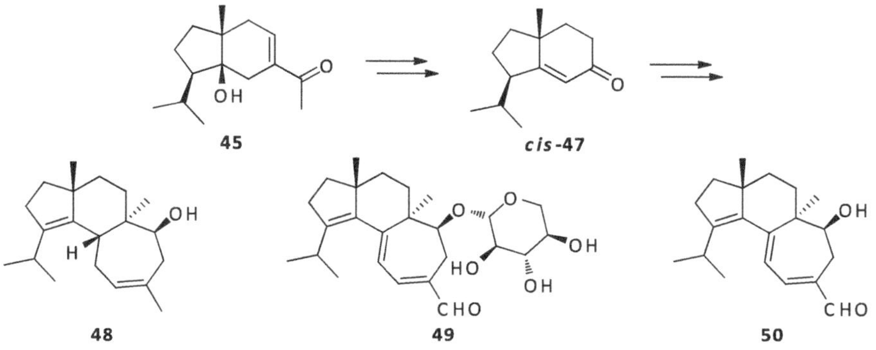

Figure 18. Utilisation de l'intermédiaire *cis*-**47** provenant du (+)-carotol **(+)-42** dans diverses synthèses totales.

Linalol

Le linalol **51** est un terpénoïde de formule brute $C_{10}H_{18}O$ présentant une fonction alcool tertiaire et un motif vinylique qui le rendent très réactif. On le trouve abondamment dans les huiles essentielles de coriandre (70-75 %) ou de bois de rose, dans lesquelles sa composition peut représenter jusqu'à 90 % de l'extrait.

De nombreuses synthèses décrites dans la littérature scientifique font appel au linalol **51** comme produit de départ. Par exemple, il a été transformé par métathèse cyclisante en 1-méthylcyclopent-2-en-1-ol **52**, qui après déshydratation et dimérisation conduit au composé **54**, qui est étudié comme fuel de haute densité (Figure 19) [22].

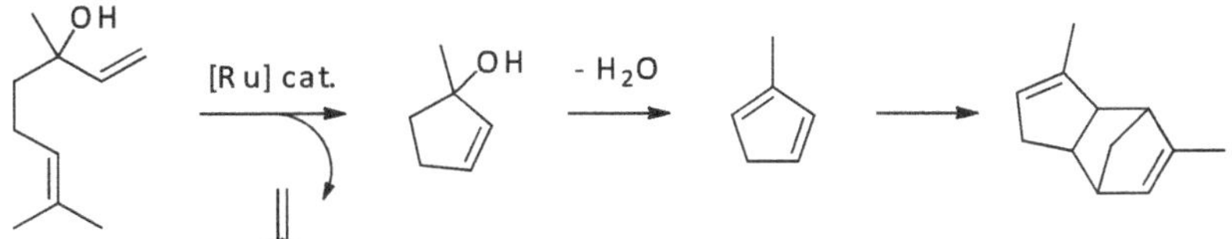

51 **52** **53** **54**

Figure 19. Formation du tricycle hydrocarboné **54** à partir du linalol **51**.

Le linalol **51** a également servi de produit de départ à la synthèse de l'α-tocophérol **52** (vit. E) impliquant également un dérivé du citronellol, un autre synthon disponible dans les huiles essentielles (Figure 20) [23].

Composé d'intérêt	Structure	Huile essentielle	Molécule(s) cible(s)	Référence(s)
α-Pinène	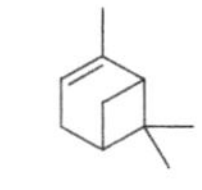	Essence de térébenthine (*Pinus sp.*)	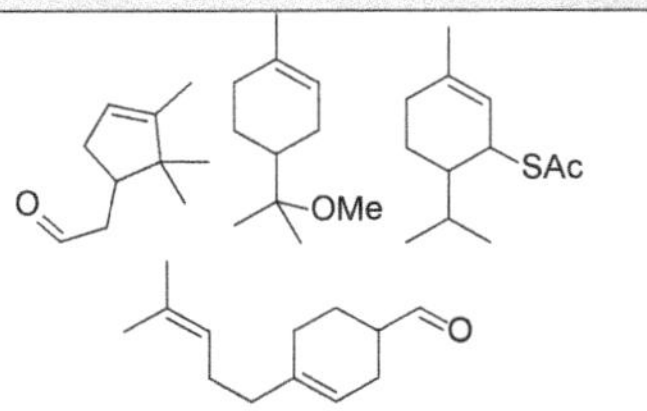 Aldéhyde campholénique, 8-méthoxy-*para*-menth-1-ène, 3-acétylthio-*para*-menth-1-ène, myrac aldéhyde	6,7,8,9
(+)-Limonène	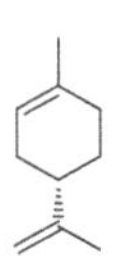	Essence de citrus (*Citrus sp.*)	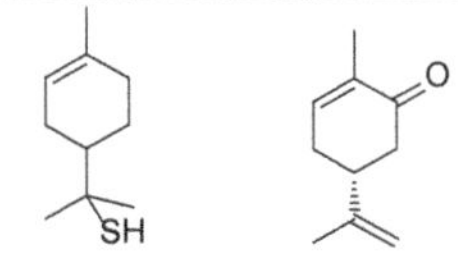 8-thio-para-menth-1-ène, (–)-carvone	10
Citral	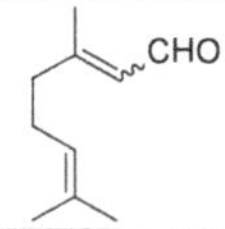	HE de citronnelle (*Cymbopogon citratus*)	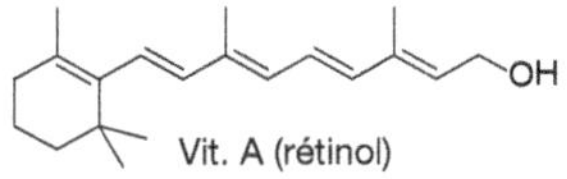 Vit. A (rétinol)	12
Valencène	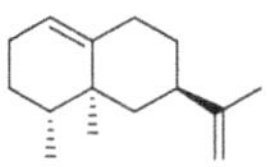	Essence d'orange de Valence (*Citrus sinensis*)	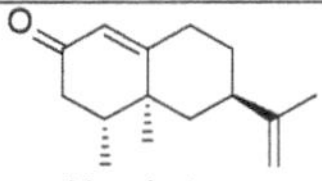 Nootkatone	13
Pulégone	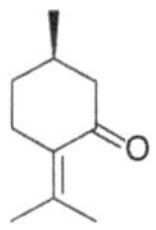	HE de menthe pouliot (*Mentha pulegium*)	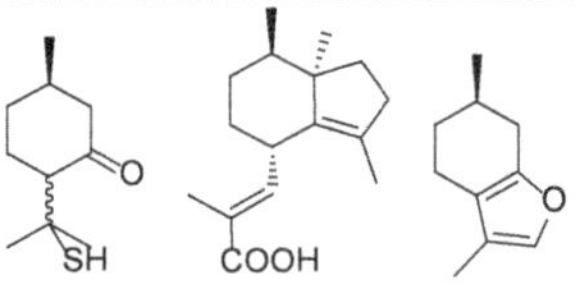 8-thio-*para*-menthan-3-one, acide valérenique, (+)-menthofurane	8,14,15
Népétalactone	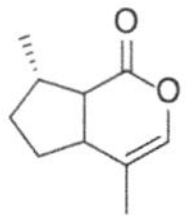	HE d'herbe à chat (*Nepeta cataria*)	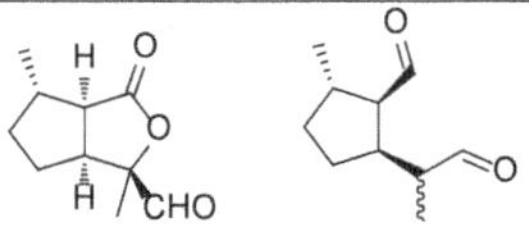 Intermédiaire vers (+)-englerine A, iridodial	16,17
Eugénol	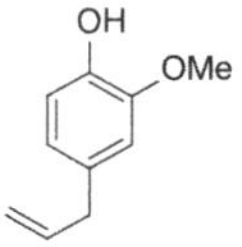	HE de clou **de girofle** (*Syzygium aromaticum*)	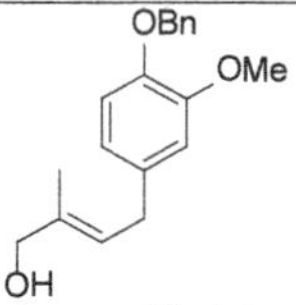 Intermédiaire vers (–)-platensymycine	19
Carotol	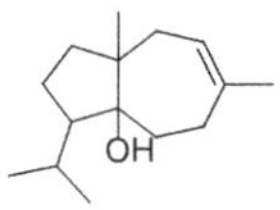	HE de graines de carotte (*Daucus carota*)	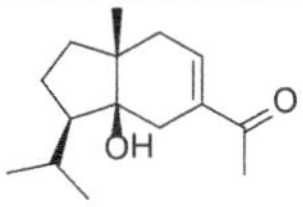 Intermédiaire vers composés bioactifs à squelette cyathane	20,21
Linalol	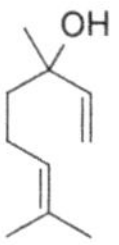	HE de coriandre (*Coriandrum sativum*)	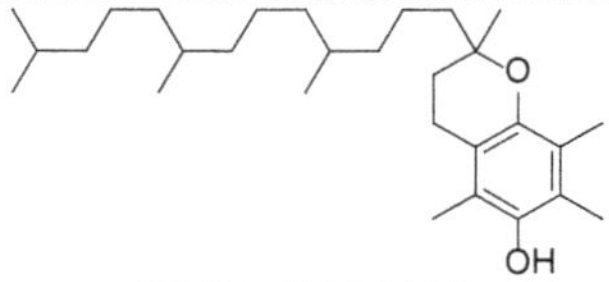 Vit. E (α-tocophérol)	22,23

Tableau 2. Composés d'intérêt et les huiles essentielles dans lesquelles ils sont majoritaires.

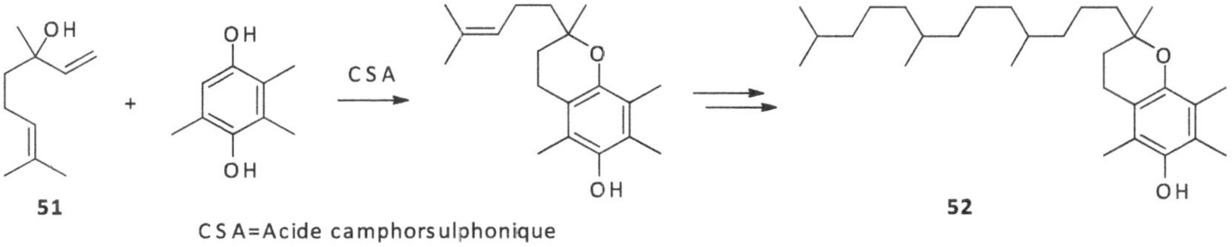

Figure 20. Synthèse de la vitamine E 52 à partir du linalol **51**.

Protégé sous forme de son éther benzylique **53**, un traitement par un complexe du platine (II) conduit après cycloisomérisation à un squelette dérivé du *cis*-thujane **54** avec une diastéréosélectivité totale (Figure 21) [24].

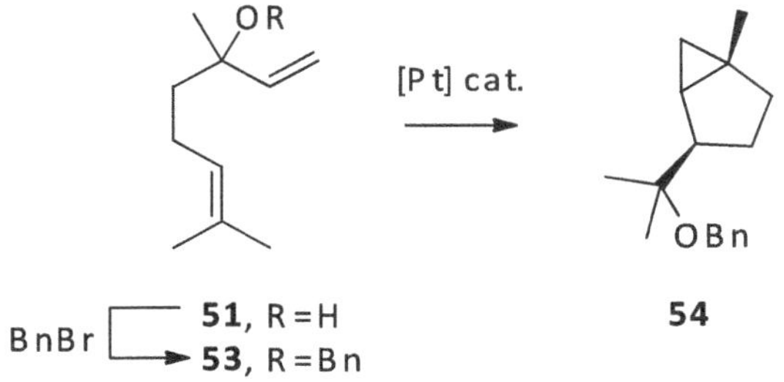

Figure 21. Accès à des structures de type *cis*-thujane par cycloisomérisation de dérivés du linalol **51**.

Le tableau 2 page précédente récapitule les synthons d'intérêt que nous venons de voir, ainsi que leur origine.

Les huiles essentielles comme agrosolvants utilisés dans l'extraction de substances naturelles

D'une manière générale, les huiles essentielles (HE) sont des mélanges odorants comportant de nombreuses molécules telles que les hydrocarbures terpéniques formés par le métabolisme des plantes. Par exemple, les huiles essentielles d'agrumes sont composées majoritairement d'un seul mono-terpène hydrocarboné, le *d*-limonène, présent dans des proportions pouvant aller de 91 à 97 %. L'extraction des terpènes d'agrumes a lieu lors de l'extraction des jus d'agrumes. Selon Lawrence [25], les quantités produites à la fois par expression et par hydrodistillation s'élevaient à environ 62 500 tonnes d'huile essentielle en 2007. L'huile essentielle d'orange « *cold-pressed* » est la plus abondante (51 000 tonnes en 2007), suivie de celle de citron *cold-pressed* (9 200 tonnes), puis celle de citron vert (ou *lime*) obtenue par hydrodistillation (1 800 tonnes) et enfin l'huile essentielle de mandarine *cold-pressed* (460 tonnes).

Ces huiles essentielles représentent ainsi une source naturelle à la fois abondante et bon marché de terpènes qui peut ainsi intéresser de nombreux secteurs, en particulier ceux de l'agroalimentaire, de la pharmacie, de la cosmétique et l'industrie des arômes et des parfums. L'industrie ne pouvait laisser se perdre une telle quantité de matières premières, et diverses applications ont ainsi été envisagées, notamment en tant que solvants industriels. En effet, les solvants industriels classiquement employés sont souvent des dérivés du pétrole ou des solvants halogénés présentant une nocivité certaine pour l'utilisateur ainsi que des risques d'inflammation. De plus, le retraitement de ces solvants par des entreprises spécialisées représente un coût important. Par ailleurs, la législation environnementale incite les entreprises à utiliser des solvants ou des procédés plus respectueux de l'environnement. La démarche de substitution demeure cependant complexe, devant également prendre en compte la faisabilité technique et les aspects économiques.

Le *d*-limonène peut être considéré comme une source renouvelable rentable en raison de son abondance, de sa biodégradabilité et de son faible coût. L'intérêt pour la molécule de *d*-limonène est apparu lorsque ses propriétés et/ou qualités nettoyantes et dégraissantes ont été mises en évidence et prises en compte [26]. Cette molécule a ainsi pu être présentée comme une alternative efficace pour remplacer les hydrates de carbone halogénés ou pour les produits dégraissants conventionnels servant dans l'industrie et les produits ménagers.

D'autres terpènes, tels que l'α-pinène et le β-pinène, peuvent être obtenus par distillation d'oléorésines contenues dans le pin ou encore être extraits des essences de térébenthine après distillation des résines de bois ou des liqueurs noires des papeteries. Les terpènes de résineux peuvent également être utilisés comme agrosolvants. La production française d'essence de térébenthine peut être estimée à entre 7 000 et 8 000 tonnes. Ces terpènes servent comme agents dégraissants, adjuvants phytosanitaires ou encore dans des formulations de nettoyage de colles ou d'encres.

Évaluation physico-chimique

D'un point de vue physico-chimique, les terpènes sont solubles dans les solvants organiques et les huiles, mais pratiquement insolubles dans l'eau. Le pouvoir solvant de ces composés peut être évalué à l'aide d'une méthode rationnelle et éprouvée telle que celle décrite par Hansen, basée sur les paramètres de solubilité [27]. Cette méthode, par la représentation tridimensionnelle de trois paramètres de solubilité de base, permet de déterminer si un solvant peut potentiellement parvenir à en remplacer un autre. Elle permet d'éviter l'essai de toutes sortes de combinaisons possibles avant d'aboutir à une solution adéquate. Hansen définit un paramètre de solubilité globale pour tenir compte de l'effet de chacun des trois paramètres de solubilité de base. Ce paramètre global inclut un paramètre représentant une interaction non polaire, un autre paramètre représentant une interaction polaire et finalement un troisième pour les liaisons hydrogène. L'étude des paramètres de solubilité de deux terpènes, le *d*-limonène et l'α-pinène, par la méthode d'Hansen permet de mettre en évidence une certaine similarité de ces derniers avec le *n*-hexane (Tableau 3). Les valeurs des trois termes descriptifs sont semblables ; cela implique ainsi un comportement similaire des deux solvants terpéniques et du *n*-hexane en solution. De ce point de vue, les terpènes sont aussi efficaces que le *n*-hexane pour dissoudre les huiles. Cependant, en considérant la valeur de la constante diélectrique, les terpènes semblent plus polaires et possèdent un pouvoir dissociatif plus élevé que le *n*-hexane. Du point de vue de la sécurité, les terpènes possèdent des points d'éclair supérieurs à celui du *n*-hexane ; ils sont donc moins inflammables et moins dangereux.

Extraction des huiles et graisses

Les huiles et graisses d'origine animale ou végétale sont communément extraites à l'aide de solvants apolaires comme le *n*-hexane ; ce solvant, dérivé du pétrole, est le solvant de choix pour cette application. Les propriétés physiques et chimiques du *n*-hexane le rendent idéal pour l'extraction des huiles végétales. Il possède un point d'ébullition relativement bas, un très bon pouvoir solvant envers les huiles et est facilement recyclable. Cependant, il peut être émis lors de l'extraction et du recyclage et a été identifié comme un polluant atmosphérique, car il peut réagir avec d'autres polluants pour produire des oxydants photochimiques de l'ozone [28-29]. Les inquiétudes liées à la sécurité, à l'environnement et à la santé ont suscité de l'intérêt pour proposer des alternatives au *n*-hexane dans le but de réduire les émissions de composés organiques volatils dans l'atmosphère.

Tableau 3. Propriétés physico-chimiques des terpènes comme agrosolvants.

Solvant	*n*-Hexane	*d*-Limonène	α-Pinène
Structure chimique	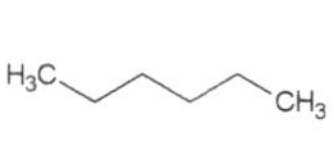	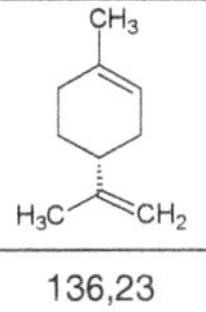	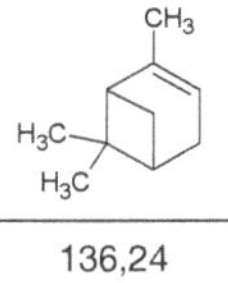
Masse moléculaire (g/mol)	86,18	136,23	136,24
Densité 25 °C (g/cm^3)	0,675	0,834	0,879
Point d'éclair (°C)	-23	48.3	32
Point d'ébullition, 760 mm Hg (°C)	69	176	155
Viscosité, 25 °C (Cp)	0,31	0,83	1,32
Tension de surface, 25 °C (mN/m)	20,3	25,8	25,3
Constante diélectrique, 20 °C	1,87	2,44	2,58
Paramètres de solubilité de Hansen δ^a (cal$^{1/2}$ cm$^{-3/2}$)	7,3	8	7,9

Ainsi, depuis plusieurs années, de nombreux chercheurs ont concentré leurs efforts pour améliorer cette étape d'extraction des huiles utilisant le *n*-hexane comme solvant d'extraction. Les premiers travaux sur l'extraction d'huile végétale à l'aide du *d*-limonène ont été réalisés par Liu et Mamidipally [30]. Ces auteurs ont étudié et proposé, avec de bons rendements, la possible extraction d'huile de son de riz, en vue de son application à l'échelle industrielle. Les caractéristiques de qualité (acides gras libres, couleur, teneur en phospholipides) de l'huile brute extraite, dans les conditions optimales, selon les deux solvants, *n*-hexane et *d*-limonène, se sont avérées comparables.

Les extractions réalisées par *d*-limonène soulèvent le problème de la haute température requise en raison de son point d'ébullition élevé, lequel rend plus difficile son évaporation. Une procédure différente de la méthode classique (qui nécessite l'utilisation d'un évaporateur rotatif) est alors proposée : l'élimination du *d*-limonène est basée sur le principe d'une hydrodistillation classique en se servant d'un Clevenger. L'appareil de Clevenger est généralement utilisé dans le but de réaliser un entraînement par vapeur d'eau des composés volatils constituant les huiles essentielles. Les vapeurs ainsi constituées d'eau et de molécules odorantes sont condensées à l'aide d'un réfrigérant, puis s'écoulent dans le Clevenger, afin de donner, par simple décantation, une huile essentielle. Un système de cohobation, présent sur la verrerie, permet d'effectuer une distillation continue du milieu sans changer sa composition en eau. Ainsi, il est possible de distiller l'azéotrope formé par l'eau et le *d*-limonène jusqu'à élimination totale du solvant dans le réacteur sans avoir à arrêter la distillation [31].

Après extraction solide-liquide à l'aide d'un Soxhlet au *d*-limonène, un volume d'eau distillée est ajouté dans le ballon de distillation contenant les matières grasses extraites et le solvant d'extraction (*d*-limonène). Par l'intermédiaire du Clevenger, la distillation azéotropique permet alors de diminuer le point d'ébullition du *d*-limonène d'environ 175,5 °C à 97,4 °C. Le solvant est ainsi éliminé du ballon de distillation laissant place à un mélange composé de matières grasses et d'eau. Par simple séparation de phase, l'huile est alors récupérée. Le solvant d'extraction pourra également être récupéré après décantation dans l'ampoule du Clevenger. La procédure expérimentale, ici décrite et étudiée pour la réalisation des extractions par *d*-limonène, est illustrée en figure 22. Les extraits déterminés à l'aide de cette méthode ont été comparés quantitativement et qualitativement à la méthode normée, réalisée par *n*-hexane.

La moyenne des rendements obtenus (huile brute extraite) pour les extractions réalisées par *d*-limonène et *n*-hexane est représentée dans le tableau 4. L'analyse gravimétrique des extraits indique un rendement plus important pour la procédure employant le *d*-limonène que pour celle recourant au *n*-hexane. Cette discrimination a déjà été mise en évidence par Liu et Mamidipally [30]. La différence de rendement peut être liée à la nature légèrement plus polaire du *d*-limonène par rapport à celle du

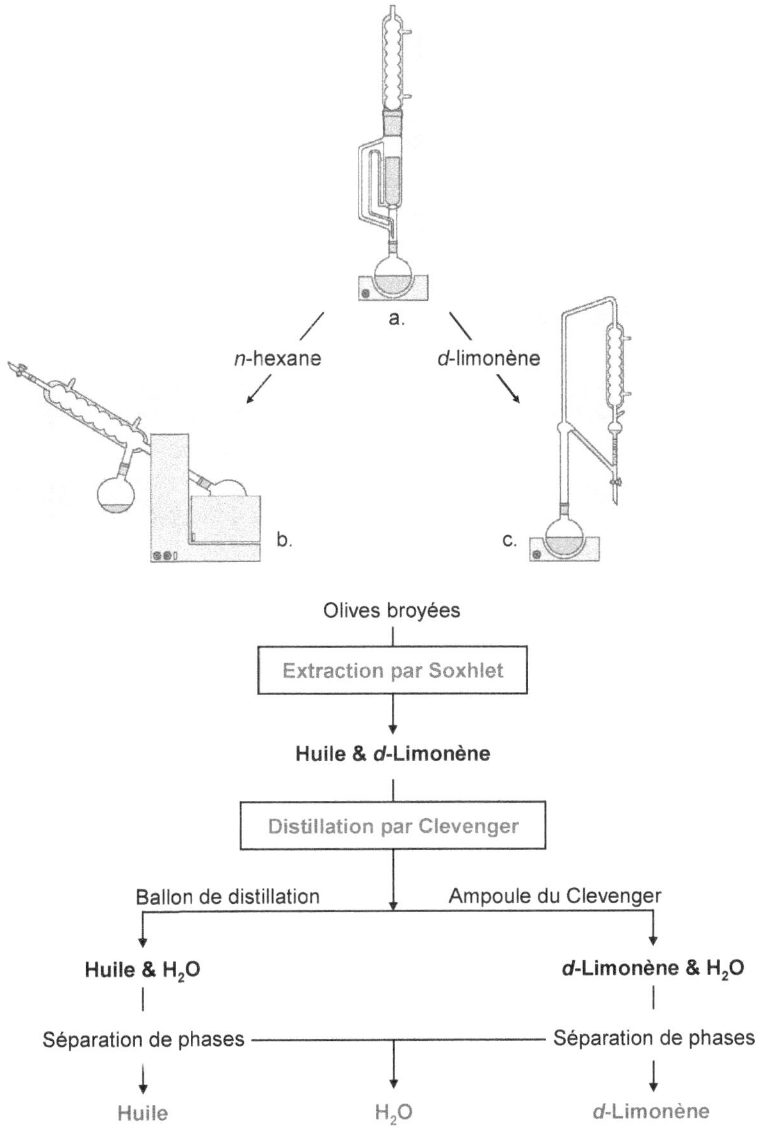

Figure 22. Procédure suivie en fonction du solvant d'extraction :
a. extraction par Soxhlet ; b. évaporateur rotatif ; c. distillation par Clevenger.

n-hexane qui provoquerait, *de facto*, un pouvoir de solubilisation plus élevé pour les triglycérides. De plus, la température utilisée pour porter à ébullition le *d*-limonène peut influer fortement sur la viscosité de l'huile en la diminuant, et produire ainsi une meilleure diffusion de l'analyte dans la matrice. Les acides gras contenus dans les huiles ont ensuite été convertis en esters méthyliques d'acides gras et analysés par chromatographie gazeuse couplée à une spectrométrie de masse. Ces résultats permettent de souligner l'efficacité des extractions réalisées avec le *d*-limonène. En effet, les acides gras sont équivalents en matière de composés identifiés et en proportion relative ; de plus, cette identification est en accord avec la bibliographie. Les acides majoritairement extraits par les deux méthodes sont les acides palmitique (C16:0), palmitoléique (C16:1), stéarique (C18:0), oléique (C18:1), linoléique (C18:2) et linolénique (C18:3). Ces acides gras représentent plus de 95 % de la composition totale en acides gras, quelle que soit la méthode d'extraction employée.

Le *d*-limonène, isolé par séparation de phase dans l'ampoule de décantation du Clevenger, a été analysé par chromatographie gazeuse couplée à une détection par spectrométrie de masse. Le but de ce travail réside en l'identification d'éventuelles molécules synonymes de dégradation après extraction. Les chromatogrammes des solvants (*d*-limonène employé pour l'extraction et *d*-limonène « frais » non utilisé) ont été analysés et estimés comme étant équivalents. La présence de composés témoins d'oxydation, comme le carvéol, la carvone ou des époxydes de limonène, a été relevée à l'état de traces.

Tableau 4. Comparaison des huiles extraites par *n*-hexane et *d*-limonène.

No.	Acides gras		*n*-hexane (%)	*d*-limonène (%)
1	Myristique	C14:0	tr.	tr.
2	Pentadécanoïque	C15:0	tr.	0,2
3	Palmitique	C16:0	12,7	14,1
4	Palmitoléique	C16:1	1,0	1,1
5	Margarique	C17:0	0,1	0,1
6	Margaroléique	C17:1	0,2	0,3
7	Stéarique	C18:0	2,2	2,4
8	Oléique	C18:1	72,0	71,7
9	Linoléique	C18:2	10,0	8,6
10	Linolénique	C18:3	0,8	0,4
11	Nonadécanoïque	C19:0	tr.	tr.
12	Eicosanoïque	C20:0	0,5	0,4
13	Gadoléique	C20:1	0,3	0,4
14	Hénéicosanoïque	C21:0	tr.	tr.
15	Béhénique	C22:0	0,2	0,1
16	Tricosanoïque	C23:0	tr.	tr.
17	Lignocérique	C24:0	tr.	tr.
	Σ SFAs		15,62	17,36
	Σ MUFAs		73,53	73,44
	Σ PUFAs		10,77	9,02
	Rendements (%)		40,3 ± 0,7	48,6 ± 2,2

SFAs : Acides gras saturés ; MUFAs : Acides gras mono-insaturés ; PUFAs : Acides gras poly-insaturés ; tr. : traces ; nd. : non détectés.

Extraction de l'eau intrinsèque

La détermination de l'humidité relative représente une étape clé dans l'analyse des aliments, car elle établit une base pour plusieurs méthodes d'analyse officielles. Afin d'évaluer un tel paramètre, les méthodes de séchage au four sont couramment suivies pour les produits alimentaires, mais ces techniques sont limitées lorsque la matrice contient un taux important de composés volatils, car ils surestiment la teneur en eau réelle de la matrice alimentaire. La distillation avec le dispositif de Dean Stark est la méthode de référence pour la détermination de l'eau dans les produits alimentaires contenant des composés volatils. Elle est aujourd'hui utilisée dans l'industrie agro-alimentaire pour la détermination de l'eau dans les herbes et épices et dans l'industrie pétrolière [32].

La littérature rapporte que le solvant recommandé pour la distillation Dean Stark est le toluène. Ce dernier est obtenu à partir de l'industrie pétrolière et est couramment utilisé dans la synthèse de produits chimiques ou comme solvant d'extraction dans l'industrie cosmétique et pharmaceutique. La toxicité aiguë du toluène implique la recherche d'une voie de substitution à ce solvant. En ce sens, Veillet et coll. ont proposé [33] le remplacement du toluène par le *d*-limonène dans la procédure de détermination de l'humidité relative recourant au dispositif de Dean Stark. Malgré le fait que le point d'ébullition du *d*-limonène (175 °C) soit plus élevé que celui du toluène (111 °C), le concept de distillation azéotropique basé sur la capacité du *d*-limonène à former un mélange azéotropique avec l'eau a permis, une fois de plus, son application potentielle comme alternative au toluène. La procédure de Dean Stark est basée sur la capacité du solvant à former un mélange azéotropique avec l'eau contenue dans la matrice alimentaire. D'une manière générale, l'allure du profil cinétique d'extraction de l'eau, dans le cas d'extraction de l'eau à partir de carottes, selon les deux solvants ne montre pas de variations majeures.

Cependant, il est intéressant de souligner que l'extraction de l'eau avec le *d*-limonène débute après celle avec le toluène. Par ailleurs, la pente de la courbe cinétique correspondant à l'extraction de l'eau avec le *d*-limonène est plus importante que celle obtenue avec le toluène. Cela implique une durée d'extraction totale de l'eau plus courte avec l'agrosolvant. La température, plus élevée, du mélange azéotropique impliquant le *d*-limonène pourrait expliquer ce phénomène (Figure 23).

Cette étude sur l'humidité a été généralisée à d'autres produits, tels que l'ail, les oignons, les poireaux, les plantes aromatiques... [34] L'ensemble des résultats obtenus avec le nouveau dispositif « Dean Stark/*d*-limonène » ne montre pas de différences significatives avec le dispositif « Dean Stark/toluène ». Ainsi, la détermination de l'humidité relative dans les matrices alimentaires utilisant le *d*-limonène comme solvant peut être considérée comme une excellente alternative à la procédure classique (Tableau 5).

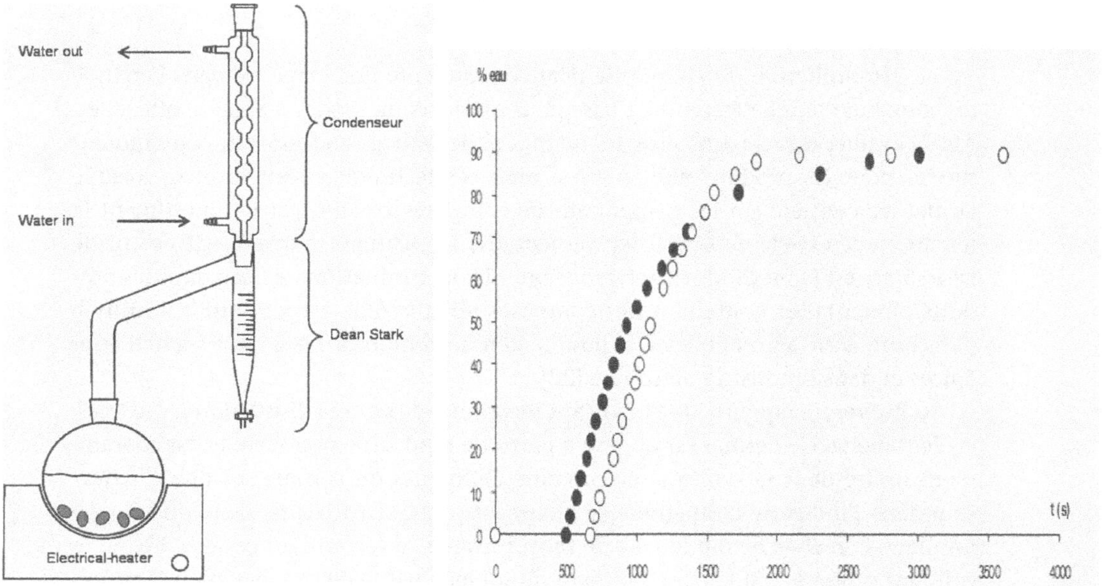

Figure 23. Pourcentage d'eau issue de carottes obtenu par distillation azéotropique en fonction du temps : (o) *d*-limonène, (•) toluène.

Tableau 5. Teneur en eau des différentes matrices obtenue par distillation avec le toluène ou le *d*-limonène.

Matrices alimentaires	Toluène (% eau)	*d*-limonène (% eau)
Oignons	88,4 ± 1,5	89,4 ± 1,4
Carottes	89,3 ± 0,5	89,5 ± 0,7
Ail	68,0 ± 0,7	68,6 ± 1,9
Romarin	64,1 ± 0,6	65,1 ± 1,8
Poireaux	90,6 ± 1,3	88,0 ± 1,0
Sauge	71,1 ± 1,0	70,4 ± 2,2
Menthe	88,2 ± 1,8	87,6 ± 1,7

Extraction des colorants

L'extraction classique de colorants alimentaires, tels que le lycopène, est réalisée à l'aide de solvants organiques comme le dichlorométhane, l'acétone, le chloroforme... Leur volatilité et leur capacité à dissoudre une large gamme de composés organiques font d'eux des candidats idéaux pour ces applications. Cependant, leur production et leur utilisation impliquent des risques importants pour l'environnement et la santé. En outre, les traces résiduelles de solvant dans le produit final peuvent rendre ce dernier impropre à des fins alimentaires, pharmaceutiques ou cosmétiques.

Tableau 6. Extraction du lycopène à partir de tomates.

Solvant	Lycopène (mg/100 g poids frais)
dichlorométhane	3,84 ± 0,22
d-limonène	2,44 ± 0,18

Chemat et coll. [34] ont suggéré l'utilisation du *d*-limonène pour l'extraction de lycopène à partir de tomates fraîches. Les résultats d'extraction sont reportés dans le tableau 6. Ils montrent un rendement supérieur avec le dichlorométhane. Cependant, le *d*-limonène, dans une moindre mesure, se révèle tout de même efficace, d'autant plus que le dichlorométhane fait partie des COV (composés organiques volatils) et serait impliqué dans la destruction de la couche d'ozone stratosphérique et contribuerait également à l'effet de serre.

Malgré le fait que la consommation de solvants chlorés soit en nette diminution depuis les années soixante-dix suite à de nouvelles réglementations visant à préserver l'environnement et la santé (directive 2004/42/CE), ces composés chlorés posent de sérieux problèmes à la santé humaine et à l'environnement, leurs produits de dégradation étant souvent très toxiques, voire cancérogènes. L'extraction innovante et durable, impliquant moins d'énergie et des solvants renouvelables, est actuellement un domaine de recherche très actif aussi bien dans les laboratoires de recherche académiques que dans l'industrie. Jusqu'à présent, la littérature ne rapporte que quelques exemples de substitution des solvants pétroliers par des solvants d'origine renouvelable tels que le *d*-limonène, composé majeur de l'huile essentielle d'agrumes, sous-produit de l'industrie des jus d'agrumes. Les avantages de l'utilisation d'agrosolvants pour l'extraction de substances naturelles vont permettre d'accroître l'efficacité de leur production et de contribuer à la préservation de l'environnement en réduisant l'utilisation de COV d'énergie fossile et la production de substances dangereuses. L'extraction à l'aide de solvants verts tels que le *d*-limonène sera d'un grand intérêt dans un proche avenir dans le domaine des produits naturels.

Conclusion

Comme nous l'avons vu au travers de cette série d'exemples, les huiles essentielles peuvent contenir des concentrations importantes des composés intéressants pour la synthèse organique ou l'extraction de produits naturels. Ces synthons naturels issus de la biomasse constituent une source renouvelable durable et sont amenés à jouer un rôle encore plus important dans la chimie industrielle au cours des années à venir. D'autres composés encore peu valorisés, comme le gaiol, l'α-phellandrène ou l'élemol, sont facilement disponibles et peuvent être utilisés comme produits de départ de synthèses totales.

D'autres types d'extraits naturels sont également des sources de molécules d'intérêt dans des gammes de produits moins volatils comme les polyphénols, les triterpènes, les stéroïdes ou les glucides avec, par exemple, le sclaréol, la diosgénine, la lupénone, le carotène ou encore le mannitol.

Les progrès de la biologie moléculaire et la possibilité de reprogrammer le génome des plantes de façon à augmenter la production d'un métabolite d'intérêt vont accompagner ces changements de « paradigme » dans la synthèse organique.

Références bibliographiques

1. B. Wojtkowiak, *Histoire de la chimie*, 2e éd., Technique et documentation - Lavoisier, Paris, **1988**.
2. K.C. Nicolaou, T. Montagnon, *Molecules that changed the world*, Weinheim, Wiley-VCH Verlag GmbH, **2008**.
3. P. Anastas, J. Warner, Green Chemistry. Theory and Practice, Oxford, Oxford University Press, **1998**.
4. A.-L. Groussin, S. Antoniotti, « Valuable chemicals by the enzymatic modification of molecules of natural origin : terpenoids, steroids, phenolics and related compounds », *Bioresource Technol.*, **2012**, *115*, 237-243.
5. K.A.D. Swift, « Catalytic Transformations of the Major Terpene Feedstocks », *Top. Catal.*, **2004**, *27*, 1, 143-155.
6. L.A. Saudan, « Hydrogenation Processes in the Synthesis of Perfumery Ingredients », *Acc. Chem. Res.*, **2007**, *40*, 12, 1309-1319.
7. P. Lemechko, F. Grau, S. Antoniotti, E. Duñach, « Hydroalkoxylation of non-activated olefins catalysed by Lewis superacids in alcoholic solvents : an eco-friendly reaction », *Tetrahedron Lett.*, **2007**, *48*, 5731-5734.
8. R.-M. Dia, R. Belaqziz, A. Romane, S. Antoniotti, E. Duñach, « Flavouring and odorant thiols from renewable resources by InIII-catalysed hydrothioacetylation and lipase-catalysed solvolysis », *Tetrahedron Lett.*, **2010**, *51*, 16, 2164-2167.
9. C.S. Sell, *A Fragrant Introduction to Terpenoid Chemistry*, Cambridge, The Royal Society of Chemistry, **2003**.
10. K. Y. Tani, T. Akutagawa, S. Kumobayashi, H. Taketomi, T. Takaya, H. Miyashita, A. Noyori, R. Otsuka, « Highly enantioselective isomerization of prochiral allylamines catalyzed by chiral diphosphine rhodium(I) complexes. Preparation of optically active enamines », *J. Am. Chem. Soc.*, **1984**, *106*, 5208–5217.
11. J.F. Janes, I.M. Marr, N. Unwin, D.V. Banthorpe, A. Yusuf, « Reaction of monoterpenoids with hydrogen sulphide to form thiols and *epi*-sulphides of potential organoleptic significance », *Flavour Frag. J.*, **1993**, *8*, 5, 289-294.
12. Z. Andriamialisoa, A. Valla, S. Zennache, M. Giraud, P. Potier, « New preparation of an important synthon for vitamin A synthesis », *Tetrahedron Lett.*, **1993**, *34*, 50, 8091-8092.

13. M. Furusawa, T. Hashimoto, Y. Noma, Y. Asakawa, « Highly efficient production of nootkatone, the grapefruit aroma from valencene, by biotransformation », *Chem. Pharm. Bull.*, **2005**, *53*, 11, 1513-1514.

14. V.K. Agnihotri, S.G. Agarwal, P.L. Dhar, R.K. Thappa, Baleshwar, B.K. Kapahi, R.K. Saxena, G.N. Qazi, « Essential oil composition of *Mentha pulegium* L. growing wild in the northwestern Himalayas India », *Flavour Frag. J.*, **2005**, *20*, 6, 607-610.

15. S. Kopp, W.B. Schweizer, K.-H. Altmann, « Total Synthesis of Valerenic Acid », *Synlett*, **2009**, *2009*, 1769-1772.

16. M. Willot, L. Radtke, D. Könning, R. Fröhlich, V.H. Gessner, C. Strohmann, M. Christmann, « Total synthesis and absolute configuration of the guaiane sesquiterpene Englerin A », *Angew. Chem. Int. Ed.*, **2009**, *48*, 48, 9105-9108.

17. R.K. Chauhan, Q.H. Zhang, R.J. Aldrich, « Iridodials : enantiospecific synthesis and stereochemical assignment of the pheromone for the golden-eyed lacewing, *Chrysopa oculata* », *Tetrahedron Lett.*, **2004**, *45*, 17, 3339-3340.

18. P. Manitto, D. Monti, P. Gramatica, « Biosynthesis of phenylpropanoid compounds. Part I. Biosynthesis of eugenol in *Ocimum basilicum* L », *J. Chem. Soc., Perkin Trans. 1*, **1974**, 1727-1731.

19. S.T.C. Eey, M.J. Lear, « A bismuth(III)-catalyzed Friedel-Crafts cyclization and stereocontrolled organocatalytic approach to (-)-Platensimycin », *Org. Lett.*, **2010**, *12*, 23, 5510-5513.

20. J. Kula, R. Bonikowski, M. Staniszewska, A. Krakowiak, M.W. Wieczorek, W.R. Majzner, G.D. Bujacz, « Transformation of carotol into the hydroindane-derived musk odorant », *Eur. J. Org. Chem.*, **2002**, *2002*, 11, 1826-1829.

21. R. Bonikowski, J. Kula, A. Bujacz, A. Wajs, W. Majzner, « Natural (+)-carotol as a donor of chirality in the synthesis of enantiomerically pure hydroindene building blocks », *Tetrahedron-Asymmetr.*, **2009**, *20*, 22, 2583-2588.

22. H.A. Meylemans, R.L. Quintana, B.R. Goldsmith, B.G. Harvey, « Solvent-free conversion of linalool to methylcyclopentadiene dimers : a route to renewable high-density fuels », *ChemSusChem*, **2011**, *4*, 4, 465-469.

23. V. Gembus, N. Sala-Jung, D. Uguen, « A convenient access to (all-rac)-α-tocopherol acetate from linalool and dihydromyrcene », *Bull. Chem. Soc. Jp*, **2009**, *82*, 7, 829-842.

24. W.D. Kerber, M.R. Gagne, « Cycloisomerization of dienes with carbophilic Lewis acids : mimicking terpene biosynthesis with Pt(II) catalysts », *Org. Lett.*, **2005**, *7*, 15, 3379-3381.

25. B.M. Lawrence, « Progress in essential oils », *Perfum. Flavor.*, **2009**, *34*, 38-43.

26. T. Toplisek, R. Gustafson, « Cleaning with *d*-limonenes : a substitute for chlorinated solvents », *Precision Cleaning*, **1995**, *3*, 17-20.

27. E. Stefanis, C. Panayiotou, « Prediction of Hansen solubility parameters with a new group-contribution method », *Int. J. Thermophys.*, **2008**, *29*, 568–585.

28. P.J. Wan, R.J. Hron, M.K. Dowd, M.S. Kuk, E.J. Conkerton, « Alternative hydrocarbon solvents for cottonseed extraction : plant trials », *J. Am. Oil Chem. Soc.*, **1995**, 72, 661-664.

29. P. Hanmoungjai, L. Pyle, K. Niranjan, « Extraction of rice bran oil using aqueous media », *J. Chem. Technol. Biotechnol.*, **2000**, *75*, 348-352.

30. S.X. Liu, P.K. Mamidipally, « Quality comparison of rice bran oil extracted with *d*-limonene and hexane », *Cereal Chemistry*, **2005**, *82*, 209-215.

31. M. Virot, V. Tomao, C. Ginies, F. Chemat, « Total lipid extraction of food using *d*-limonene as an alternative to *n*-hexane », *Chromatographia*, **2008**, *68*, 311-313.

32. AOCS Official Method Ja 2a-46, *American Oil Chemist' Society,* Champaign, IL, **1993**.
33. S. Veillet, V. Tomao, K. Ruiz, F. Chemat, « Green procedure using limonene in the Dean-Stark apparatus for moisture determination in food products », *Anal. Chim. Acta,* **2010**, *674*, 49-52.
34. Z. Djenni, M.A. Ferhat, V. Tomao, F. Chemat, « Carotenoid extraction from tomato using a green solvent resulting from orange processing waste », *J. Essent. Oil Bear. Pl.*, **2010**, 13, 139-147.

Achevé d'imprimer
sur les presses numériques de Dupli-Print (95)

Imprimé en France